BtoB

現場のプロが教える!

BtoBマーケティングの基礎知識

MARKETING

飯髙 悠太、枌谷 力、相原 ゆうき、秋山 勝、安藤 健作、
今井 晶也、岸 穂太佳、戸栗 頌平、室谷 良平、日比谷 尚武 著

ご注意

●本書に掲載された内容は、情報の提供のみを目的としております。本書の内容に関するいかなる運用については、すべてお客さま自身の責任と判断において行ってください。

●本書の制作にあたっては正確な記述につとめましたが、著者や出版社のいずれも、本書の内容に関してなんらかの保証をするものではなく、内容に関するいかなる運用結果についてもいっさいの責任を負いません。あらかじめご了承ください。

●書籍に関する訂正、追加情報は以下のWebサイトで更新させていただきます。
https://book.mynavi.jp/supportsite/detail/9784839974367.html

はじめに

数ある書籍の中から、本書を手にとっていただきありがとうございます。まずはじめに、『現場のプロが教える！BtoBマーケティングの基礎知識』をなぜこのタイミングで出版したかをお話します。

本書は、BtoBビジネスの最前線で活躍する著者陣がこれまでに培ってきた知識を1冊にまとめて、BtoBマーケティングの基礎知識を解説する書籍です。本書の著者は10名となっています。私の普段の発信から見ても、BtoBマーケティングという本書のテーマではなくSNSじゃないの？　的なことを思われる方もいらっしゃるのではないでしょうか。私自身、SNS支援をメインとしている会社ではあります。とはいえ、弊社はBtoB企業でもある訳です。

まず、どういう経緯でこの書籍出版が決まり、10名もの方が著者としているのか、からお話しします。今回マイナビ出版さんにお声がけいただいたのを探してみたところ、初回のご連絡は2019年12月24日でした（メリークリスマス）。つまり構想から2年半でやっとここまで来られました。

きっかけとなった記事は、2019年12月19日に公開した「ホットリンクのサイトリニューアル戦略資料を公開（8,000字の解説付）」をみてご連絡いただいたようです。これは、ホットリンク社がベイジ社の枌谷さんにお願いし、Webサイトリニューアルした裏側を記事にしたもの。その記事を読んだマイナビ出版の担当編集者畠山さんから、枌谷さんと私にお声がけいただき書籍出版に向け動いておりました。

ただ、進めていく過程で、この本は「誰のための本にしたいんだろう？　その対象となる人にとって二人で出版することがベストなのか？　タイトルがBtoBマーケの基礎知識なら、カテゴリごとに専門家が執筆した方がいいんじゃないか？」など、さまざまな議論を交わしました。

結論としては、見ていただいてわかる通り、カテゴリごとに専門家が執筆していただく形に着地した訳です。また、内容も紆余曲折ありましたし、BtoBマーケティング本はすでに存在もしていますが、コロナ禍によってこれまでとのやり方も大きく変わりました。ほかにも理由はありますが、そういったことから、基礎という形で内容を詰めていったのです。

本書の役割は、BtoBビジネスの経験が浅く、これから多くのことを学んでいく必要がある方に、現場の基礎知識を丁寧に伝えることです。経営におけるマーケティングの概念や、施策ごとの細やかなKPIなど、BtoBビジネスの現場で求められる考え方を本書では紹介しています。

カテゴリごとの専門家として、尊敬する先輩方が快く受けていただいたことを本当に感謝していますし、みなさまとご一緒して出版できたことを嬉しく思っています。そんな先輩方とつくった本書がこれからBtoBビジネスに携わる方の基礎として役立ち、今後の学びにつながる一歩目となることを願います。

2022年3月　株式会社ホットリンクCMO 飯髙 悠太

Contents

3章　施策を細やかに実行する　95

本書の構成

本書は下図の構成となっています。1章は「BtoBビジネスの基本を知る」、2章では「BtoBの顧客獲得戦略を考える」、3章では「施策を細やかに実行する」を説明します。

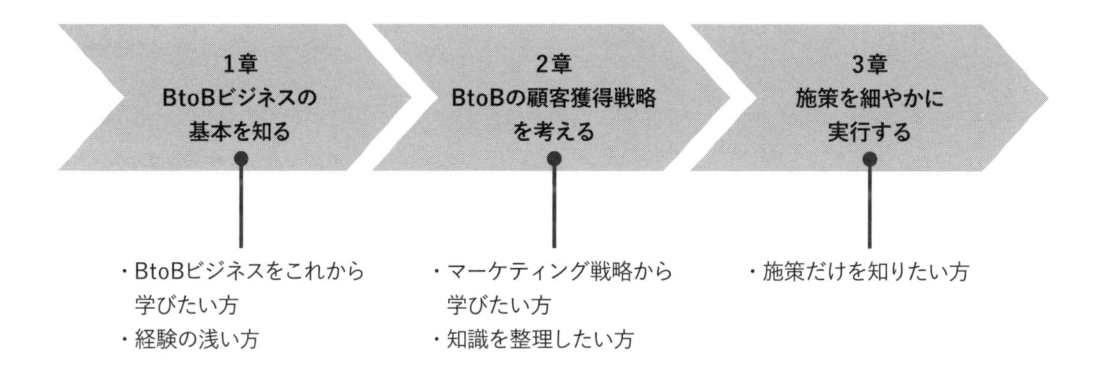

1章の「BtoBビジネスの基本を知る」は、BtoBビジネスにかかわる基本的な知識を紹介しています。顧客の購買活動に影響を与える要素や顧客獲得活動のプロセスなどを丁寧に図解しています。BtoBビジネスの経験が浅い方や、これからBtoBビジネスに関わり始める方はここから読み進めることをおすすめします。

2章の「BtoBの顧客獲得戦略を考える」では、マーケティング戦略の組み立て方を紹介しています。マーケティング戦略や顧客の定義、SLAを踏まえたKPIの作成方法、ブランディングをここでは解説します。他社の戦略の立て方を知りたい方はここから読み進めることをおすすめします。

3章の「施策を細やかに実行する」では、オンラインシフトで変化した施策を中心にまとめています。各分野で活躍する第一人者によるKPIの設定方法や施策立案、体制作りをそれぞれの経験を基に解説します。他社における施策の実行方法を知りたい方はここから読み始めると良いかもしれません。

最前線で活躍する実務家が、それぞれの節で知識を惜しみなくまとめています。目次から当たりを付けて、節ごとに読んでいただけるような構成にもしてあります。あなただけの読み方で本書を読み進めることもできます。

著者紹介

飯髙 悠太(いいたか ゆうた)
株式会社ホットリンク　執行役員CMO
2019年1月よりホットリンクに入社し、同年4月に執行役員CMOに就任。企業のWebマーケティングやSNSプロモーションをはじめ、東証1部上場企業を含めて100社以上のコンサルティングを経験。自著は『僕らはSNSでモノを買う』(5刷)、『アスリートのためのソーシャルメディア活用術』。
本書の担当範囲：[3-3 SNS]

枌谷 力(そぎたに つとむ)
株式会社ベイジ　代表、クラスメソッド株式会社　CDO(Chief Design Officer)
NTTデータで4年間営業を経験後、28歳で未経験でデザイナーに転職。制作会社を2社経験し、2007年にフリーランスのデザイナーとして独立。2010年に株式会社ベイジ起業。BtoBマーケティング、UI/UXデザイン、コンテンツ、SNS、採用人事、組織デザイン等、幅広いテーマで多数の企業を支援。登壇執筆多数。Twitterのフォロワー数7.5万人(2022年4月時点)。2022年4月に東京から福岡に移住。
本書の担当範囲：[1-1 BtoBビジネスの特徴][2-5 ブランドをつくる][3-6 Webサイト][3-7 オウンドメディア]

相原 ゆうき(あいはら ゆうき)
株式会社free web hope　代表取締役
フリーター時代にゲーム開発、マッチングサービスの開発、ライブ配信代行サービスの立ち上げを経て25歳でインターネット告代理店に就職。入社後2ヵ月でTOPセールスになり、メディア事業に移籍。わずか10ヵ月で同社を退職し、2011年にランディングページ×広告運用を専門とするfree web hopeを設立 。 年間100のLP制作、運用改善のプロジェクトに11年間に携わる。BtoC/BtoBどちらも制作運用を行っており、経験の豊富さが強み。
本書の担当範囲：[3-1 ウェブ広告]

秋山 勝(あきやま まさる)
株式会社ベーシック　代表取締役
高校卒業後、企画営業職として商社に入社。その後グッドウィルコミュニケーションやトランスコスモスにて、数々の新規事業企画を手がける。2004年にベーシックを創業。Webマーケティングメディアのferretや現在主軸となっているSaaS事業を含め、「Webマーケティングの大衆化」をミッションに、これまで50以上の事業を創造。
本書の担当範囲：[1-2 顧客特性とプロセス][2-1 経営と接続する][2-2 顧客を定義する][2-3 強みを知る]

安藤 健作(あんどう けんさく)
株式会社ラクス　MC事業部長 Mail Marketing Lab総責任者
大学卒業後、小売業勤務を経て2006年ラクス入社。同社でサポートチームを組織化したのち、マーケティングマネージャを経て2016年よりMC事業部長/Mail Marketing Lab総責任者。正しいメールマーケティングを日本に根付かせるため、さまざまなメディアやTwitterにて日々情報発信中。
本書の担当範囲：[3-4 メールマガジン]

今井 晶也（いまい まさや）

株式会社セレブリックス セールスカンパニー 執行役員 カンパニーCMO セールスエバンジェリスト

セールスエバンジェリストとして、法人営業に関する研究、執筆、基調講演などを全国で行う。2021年8月には「Sales is 科学的に成果をコントロールする営業術」を扶桑社より出版。営業本のベストセラーとして半年で7刷となる重版が決定。現在は執行役員 CMOとして、セールスカンパニーのマーケティング、営業、新規事業、事業推進を管掌する。

本書の担当範囲：[3-9 オンライン商談（インサイドセールスとフィールドセールス）]

岸 穂太佳（きし ほだか）

ナイル株式会社　執行役員 デジタルマーケティング事業部 事業責任者

2012年にアルバイトとしてナイルで勤務し、2014年に正社員として新卒入社。デジタルマーケティング事業部のWebコンサルタントを経て営業に転身し、200社以上の営業実績をあげる。現在は、営業マネージャーを経て事業責任者として組織を牽引。

本書の担当範囲：[3-2 SEO]

戸栗 頌平（とぐり しょうへい）

株式会社LEAPT　代表取締役

豪州ビジネス大学院国際ビジネス修士課程卒業。複数企業での勤務と起業を経て、BtoB専業マーケティング代理店へ。その後、全米で最も働きたい企業にも選ばれた外資SaaS企業の日本法人立上げを行い、法人営業開始後、マーケティング責任者として創業期を牽引。現在、日本企業のBtoBマーケティングの支援事業を行う株式会社LEAPTにて代表取締役を務める。

本書の担当範囲：[2-4 マーケティングのKPIをつくる][3-10 マーケティングオートメーション]

室谷 良平（むろや りょうへい）

株式会社ホットリンク　マーケティング本部長

函館高専卒。メーカー、ベンチャー数社のマーケティング職を経て、2019年にホットリンクに入社。 ホットリンクのBtoBマーケティング、ブランディング、広報、インサイドセールス部門を統括。自著は『1億人のSNSマーケティング』。

本書の担当範囲：[3-5 ウェビナー][3-8 コンテンツ]

日比谷 尚武（ひびや なおたけ）

kipples 代表

スタートアップ経営、Sansanでのマーケティング＆広報部門立ち上げ、PR Table社創業などを経てkipples設立。広報やマーケティングを中心にスタートアップ 支援を行う。一般社団法人at Will Work理事、一般社団法人Public Meets Innovation理事、Project30（渋谷をつなげる30人）エバンジェリスト、公益社団法人日本パブリックリレーションズ協会 広報副委員長、ロックバー運営、ほか

本書の担当範囲：[3-11 広報]

1章

BtoBビジネスの基本を知る

▶ 著者：枌谷 力

1-1 BtoBビジネスの特徴

ビジネスには、一般消費者を対象とするBtoC（Business to Consumer）と、企業を対象とするBtoB（Business to Business）がありますが、BtoCとBtoBでは、マーケティングに関する考え方や手法が大きく異なるものです。本書においては、主としてBtoBでのマーケティングについて論じます。本項では、まずBtoBビジネスの特徴について見ていきましょう。

BtoBと一言で言ってもその実態は業態や商材によって千差万別で、一概にまとめることはできません。例えば、車や住宅などの高額商材を個人が購入するとき、その購買プロセスはBtoBに近くなりますし、法人向けでも安価な文具はBtoC的に買われることもあります。

このような前提があるものの、それでもあえてBtoBとBtoCを比較してみることは、BtoBならではの特性を大まかに把握することに役立つでしょう。次表では、とくに顧客の購買活動に影響を与える要素について、BtoCとBtoBを比較しています。

	BtoC	BtoB
①対象	生活者	企業
②顧客数	多い(特定しにくい)	少ない(特定しやすい)
③購入者と利用者	同じ	違う
④関与者	1人	複数かつ多層
⑤決定方法	独断	協議
⑥選定基準	好意・納得感	経済合理性
⑦目的	所有、体験、課題解決	課題解決
⑧思考の傾向	情緒的	論理的
⑨検討期間	短期	長期
⑩個別性	ないor少ない	多いorオーダーメイド
⑪購買単価	少額（数百円〜数万円）	高額（数十万円〜数億円）
⑫スイッチ	容易	困難
⑬決定要因	少ない・単純	多い・複雑
⑭情報量・判断の難易度	多い・判断可能	少ない・判断困難
⑮購入イメージ	容易	困難

それぞれの項目について、解説していきます。

①対象　②顧客数

対象が生活者で、万単位、億単位で存在するBtoCに比べ、対象が企業のBtoBは顧客数が圧倒的に少なく、年間数件の契約が取れるだけでビジネスが成り立つこともあります。成功指標となる数字の規模感も、BtoCとBtoBでは大きく異なります。

③購入者と利用者

BtoCは自分のために買う、つまり購入者と利用者が同じであることが多いですが、BtoBは多くの場合、購入者と利用者が異なります。例えば、SFA（営業管理システム）の利用者は各営業パーソンですが、導入の意思決定をするのは営業部のトップや経営企画部であることも多いでしょう。このような購入者と利用者の違いは、訴求メッセージやコンテンツの作り方、視点に影響を与えます。

④関与者　⑤決定方法

自分のために買うBtoC商材は、多くの場合、誰にも相談せず独断で購入を決定します。それに対し、BtoBの場合は、高額商材であることも多いことから、複数人で検討、協議しながら購入を決めることが基本です。購入に携わる人数は平均5.4人※という調査結果もあります。つまり、平均5.4人が話し合って決めることを前提に、コミュニケーションを設計する必要があるわけです。

⑥選定基準　⑦購入の目的　⑧思考の傾向

BtoCで特徴的な独断での購買は、主に好意や納得感といった「情緒購買」が基本になります。一方で、BtoBの基本は「論理購買」であり、その絶対的な選定基準は経済合理性になります。例えば、壊れてもいないのに「新しい機種が出たから」という理由でiPhoneを買い替える人が一定数いますが、BtoBでは、このような「所有したい」「体験したい」という理由だけで購買されることはありません。購買の目的は、常に経営課題や事業課題の解決のためです。これを平均5.4人で協議するので、経済合理性のある課題解決手段であるという論理的な説明が求められます。

⑨検討期間

例えば、コンビニで買うようなBtoC商材であれば、パッケージを見て秒単位で購買を決定することもありますが、これに限らず、BtoCでは購買の検討期間が比較的短いことが多いです。一方のBtoB商材の場合、購買決定まで、早くても数日から数週間はかかります。数ヵ月かかることが普通で、長ければ年単位の検討期間になることもあります。この長い検討期間（リードタイム）を前提に、どのようなステップでコミュニケーションを取り続けるかを考えていく必要があります。

※『隠れたキーマンを探せ！』（マシュー・ディクソン、ブレント・アダムソン、パット・スペナー、ニック・トーマン／神田 昌典、リブ・コンサルティング 監修／三木 俊哉 翻訳／実業之日本社／2018）にて行われた3000人のBtoBバイヤーに対するアンケート結果より

⑩個別性

オーダーメイドスーツや注文住宅などの例外はあるものの、対象者が多いBtoC商材は、各購入者の個別要望に応えられないことが多く、一律の規格で作られた商品を購入することが前提です。一方で、BtoB商材の場合、オーダーメイドや個々の要望に応じてカスタマイズされる商品が比較的多くなります。契約企業間で同じシステムを共有するSaaSのような例外もありますが、その場合でも、個別企業の事情に合わせたカスタマイズ機能が充実しているケースも多いです。人が提供するサービス型商材では、個別ニーズに応える柔軟性がないだけで、検討から外されてしまうことも珍しくありません。

⑪購買単価

BtoC商材は比較的少額で、BtoB商材は比較的高額な傾向があります。もちろん、BtoCにも自動車や住宅のような高額商品があり、BtoBにも少額なオフィス文具や月額数百円から利用できるSaaSが存在するため一概には言えませんが、全体としては、BtoC＝低額、BtoB＝高額という傾向が見られます。

⑫スイッチ

スイッチとは、商品やサービスの乗り換えのことです。少額なBtoC商材だと、気に入らなかったらすぐ別の商品に乗り換えることができます。しかし高額なBtoB商材は、簡単には乗り換えられません。またSaaSのように月額で見れば安くても、導入に時間がかかり、データなどが蓄積される商材は、簡単に乗り換えることができません。このようなスイッチの難しさもまた、BtoBによく見られる特徴です。

⑬検討項目

BtoCの場合、購買を意思決定する上での検討項目はそれほど多くありません。値段、外観、機能など特に重視するポイントを中心に比較し、あとは好みといった情緒的な印象で最終決定します。一方で、専門性が高く、合理的な判断を求められるBtoBの場合、検討項目が多岐に渡るうえに、一概に「これがいい」と言えないことがほとんどです。購買担当者が比較表を作ってみたものの一長一短で選べない、となることも珍しくありません。それ故に、「迷いをなくす」ためのコミュニケーションが、BtoBでは求められます。

⑭情報量・判断の難易度

比較サイトやSNSの口コミが充実し、店頭で店員に質問したり、実際に触ったりできるBtoC商材と異なり、BtoB商材の情報は多くありません。口コミのような言語化された情報だけでなく、利用体験を確認できる非言語情報も非常に少ないケースがほとんどです。得られるのはベンダーの公式情報がほぼ全てで、ベンダー側が積極的に情報発信をしていない場合、市場にほとんど情報が出回りません。このような情報量の少なさが、BtoBにおける購買の意思決定を難しくしています。

⑮購入イメージ

SNS上で口コミが多く、店頭などで実際に手に取ることができ、知人に感想を聞くこともできるBtoC商材は、購入後のイメージが比較的湧きやすいものです。しかし、BtoB商材でこのようなことは稀です。ソフトウェア製品などであれば、無料デモや展示会でユーザーインターフェース自体を触ることはできますが、そこから全社導入後の業務の変化を想像するのは容易ではありません。買って良かったかどうか分かるのが半年後や1年後になることも、BtoBでは珍しくありません。

1-1-1 BtoBは論理的であればいいのか？

「BtoBは論理購買である」とよく言われますが、15項目に渡るBtoBビジネスの特徴を見ていくと、BtoBマーケティング＆セールスを成功させるためには、論理性と情緒性の両面に対応する必要があることが分かります。

④関与者 ⑤決定方法 ⑥選定基準 ⑦目的 ⑧思考の傾向 ⑨検討期間にあるように、平均5.4人の購買関与者が、導入の是非を経済合理性の観点から長期間検討するのがBtoBです。そのため、商材特性と事業課題が論理的につながっていて、それを購入することで課題が解決できそうだと思えるだけの論理性が備わっていれば、購買において有利に作用するでしょう。

しかし、BtoBの意思決定が論理性だけで決まると考えるのは早計です。

⑪購買単価 ⑫スイッチ ⑬決定要因 ⑭情報量・判断の難易度 ⑮購入イメージからは、金額が高く、乗り換えが難しく、失敗したときの影響が大きいにもかかわらず、決定要因が複雑で、情報量が少なく、購入した後のイメージがつきにくい、というBtoBの特性が見えてきます。経済合理性を基準として論理的に決めたくても、なかなかそうはいかないというジレンマを抱えており、だからこそ、意思決定を後押しする情緒的なコミュニケーションも必要になるのです。

このようなBtoBの意思決定プロセスを図式化したのが、次図です。

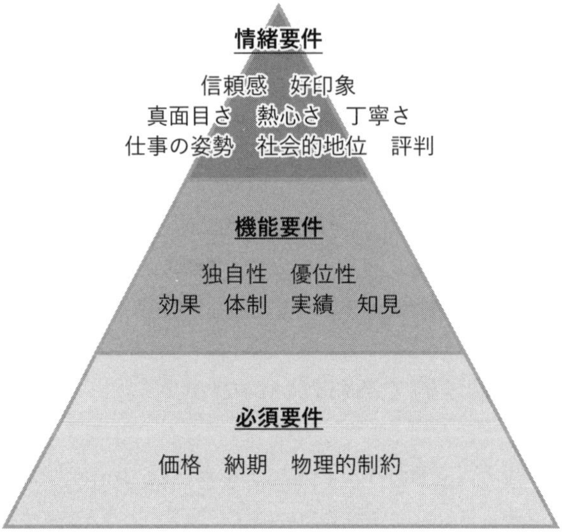

購買プロセスの最初の段階で検討される**必須要件**は、価格や納期、物理的な制約といった、「これがなければそもそも話にならない」という最低条件のことです。論理的な思考というより、条件と照らし合わせて機械的にソートするような思考で決まります。最低条件を満たす商材が市場に一つしかなければ、この段階で意思決定されます。

しかし現実的には、競合商材や代替品が存在することがほとんどでしょう。そうすると次に**機能要件**の検討に入ります。これは、商材の機能、効果、独自性や優位性、実績、知見といった、優劣の比較が可能な要素です。購買企業は、これら複数の条件を論理的に検討し、最もバランスが取れた選択をしようとします。

ただしBtoB商材では、機能要件における優劣の比較が困難なこともよく起こります。情報が少ないにもかかわらず、決定要因が複雑で、これといった決め手が見つけられないケースが多々見られるのです。アップデートが常時行われているクラウド型商材では、機能を競合が模倣するのは難しくなく、機能の優位性や独自性は長く続きません。このように、機能要件だけでは決められない検討の最終段階で、大きな影響を与えるのが、情緒要件なのです。

情緒要件で求められるのは、スタイリッシュなビジュアルや好感度の高い有名人ではありません。**企業全体としての信頼感**です。技術力があり、誠実な企業というイメージがあるか。「優秀な社員が揃っている」「熱心な人が多い」というイメージがあるか。あるいは対面する営業パーソンからこのようなイメージを抱くことができるか。企業文化や創業者のカリスマ性が作用することもあるでしょう。これは、その企業の「ブランド力」と言い換えることもできます。

BtoB商材は結局のところ、使ってみないと、契約して見ないと、導入してみないと、その効果が分からないことがほとんどです。しかし、情報も少なく、明確な判断基準をもちにくい。だからこそ、営業パーソンの印象や経営者のキャラクターなど、商材のパフォーマンスと関係ない要因までも、意思決定において重視されるのです。それは「安心を買いたい」という心理であるとも言えるでしょう。

このように、論理性と情緒性の両極を兼ね備える必要があり、そのためのコミュニケーションの質を高めていくことが、BtoBマーケティング＆セールスには求められるのです。

1-1-2 オンライン上での情緒コミュニケーション

BtoBの購買プロセスにおいて情緒コミュニケーションをもっとも満たす工程となるのが、営業（フィールドセールス）です。そのことを端的に示した調査があります。

次表は、HubSpot Japan株式会社が会社経営者や営業担当者1340人を対象として、2019年10月に行ったアンケートの結果です。

企業は商談に何を期待してる？

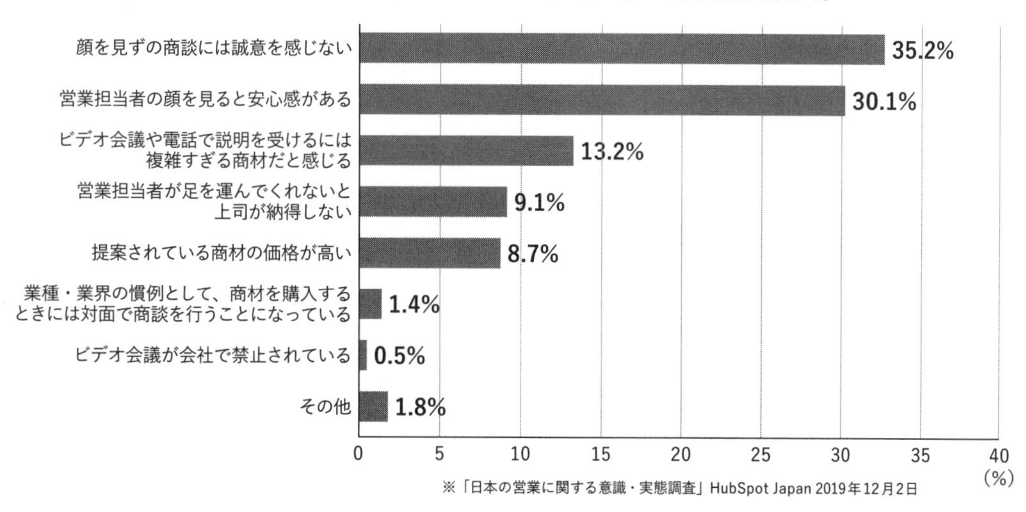

※「日本の営業に関する意識・実態調査」HubSpot Japan 2019年12月2日

これを見ても、「誠意」「安心感」「納得」といった、情緒要件を満たすことを目的に、企業が営業担当者と会いたがっていることが分かります。このことからも、BtoBの営業を完全にオンライン化するのは難しいと考えがちですが、営業の前段階、つまりマーケティングの段階で、顧客の情緒要件を満たす活動を行うことで、営業活動のオンライン化、もしくは省力化が可能になると考えられます。

具体的な施策としては、テレビCMやウェビナーでも可能ですし、オンライン営業の組織力やスキルを磨くことも当然効果があるでしょうが、ここで注目したいのが、SNSやオウンドメディアを活用した情報発信です。

企業内の購買意思決定に関わる人物は、DMU（Decision Making Unit）と呼ばれ、それぞれがコミュニケーションを取りながら、購買のプロセスを推し進めていきます。

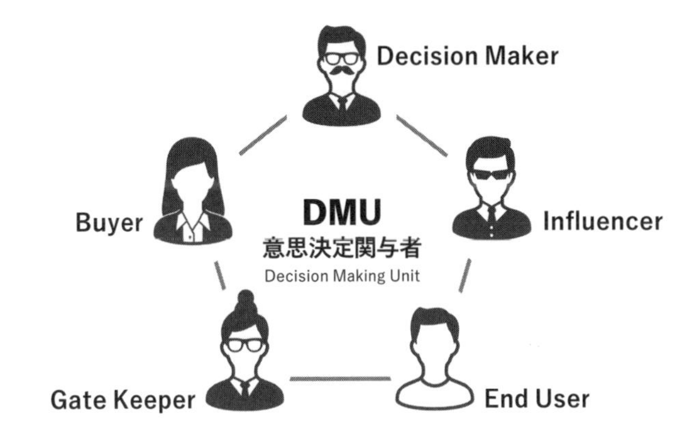

この社内のコミュニケーション環境が、「ダークソーシャル」と呼ばれる、データでは可視化できないソーシャル空間です。このダークソーシャル内にコンテンツを送り込むことができれば、直接会わずに、日常的にDMUと接点を持てるようになります。また、課題形成されて商材の導入検討がスタートした際、第一想起を取ることも可能になります。

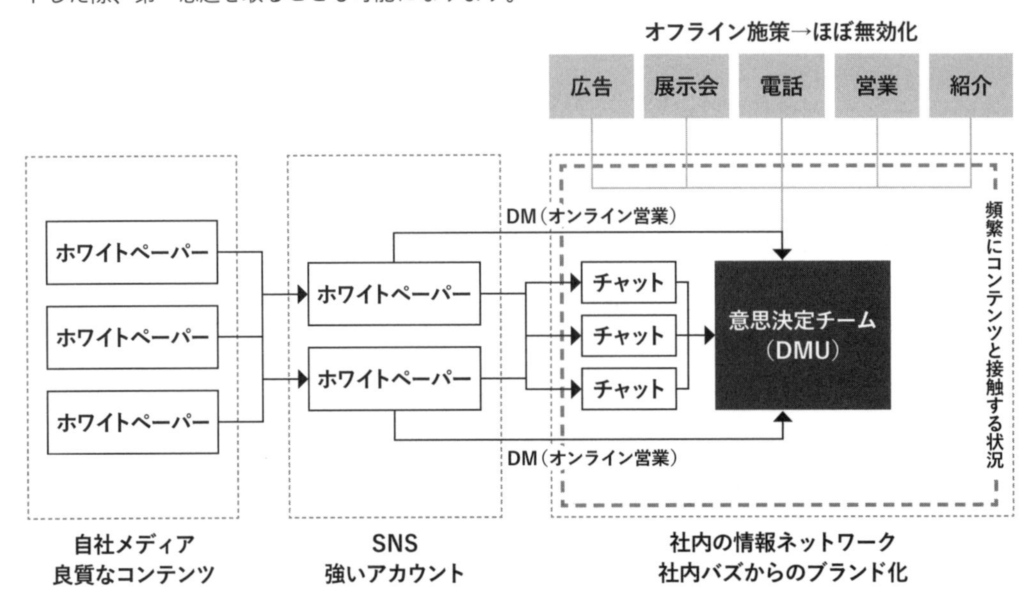

このように、ダークソーシャル内にコンテンツを流通させる上で重要なのが、良質なコンテンツと、強いSNSアカウントになります。TwitterやFacebookで話題になったコンテンツのアクセスログを解析すると、「Social」と呼ばれるチャネルからの流入が爆発的に伸びるのとほぼ同時に、「Direct」と呼ばれるチャネルからもほぼ同数、時にはそれ以上の数の流入が増えることが確認されています。

この「Direct」というチャネルは、リファラーの取れない訪問すべてが含まれますが、主にチャットやメールなどの社内ネットワーク、つまりダークソーシャルからの流入が占めていると考えられます。つまり、オープンソーシャルとダークソーシャルはつながっており、TwitterやFacebookで共有されると、それが社内のチャットやメールでも共有される、ということです。

このメカニズムを利用すれば、商談に至る前の時点で強力なブランド力を構築し、商談に入る前に情緒要件をほぼ満たすような状況を作り出すことができると考えられます。つまり「最初から御社に決めていました」と言われる機会を増やせるというわけです。

オンライン化がさらに進んでも、基本的なマーケティングの総論はそれほど変わりません。しかし、用いるコミュニケーション手段が変わるため、各論は大きく変わります。それらを組み合わせる考え方も、それまでの常識にとらわれず発想していく必要がでてくるでしょう。

具体的には、企業ごと、商材ごとに考えていかなければならないことですが、冒頭で示したBtoBとBtoCの違いのような視点で、自社商材の特性を掴んでいくと、最適なコミュニケーション方法の糸口が見えてくるはずです。

▶ 著者：秋山 勝

1-2 顧客特性とプロセス

前項ではBtoBビジネスの特徴について見ていきました。次は顧客獲得活動におけるプロセスについて確認します。誰に（顧客特性）どのような接点（プロセス）をもつのかを把握することで、適切なアプローチが見えてきます。

1-2-1 顧客獲得活動の「プロセス」とは

BtoBにおける顧客獲得活動の「プロセス」とは、認知から始まるマーケティング活動全般と、商談から契約に至るまでの営業活動のことを指します。

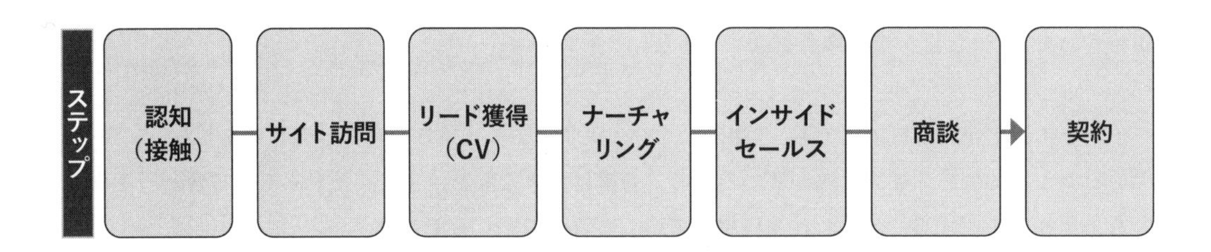

これまでは、営業活動を中心として顧客との接触機会が創出されていました。しかし現在では、そのプロセス自体が変化し、マーケティング活動による創出がより求められるようになっています。これは、前章でも触れたとおり、新型コロナウィルスによる急速な時代の変化も含めて、BtoBの領域においても購買の形態が急速にオンラインに移り変わり、多くの企業がこれまで未経験であったBtoBマーケティングを志向せざるを得ない状況になっているためです。

この章では、この顧客獲得活動のプロセスの変化について理解を深めることを目的としています。そのためには、まず「顧客」自体の理解が不可欠です。なぜプロセスの変化が起きているのか、そもそもデジタル時代における顧客とはどのようの人たちでありどのような活動をしているのか、「顧客理解」と合わせて掘り下げていきます。

1-2-2 BtoBにおける顧客とは

次表で示すように、まずBtoCとBtoBでの顧客の大きな違いは、その名が表しているように、個人か企業かということです。
(BtoC = Business to Consumer、BtoB = Business to Business)

	BtoB	BtoC
対象	法人や団体に所属する複数人	個人
関わる人	チームメンバー、上司、他部署	多くの場合本人のみ
検討期間	長期間	短期間
単価	高額	少額
意思決定	組織長・決裁者	主に本人
重視するポイント	機能、実績など	ブランド、付加価値など
購入に至る思考	ロジカル	衝動的

BtoBでは個人のように趣向性によって意思決定されることは極めて少なく、決定の軸は基本的には組織がもつ「課題」です。そのサービスは課題を解決するに値するのか、その期待がもてるかが最も重視されます。

そのため、多くの企業では現場の担当者がまず情報収集を行い、比較検討して必要十分な情報を取り揃えたうえで、社内で決議に上げる手続きを踏んでいます。このような手続きはほとんどの企業で大なり小なり起こっているため、比較的馴染みがあるのではないでしょうか。

1-2-3 BtoBにおける情報収集の変化

そして、この情報収集の段階で最も重要な役割を担っているのが、サービスを提供する側の「営業マン」です。何らかの課題解決をする際に、該当すると思われる会社の営業マンに声を掛けて、サービスについての提案や説明を求めることは、多くの企業で行っていることです。情報収集および解決策の妥当性を判断するうえで、営業マンは顧客にとって重要な情報提供者であり、解決策を提示する大切なパートナーでもあるのです。

一方で、この営業マンに声を掛けるという情報収集のスタイルが、現在はインターネットを活用した方法に急速に置き換えられています。背景には、サービスの情報発信をインターネット上で行う企業が増えたこと、顧客側としてもそのインターネットの情報で十分検討ができる状態になってきたことなど、いくつかの理由があります。中でも私が注目したい変化の理由の一つは、購買の担当者や意思決定者の「プライベートにおけるユーザー体験」が、業務での情報収集にも影響を与えていることです。

具体的にはグルメサイトや商品レビューサイトの参照、写真や地図を元にしたサービスでの検索や発見など、インターネットを活用した情報収集によって、目当てのものを見つけられるという成功体験を、日常で多くの人が得ています。このように成功体験が日常に多く存在している昨今、業務における購買行動にも同様の期待をするのは、必然と言えるでしょう。

具体的な数値を一つご紹介します。アメリカのコンサルティング会社CEBによると、BtoBビジネスにおいて購買を検討する顧客の半数以上は、実は営業マンとの接触前に、おおよそ購買すべき商品に目星をつけており、最終的な確認の意味で営業マンと接触するというのです。この事前の情報収集は、主にインターネットを通じて実現しています。

ユーザーの意識変化

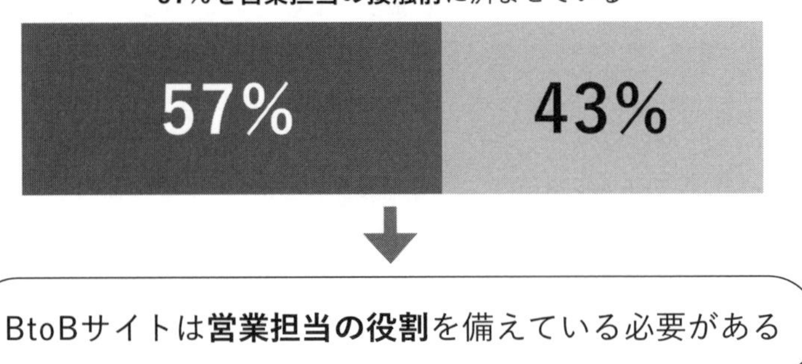

より具体的な体験に注目して考えると、これまで営業マンに会うか、展示会やセミナーへ物理的に足を運ばなければ詳細なサービス資料や事例は手に入りませんでした。しかし、今や各社のサービスサイトなどを通じてインターネット上で簡単にPDFを手に入れることができるようになっています。

こうなると、例えばA社で手に入った資料について、競合サービスであるB社でも同じく手に入れることを期待するのは、顧客の思考としてはある意味当然の流れと言えます。

次の図は、マッキンゼー社が提唱する「BtoB購買意思決定ジャーニー」と呼ばれるものです。このジャーニー自体は2009年に提唱されたもので、この図に沿ってイメージしてみると意思決定の複数のプロセスにおいて、デジタルを使って効率的に検討を進めたいという顧客の思考を、より明確に想像できるのではないでしょうか。

顧客の購買意思決定ジャーニーにおける行動や好みは急速に進化している…

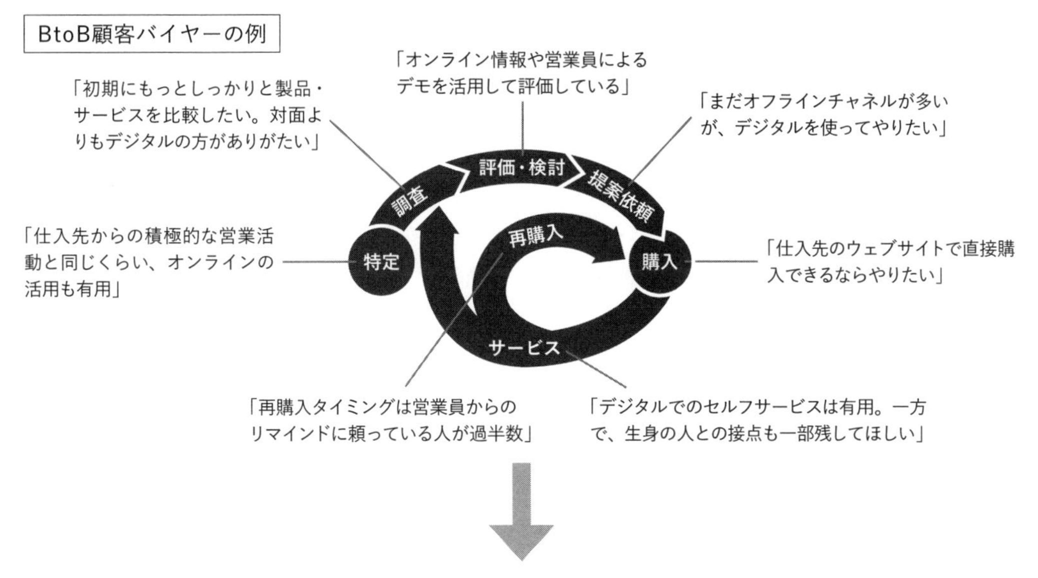

…顧客の行動を理解した上で、ニーズや成長余地、利益率に基づいて顧客セグメントを細かく作りこむ

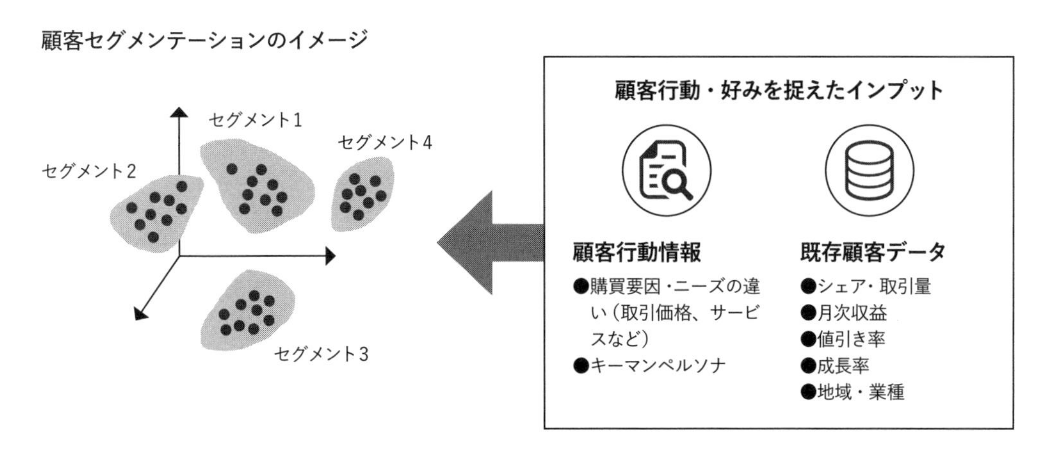

出典：McKinsey & Company
https://www.mckinsey.com/jp/~/media/McKinsey/Locations/Asia/Japan/Our%20Insights/Rapid_revenue_recovery_jp_202005.pdf

サービス提供者として、サービスに関する情報の開示を十分に行わず、結果的に顧客の初期段階の情報収集に乗り遅れたことにより、気づかぬうちに機会損失を生み出している可能性が、現在においては否定できません。言い換えると「戦わずして負けている」可能性があるのです。顧客が期待する購買体験とはどのようなものなのか、その場合は自社の戦略として今何をすべきなのか、改めてしっかりと考えなければなりません。

1-2-4 プロセスとして変化していないもの

このように顧客側の情報収集のスタイルが変化している一方で、組織内における購買の意思決定プロセスには大きな変化が起きていないと考えられます。もちろん電子印鑑のように、手法としての入れ替えや変化が起こることは予測されるものの、組織におけるそもそもの「意思決定」のプロセスについては、今後も急激に変化することはないでしょう。

組織の根幹をなす階層は役職などの立場によって構成されており、そこには権限や役割が存在します。大きな外部環境の変化が起きたからといって、この権限や役割がなくなるようなことは組織運営上、考えにくいものです。

実は、この「変わらない点」が顧客獲得のコミュニケーションの設計において重要なポイントになっています。情報収集がインターネットの活用によって容易になったからといって、購買の決定すらも簡単に行えるようになるかと言えば、そうではないのです。それこそが、個人ではなく組織を相手にするというBtoBのビジネスの特異な点であると言えます。

これを踏まえると、ただ顧客への情報提供を増やしていけば、それに応じて受注が増えるわけではないことは、想像がつくでしょう。むしろ場合によっては、雑多な問い合わせばかりが増え、業務が圧迫される可能性すらあるのです。

1-2-5 営業マンに求められている変化

これらの状況を踏まえると、これまで顧客と最も接点を持ってきた営業マンには何が求められるのでしょうか？　この点を理解するためには、もう少し情報を加えて理解する必要があります。その情報とは「労働生産人口の減少」という、日本が避けて通れない社会問題です。端的に言うと、働く人が減るということは、営業を行える人の数もおのずと減っていくことになるのです。

労働力人口と労働力率の見直し

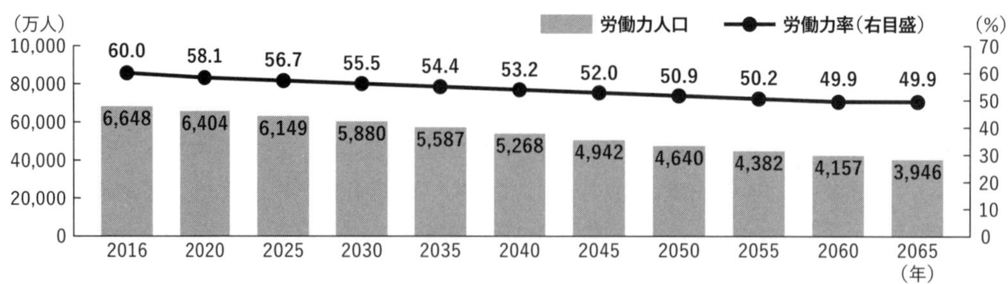

※2016年は実績。2020年以降は、男女別、年齢5歳階級別の労働力率を2016年と同じとして算出（75歳以上は、2016年の75歳以上の労働力率を75～79歳の労働力率とし、80歳以上はゼロとして算出）。
出典：みずほ総合研究所　https://www.mizuho-ir.co.jp/publication/mhri/research/pdf/insight/pl170531.pdf

かつての高度成長期において最も重要な戦略は、大量生産、大量消費が行われるという前提で、どれだけ多くの数を捌くのかということでした。一方で現在は、取引する会社数を単に増やすのではなく、「一社あたりの取引高」をいかに増やしていくのかが、重要な戦略となっています。LTV（生涯顧客価値）という考え方があります。多くの企業がこのLTVを重要な指標として捉えています。単に売って終わりではなく、受注はある意味スタートであり、そこからいかに末長く取引を行い継続購入してもらえるのか、そのような志向に変わってきているのです。

弊社のようなSaaSを提供する事業者は、分かりやすい一例です。LTVやARPU（ユーザーあたり平均売上金額）を重要な経営指標に取り入れ、社内で追いかけるのはもちろん、各種IR資料においても外部にしっかりと公表しています。この流れが、SaaSのようなサービスに限らず、メーカーなどの他業種にも広がりつつあるのです。

今、営業マンに求められる能力とは、とにかく数多く売り捌く能力ではありません。顧客の課題を見極め、その課題と自社の解決策がどれだけマッチしているか、その相性を目利きする能力が必要とされています。顧客の課題解決につながらないのに提案活動だけをそれなりにうまく行い、結果早期に解約されるという事態は、LTVの最大化を志向する会社としては絶対に避けなければいけないことなのです。

この場合の営業活動として重要になるのは、どのような顧客を相手にビジネスを行うのかを明確にすることであり、その顧客に対して適切な情報提供・開示を行うことです。これこそが、これからの営業マンに求められるマーケティング的な視点です。これは少し言い換えると、ある意味差をつけた営業活動を行うことであるとも言えます。自社が提供する課題解決と相性のよい顧客や、LTVが高い見込みのある顧客には、自社のリソースを最も使っていくことになります。

ただし、この場合においても、従来の方法に固執する必要はありません。無駄を省けるものは省いて効率的に営業活動を行い、むしろヒアリングやプランニングに時間を使って内容を骨太にし、提案自体はオンラインで行うといったことも、ケースによってはあるでしょう。大切なのは、顧客ニーズに沿ったコミュニケーションを行うことです。

一方で、自社の対象ではない顧客には、定型の資料の提供や、チャットツールでの対応、FAQなどの充実によって自己解決を促すなどして、仕組みを使って対応していくことが考えられます。課題解決型の営業がより求められている時代において、その解決する課題を持った顧客をどのように発見し、関係を築いていくのか。実現の糸口となるBtoBマーケティングのニーズはより高まると予想されます。

1-2-6 プロセスごとの詳細

ではここまでの説明を踏まえて、改めて冒頭で紹介したプロセスに目を向けてみましょう。

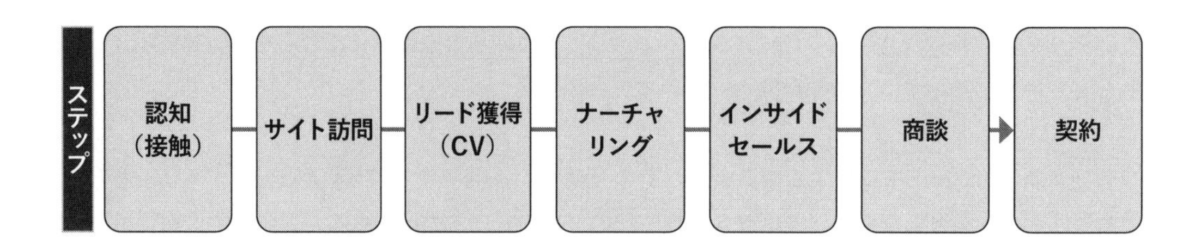

実際には、この図のようにきれいに順を追って進むわけではなく、同じプロセスを何度か繰り返したり、また途中で離脱が起きたりしますが、ここではまずは単純化して王道であるプロセスに沿って理解を深めていきます。

認知

顧客となり得る人々が存在するチャネルにて、自社の存在を知ってもらう活動です。自社の存在を最初に知ってもらう場所だと理解してください。

・BtoBにおける主なチャネル
イベント、セミナー、インターネット広告、タクシー広告、営業活動、口コミ

サイト訪問

前述の各チャネルでの認知を通じて、興味、関心を持った人たちが訪れる主な場所です。Web上で公開されている会社やサービスのサイトが該当します。

リード獲得（CV）

サイト内において、顧客が課題解決のイメージを持つことができたときに生まれる行動の結果がリード獲得です。言い換えると、顧客にコンタクトできる十分な情報の提供を受けた状態です。

・BtoBにおける主なリード
お問い合わせフォームからの問い合わせ、セミナーへの参加、ホワイトペーパー等の資料のダウンロード、商品デモの依頼、メルマガへの登録

ナーチャリング

獲得したリードに対して、最新情報の提供、より具体的な解決策の提示、事例の紹介などを追加で行うことにより、顧客のサービスに対する関心度をより高め、サービス提供者側としての見込み顧客化をしていく活動です。手段としては、主にメールや電話が挙げられます。

これは「顧客の育成」とも呼ばれ、BtoBマーケティングの肝とも呼べる部分です。これまでは「問い合わせ後にどう受注確度を上げるか」や「購入直前の明確層にいかにアプローチするか」という、言わば注文の意思決定に近い最終段階の顧客に対する最適化に終始することが多かったでしょう。それに対してナーチャリングは、その手前の潜在層のうちの顧客情報を取得し、そこから明確層になるために、自社サービスのマインドシェアを上げる刷り込みを行い、幅広い顧客を獲得するための手法なのです。

インサイドセールス

ナーチャリングの結果から生まれた見込み顧客に対して、組織課題の確認、顧客属性など、商談に資する相手であるかを見極める活動です。手段としては電話がメインでしたが、最近ではWeb会議システムを用いてオンラインで行われることが増えてきました。

商談

インサイドセールスの過程で明らかになった情報を踏まえ、受注に向けて、より具体的な課題解決方法やその際の料金の提示を行う活動です。いわゆる従来の営業活動と考えてよいでしょう。この段階になると、電話やWeb会議システムに加え、対面で直接会って行われる場合も多くなります。

契約

金額含めた諸々の諸条件を顧客と確認し、実際のサービス利用を申し込んでもらう手続きです。

このように、顧客獲得のプロセスが進むにつれて、「顧客の様々な情報が付加」されていきます。この顧客の情報の付加を体系的かつ効率的に行うためには、それにふさわしい「体制」を整えることが必要です。そこで次は、顧客獲得のプロセスを進める上での組織について、解説していきます。

1-2-7 プロセスを進めるための組織

近年のBtoBビジネスにおいて、「顧客の成功（＝カスタマーサクセス）」を軸に活動を行う企業が増加しています。ここで言う成功とは、売上が増加したり、利益が大きく改善したり、何かしらのサービスを活用することにより事業が大きく成長することを指します。これは、前述の「LTV」を意識した営業に多くの企業が移り変わってきていることと、密接に関わっています。LTV最大化のためには売り切りではなく、顧客の成功を定義したうえで、顧客が継続的に成功するための関係構築が必要なのです。

営業マンは、その顧客の成功のために、課題解決を前提とした提案を行います。しかし、近年のビジネスは複雑さを増しており、一人で幅広く役割を担おうとすると個々の専門性が乏しくなり、結果的に、顧客のサクセスを実現することが難しくなってきているのです。

これまでのBtoBビジネスにおいては、受けた問い合わせに対して、ベテランだろうが新人だろうが、とにかく営業マンが分担して数をこなすことが多かったかと思います。ところが実際には、潜在層から顕在層、明確層まで顧客の検討段階は様々です。有望なリードかそうでないリードかの見極めがないまま、ただ闇雲にアプローチするのは非常に非効率だと言えるでしょう。

初期の接触から最終的な契約に至るまでには、多くのプロセスが存在します。BtoBマーケティングでは、顧客の検討段階を可視化し、その段階に応じて適切にアプローチすることで、受注効率の最大化を行います。そのプロセスごとに少しずつ顧客の期待を醸成するためには、それぞれのプロセスにおける専門性を発揮する必要があるのです。

本項で説明してきた、顧客の意識変化、労働生産性人口減少とそれに伴う売り手の意識変化、それらを受けての営業戦略の見直しや営業マンの役割の変化、バリューチェーン型の組織は、それぞれ密接な関係があります。このような背景から、顧客特性を理解し、今の時代に合わせたプロセスを検討するのは必然です。

実際には、このプロセスの中でも何度も行き来があり、最終的に契約までたどり着くものであると先ほどもお伝えしましたが、そのようなプロセスの変化は、ターゲットとなる顧客が存在するチャネルとの相性によっても起こり得ます。例えば、展示会やセミナーなどに参加することで認知を獲得した場合は、途中のナーチャリング等のプロセスを経ずに一足飛びで営業マンと接触することも考えられます。また、何度も何度も繰り返しサイトに訪問して少しずつ情報を蓄えることにより、営業マンとの商談を行わずに意思決定を行うこともあり得るでしょう。

プロセスのうちどの部分を切り出して情報として蓄えるかは、ある意味顧客の意思に委ねられています。逆に言えば、サービス提供者側としては、顧客がどのプロセスから入ってきたとしても対応できる状況を組織として作っておくことが、重要であると言えるでしょう。

顧客は、デジタルを使いながら効率よく情報収集を行いたい。営業する側としては、なるべくなら直接会って接点づくりを行いたい。この二律背反するニーズを満たしていくためにも、顧客特性理解とプロセスの工夫にぜひ挑戦してください。

2章

BtoBの顧客獲得戦略を考える

▶ 著者：秋山 勝

2-1 経営と接続する

2-1-1 コロナ危機で高まるマーケティング戦略の重要性

新型コロナウイルスの世界的な感染拡大により、多くの企業がテレワークを中心とした企業運営への急速な対応を強いられました。オンライン、オフラインの環境をうまく使い分けることで業績を伸ばした企業もあれば、オフラインでの活動を続けたままでも変わらぬ業績を残す企業、オンラインへの対応が遅れたことにより業績を下げた企業と、大きく明暗が分かれているのが実状です。

従来どおりのやり方では組織を安全な形で運営しにくいと感じた企業は、いち早くオンラインでの運営に切り替え、多くの業務を効率化、見える化させることに成功しています。そのような流れの中で、オンラインでも仕事が完結できることが広く認識されるようになりました。多くの従業員が、「オンラインで済むのであれば今後もなるべくオンラインで済ませたい」と考えるようになっているのは、当然の成り行きと言えるでしょう。

マッキンゼー社の調べによると、新型コロナ危機の以前は、営業において、「対面セールスが重要である」と答えた企業が57%、「デジタル・リモート営業が重要である」と回答した企業が43%（従来型の0.7倍）でした。それに対し、2020年4月時点の調査では、「デジタル・リモート営業が重要である」と答える企業が58%（従来型の1.4倍）という形で、大きくその割合を増やしています。

新型コロナ 危機を契機にデジタル・リモート営業の重要性が増加

Q：新型コロナ危機前後で顧客に重要なチャネルは何か

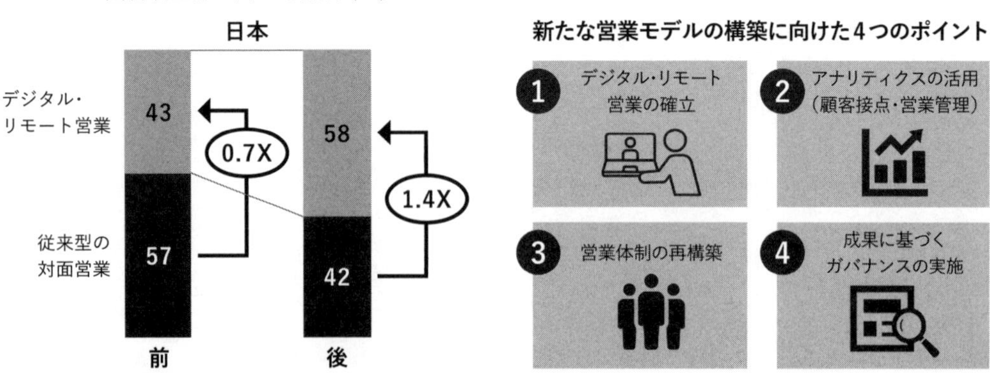

出典：Harvard Business Review https://www.dhbr.net/articles/-/6776
McKinsey B2B Decision Maker Puise Survey、2020年4月7日（n＝3,619 for Global, n＝200 for Japan）

もちろんこれは、売り手側の観点を表した数値です。しかし、提供する側の意識が変化した背景には、買い手の反応の変化があるはずです。

このような状況下において、経営者として考えるべきは、「本当に従来の経営戦略のままで良いのか？」という問いなのです。

2-1-2 経営戦略におけるマーケティングの位置付け

「経営戦略」は、下図のように大きく三つのフェーズに分けられます。

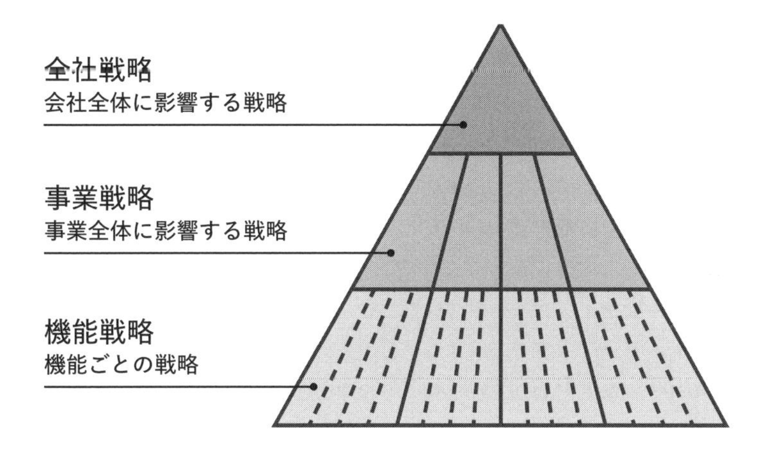

「全社戦略」「事業戦略」「機能戦略」と、下にいくほどより詳細な戦略が求められます。マーケティング戦略はこの中の機能戦略に属し、同じく機能戦略に属する営業戦略と、近年では同等かそれ以上に重要な戦略と考えられるようになりました。

これまでの法人取引において最も有効な活動は、営業マンを中心とした"足を使う"営業活動でした。もちろん、現時点でもその活動が重要であることに変わりありません。しかし、前述のような意識の変化を受け、その立ち位置を変えつつあります。営業マン一人の力で業績を上げるのは非常に難しくなっており、営業のチーム内だけでなく隣接する他部署とも密に連携を取りながら、さまざまな作戦を遂行していくチームプレイが必要になってきているのです。

そのチームプレイの中でも、先陣を切るのがマーケティング活動です。マーケティングチームは、まだ見ぬ未来の顧客に対してコミュニケーションを取り、一定の関心を醸成した後、営業マンにその情報を受け渡します。

現在では、マーケティング活動の後、インサイドセールスを挟んでニーズをより顕在化した上で従来の営業チームへ受け渡すという、いわゆるSaaS型の手法も多くの企業で採用されています。

2-1-3 マーケティング戦略を実行する上で気を付けたいこと

経営戦略上、マーケティングが非常に重要な位置にあることについてはご理解いただけたでしょう。事業戦略の実現には営業活動が不可欠ですが、その営業活動をより強固にし、実現性を高めるのがマーケティングなのです。冒頭で触れましたように、多くの経営者がコロナ禍により従来の経営戦略のままで良いのかを問われている中、マーケティング戦略をどのように策定するかが、経営戦略の検討や判断を大きく左右します。

とはいえ、たとえマーケティング戦略の重要性を認識していたとしても、すぐに実行に移るのは早計です。小手先の手法をベースにマーケティングを進めて失敗してしまうケースが後を絶ちません。バズマーケティング、メールマーケティング、SNSマーケティングなど、さまざまな言葉とセットで使われているように、マーケティングの手法は多岐に渡ります。マーケティングとは、全体像を理解することがとても困難なものなのです。

本項では、経営とマーケティングを結びつけることを目的としています。一つひとつの手法ではなく、広義の意味でのマーケティングを理解すること。その上で、マーケティングを経営戦略にどのように活かすのか、会社や経営がどのような状態を目指すのかを決定することが重要です。

2-1-4 マーケティングにおける体験を設計する

繰り返しとなりますが、マーケティング活動を単体で考えることは、経営視点での戦略とは呼べません。経営戦略は、少なくとも営業組織と合わせた全体像から描く必要があります。理想を言えば、その後のデリバリーやサポートも含めて考えたほうがよいでしょう。なぜなら、昨今の顧客との関係は、これまで以上にロングスパンで考える必要があるためです。今や、最初だけ良い顔をして売って終わりという時代ではありません。

もはや高度成長期ではない日本において、関係を築いた一社から得られる収益をいかに最大化させるかは、営業のみならず企業全体で取り組むべき重要な課題です。このような視点で考えたときに、本来つながっているはずのバリューチェーンが部署ごとにサイロ化してしまっているのを見過ごすことはできません。

では、どのような状態が望ましいのでしょうか。それは、初期のコミュニケーションから、接触、商談、受注、デリバリー、サポートまで、一気通貫で顧客の体験を設計することです。その上で、顧客の期待に応じた、あるいはその期待を超える価値提供を行うことが、今後多くの企業に求められる重要な視点になるのです。

この設計を考える際、非常に大切なポイントとなるのが、マーケティング活動における「初期接触」です。マーケティング活動とは、顧客やターゲットに対してコミュニケーションを図り、関係を構築することが目的です。大架裟な表現や誇張をするのではなく、的確に顧客の課題を捉え、関心と期待を寄せてもらう必要があります。

マーケティングの「初期接触」を通じて醸成した関心と期待を維持しつつ、営業チームが顧客の課題を顕在化させ、より具体的な解決策を提示する。そして、顧客が期待するサービスを提供し、顧客が迷えばサポート部隊が適切にフォローする。この一連の体験をどのように構築するのか。ここに、各企業による違いが現れます。

例えば弊社では、マーケティングにおける顧客体験として、次のように設定しています。
「我々のサービスは顧客のニーズに合致した課題解決に資することのみを提供する」

その上で、それぞれの部門では次のような施策の方針を設定しています。

マーケティング部門

- 顧客の課題解決になる情報提供に徹する
- ノウハウ、メソッドの公開は中途半端にせず、すべて出し切る
- 誇張、大袈裟な表現を用いることなく、事実に基づいたコミュニケーションをとる

営業部門

- お客様のニーズと提供できる解決策が一致しない場合は提案しない
- 顧客がサクセスする条件に合わない場合、サービスの依頼があってもお断りする
- 情報の後付けをせず、すべての情報を事前に明確に伝える

CS部門

- 依存されるような関係構築は行わない。あくまで顧客が自走できるサポートに徹する
- 顧客がサクセスできているか（=売上増加などの成果が出ているか）を重視し、導入後も顧客の状態を常に把握する

これらはほんの一例ですが、直接、間接に関わらず、どれもが「顧客の課題解決」につながるもの

となっています。一つひとつの項目は、すべて大元である「どのような体験を顧客に提供したいのか」につながっています。さらに上流に遡ると、これらの体験は弊社がもつミッションやビジョンにつながっているのです。

このように、顧客体験を設計する際には、自社の経営理念に基づいて設計することが重要です。そうでなければ、セールス、マーケティング、CSなど、各機能の方針や施策がちぐはぐなものになってしまい、顧客に対して一気通貫の体験を提供することができなくなってしまいます。

以下に一般的な経営理念の枠組みをご参考までに記しますが、ぜひとも皆さまの会社においても、まずはこのような経営理念がそもそもしっかりと言語化されているのか、もしされているのであればその経営理念と自社が目指す顧客体験の設計が整合しているのか、確認してみてください。

経営理念とは――ミッション・ビジョン・バリューの枠組み
組織によりさまざまな言葉が使われているが、組織の「存在意義」「目指す姿」「価値観・行動指針」を表すもの。

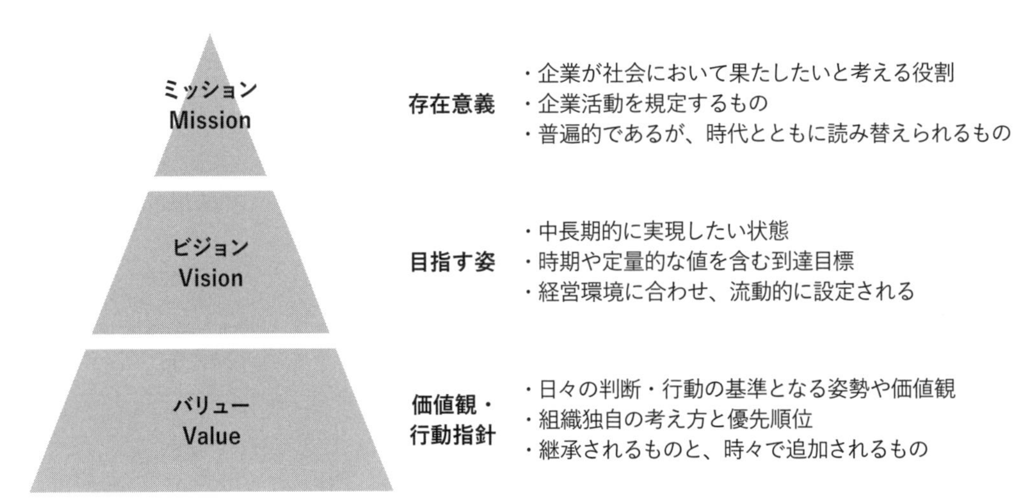

出典：リクルートマネジメントソリューションズ 「ミッション・ビジョン・バリューをどうやって浸透させるのか？」
https://www.recruit-ms.co.jp/issue/column/0000000650/?theme=personnelsystem

2-1-5 バリューチェーンを元に戦略を描く

経営と接続するためには、各バリューチェーンの数値の把握と迅速な判断が対になっている必要があります。そのためには、次の三つを押さえておきましょう。

- **各バリューチェーンをきちんと分業化し、責任の所在を明確にすること**
- **各バリューチェーンにKPIを設定すること**
- **上記を迅速に可視化するツールを導入すること**

バリューチェーンとは、顧客体験を提供するうえで必要なセクションをつないだものです。今後、顧客の体験価値の最大化は、企業にとって避けることのできない課題となるでしょう。それを実現するためのバリューチェーンの構築には、1人の従業員が業務を横断的に担う従来のゼネラリスト型ではなく、それぞれの専門性に特化した業務に体制をシフトさせていく必要があります。マーケティング、インサイドセールス、フィールドセールス、カスタマーサクセスなど、専門性が担保されていれば、それぞれの活動を指標化しやすく、具体的な改善策の検討も容易になります。

「ferret One」におけるセクションと担当KPI

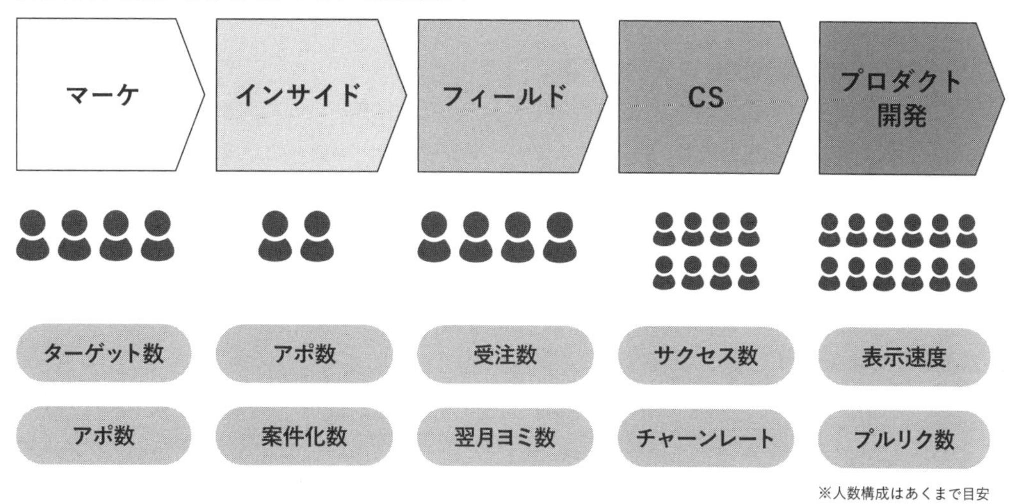

図のように、弊社では、バリューチェーンのセクションに対して、目標となるKPIをそれぞれ設定しています。各セクションにおいて、そのKPIを達成するためにどのような取り組みを行うのか？全体を通じて目標とする体験は顧客に提供できるのか？　できるとすれば、それはどのように実現できるのか？　そのときに必要な人員は何人か？　など、これらを紐解いていくことで、バリューチェーンに沿った戦略の構築が可能となります。

その上で、先行指標となる数値を、営業からマーケティング活動へと遡って確認していくと、全体のバリューチェーンの中で、どこがうまくいっており、どこに課題が存在しているかが見えてきます。これらの数値が経営視点として常に見える状態であれば、迅速な経営判断ができるようになります。

そのようなデータに基づく迅速な経営判断を行うためには、従来の数値の管理方法を変える必要が出てくるかもしれません。その管理手法について、いくつか紹介していきます。

2-1-6 迅速な意思決定を支援する環境を整える

迅速な意思決定を行うためには、情報をフィードバックして経営判断の支援ができる環境を整える必要があります。とくに取り組んでいきたいのは、次の三つです。

①マーケティング活動のダッシュボード化
②営業手法のオンライン化
③CRMを使った営業管理

それぞれについて、見ていきましょう。

①マーケティング活動のダッシュボード化

すでにマーケティング活動を行っている企業でも、その活動結果をほかの関連部署とも共有できているケースはあまり見られません。Excelやスプレッドシートなどを使っている企業が多いようですが、いわゆる「BIツール（ビジネスインテリジェンスツール）」を使うことで、蓄積された大量のデータを見える化し、経営判断に必要な情報のみを拾い出して確認できるようになります。Tableau、Domo、Lookerなど、現在では多くのBIツールが世の中に出ています。

②営業手法のオンライン化

コロナ禍においてだけでなく、今後も「オンラインセールス」は非常に重要な営業手法であり続けるでしょう。オンラインセールスであれば、外出が不要で時間効率が非常に高い。また、オンライン会議ツールの録画機能を活用することで、新人への的確なフィードバックや、成績上位者のセールストークの振り返りが可能になります。つまり、営業を個人の属人的な取り組みからチームの活動へと変革することができるのです。

事業においては、短期の業績よりも、中長期的な成長を担保する再現性の方が重要です。オンラインセールスは、コロナ禍における一過性のものではありません。チームの進化を促進する手法だと認識することで、事業はより高い再現性を得られるようになるでしょう。

③CRMを使った営業管理

CRM（Customer Relationship Management）は、顧客管理ツールの代名詞です。CRMといえばSalesforceが有名ですが、その他にも多くの企業がさまざまなサービスを提供しています。自社の規模や環境に適したものを使いましょう。

CRMの活用において重要なのは、導入時に経営側がコミットしていること。そして、慣れるまで徹底的に使い続けることです。どのツールであっても、慣れるまでは、当然使いにくさを感じます。しかし、使いこなすことができれば、顧客の多くの情報が集約され、必要な時に必要な情報がいつでも取り出せるようになります。CRMは、注力企業の洗い出し、計画策定、課題抽出など、多くの用途で活用が見込める強力な武器となるでしょう。最初の使いにくさを乗り越え、使うことが当たり前になるまで慣らしていくことが大切です。

これまで勘と人間力に頼ってきた営業活動がこのような形で見える化されると、現場では、有効な商談に的を絞って、優先順位の高い営業活動に専念できるようになります。

特に法人営業の場合は、顧客側の予算化のタイミングによって購買が決まることがほとんどです。客観的な事実に基づいて対応の傾斜をつけることは、合理的な判断だと言えるでしょう。また、データを蓄積することで、営業活動に有用な情報を営業チームへ適切に渡すことができます。その情報は、営業活動の前工程であるマーケティング活動によって取得することが可能なのです。

現在では、一般に公開されている企業データベースの情報を、自社のマーケティング活動から得たデータに紐付けられるようになっています。このような活動をABM（アカウントベースドマーケティング）と呼びます。第三者によって取得整理された情報を活用して、接触した企業をさらに詳細に分類していくのです。

代表的な企業情報例

- 業種分類
- 売上高
- 資本金
- 従業員
- 上場区分
- 住所
- 決算月
- 設立年月日

これら①～③のように、マーケティング活動および営業活動をデータに基づいて適切な形に整え、経営にフィードバックする。そして、経営陣はそれらの情報に基づいて迅速な経営判断を行う。これが、これからの経営における基本的な意思決定の流れとなっていくでしょう。

参考として、弊社で実際に使用しているツール環境を次図で紹介します。

「ferret One」におけるツール活用

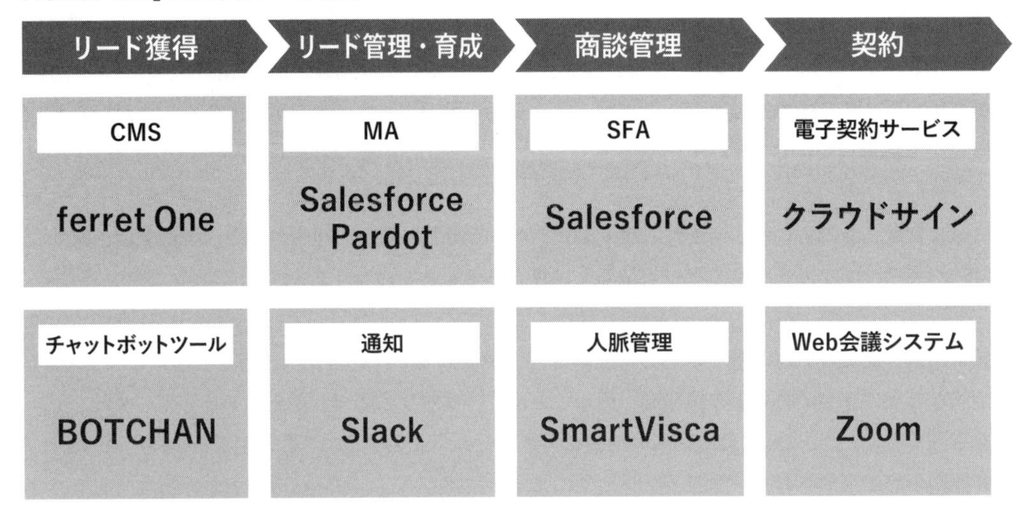

経営とマーケティングを接続するということは、単にマーケティング活動を可視化することだけではありません。経営に求められることは"意思決定"です。その意思決定に資する情報を手にして、初めて経営と接続されるのです。

もちろん全てを経営者自身が確認できるレベルにまで環境を作り込む必要はありません。とはいえ、会社として、担当セクションへ問い合わせた時には即座に情報が出てくる程度の管理は、これからの時代、必要となってくるでしょう。

本項では、いくつかの方法を紹介しましたが、共通して言えるポイントは、**施策の結果を検証可能なレベルまで落とし込むこと、そして結果をデータで検証する体制を作ること**です。

迅速な意思決定は、事実に基づいた情報によってのみ行うことが可能になります。比較的デジタル化が進んでいるマーケティング活動だけを指標で判断するのではなく、営業活動まで含めて見える化することで、初めて経営と接続したマーケティング活動が実現されるのです。

▶ 著者：秋山 勝

2-2 顧客を定義する

BtoBマーケティングにおいて、「顧客の定義」は非常に重要な取り組みです。なぜなら、顧客像が明確になるとその後のコミュニケーション設計が容易となり、再現性の高いマーケティング活動が実現できるからです。

本書におけるBtoBマーケティングとは、
"セールス活動に資するリードの開拓、接触、コミュニケーション、受け渡し"
を意味します。つまり、マーケティング組織が作り出したリードを、営業組織へ再現性高く受け渡し続けることが重要なミッションです。

その際、獲得するリードにばらつきがあり、都度、営業マンによってスクリーニング（ふるい分け）の手間がかかる状態では、トータルの費用対効果が悪くなってしまいます。そうならないためにも、顧客像を明確にし、提供するサービスに高い関心をもってもらえるように適切なコミュニケーションをする必要があるのです。

本項では、「顧客の定義」について順を追って解説していきます。

2-2-1 顧客の定義とは

まずは、顧客を定義する上で頻出する言葉を次にまとめました。ぜひ覚えておいてください。

顧客：皆様が提供するサービスを利用する人・組織
既存顧客：すでに取引のある人・組織
新規顧客：新たに獲得する人・組織
要素：顧客のもつ特徴をまとめたもの
セグメント：要素を組み合わせたもの
顧客課題：顧客が取り組みたいこと、解決したいこと
ターゲット：セグメントと顧客課題を組み合わせて導き出した群
ペルソナ：ターゲットの中にいる個を表した架空の人格
"誰"の"何"を"どのように"シンプルメソッド：弊社が独自に活用している、顧客理解のためのメソッド。顧客は誰か、何を課題としているのか、それはどのように解決できるのか（サービス提供者が）、を明確化したもの

それぞれを構造化すると次のような関係になります。

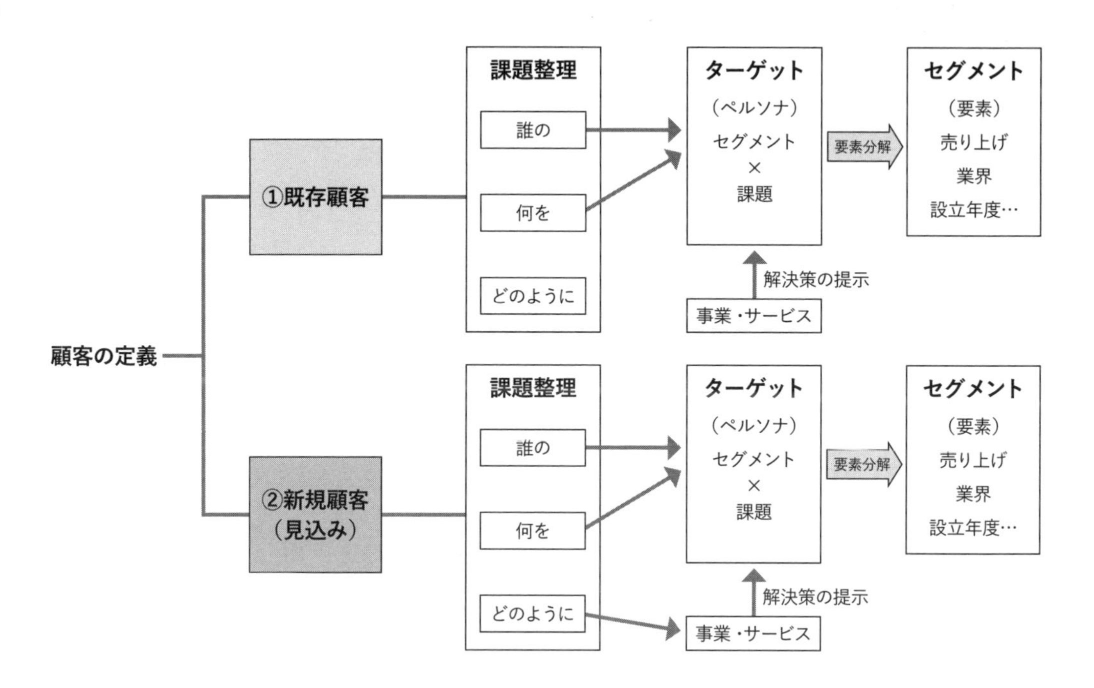

多くの企業において、顧客が存在していないことは稀です。なぜなら企業が存在する以上、これまでの営業活動を通じて実際に事業を拡大してきているからです。

そこで、マーケティング活動を始めるうえで、まずはこの既存の顧客を理解することをおすすめします。これまで営業組織内で蓄積してきた顧客情報を会社の資産と捉え、すでに取引のある顧客を通じて顧客理解を深めていきましょう。

顧客がどのような課題をもっているのか、それらには共通するものがあるのか、あるとしたらどのようなことかなどを言語化し、要素整理することは、顧客理解にとても役立ちます。

一方、既存顧客ではなく、新たに顧客を定義する必要がある場合は、新規事業を立ち上げたり、新たに販路を拡大して事業規模拡大を狙ったりするケースが考えられます。この場合においては、既存顧客は存在せず、そもそもどのようなターゲットがその事業の顧客になり得るかを模索するフェーズになります。

このように、顧客は大きく既存顧客と新規顧客に分類できるのです。

2-2-2 顧客定義のためのステップ

ここからは、顧客像をより鮮明に描くためのステップを紹介していきます。

解像度を上げるシンプルメソッド「誰の何をどのように」

まずは大まかにでも顧客像をイメージするための整理を行います。その際におすすめなのが、前述の「**"誰の"**、**"何を"**、**"どのように"**」と、顧客課題、解決策をセットで整理する方法です。

誰の：実在する顧客、もしくはペルソナ
何を：顧客が感じている課題について
どのように：その課題をどのような手段で解決するのか

あくまで顧客の定義なのに解決策まで必要なのか？　と疑問に思うかもしれません。しかし、マーケティング活動において、解決策の提示は大事なコミュニケーション要素となるため、必ずセットで考えてください。非常にシンプルですが、これらを書き出すだけで顧客とサービスの関係がとても明快になります。

ご参考までに、弊社で提供しているferret Oneの例では、次のように定義しています。

誰の：既存の営業主体の組織から、マーケティングを主体とした組織変革を行うことを決めた大手企業の事業責任者
何を：マーケティングの必要性を感じており実行したいが、人材も経験も不足している
どのように：マーケティングの戦略立案から実行するためのツール、および人材へのトレーニングをセットにしたSaaSサービスの提供

このような形で、顧客は誰であり、一体どのような課題もしくは問題に直面しているのか？　そしてサービス提供者である我々はそれらをどのように解決に導くのかをセットで考え、整理していきます。この際、既存顧客が実在すると具体性が増すので、よりイメージしやすくなります。

もし既存顧客が実在しない場合には、架空の「ペルソナ」を作ることによって、これらを進めていきます。この「ペルソナ」について次に説明します。

ターゲットとペルソナについて

マーケティングを行う上で、コミュニケーションを図る対象を「ターゲット」や「ペルソナ」と呼びます。BtoCの場合においては個人のペルソナが重要となり、BtoBの場合には組織のペルソナが重要になります。

一般的なターゲットとペルソナの違い

ターゲットとは、自社のサービスに合致するお客様を指し、主に、年代、性別、既婚未婚、職業、年収などのスペックで語られます。ユーザーを似たようなグループに分類（セグメンテーション）することで整理をし、狙いたい見込み顧客へアプローチしやすくなる目的で設定します。一方ペルソナは、ターゲットの解像度をより詳細に設定し、架空の人物像として設定したものをいいます。

ターゲット	ペルソナ
決済者は別だよね 保守的な感じの人だよね 決定権持ってるキーパーソン バリバリ仕事している人？ 中小企業メーカー 部長 40代～50代 男性	佐々木 剛士 中小企業おもちゃメーカー 部長／48歳／男性／既婚／ 子供2人（中学生1年生女の子、小学5年生男の子） ・営業畑で経験を積んで出世 ・部下の指導にも定評がある ・自らが積み上げてきたものには自負があるがIT等は少々苦手 ・最近、社長から営業もDX化するよう指示される ・どこから手を付けていいかわからないが、社内で聞くのは少し恥ずかしい ・ライバル部署には負けたくないので、早くその手掛かりを得たいと思っている
おおよその特性は特定できても 人によって認識は様々	人物像が浮かび上がり 認識がそろいやすくなる

BtoBがBtoCと異なるのは、BtoBの商品は一個人の都合だけで買われるものではないという点です。多くのBtoB企業において、情報収集をする担当者と、最終的な意思決定を下す組織（決裁者）が購買行動に関わります。つまり、BtoBの場合は、個人と企業、両方の属性を考慮して、はじめて顧客を知ることになるのです。

そのため、BtoBのペルソナ設定では、「組織のペルソナ」と「担当者のペルソナ」の2種類が必要となります。自社の商品を届けるべき組織を捉え、その組織に属する決済フローをイメージしたうえで担当者ペルソナをイメージすると、より適切なマーケティング施策を打つことができます。

「組織ペルソナ」と「担当者ペルソナ」の関係性

BtoBの消費行動においては「個人」よりも「組織」の事情や課題に基づいて判断されるケースが圧倒的に多くあります。従って、最初に定義するべきは「組織ペルソナ」。その上で、組織で商品を決定するフロー上にいる「担当者」のペルソナを明らかにしていきます。

組織ペルソナ

株式会社ベーシック

・業種／業界：SaaSベンチャー
・企業規模（売上・従業員数など）：創業16年、従業員100名
・ターゲットとなりうる条件：
年間のマーケティング予算が250万円〜である
・サービス利用者の所属部門・職種：マーケティング部
・サービス利用者が抱える課題：
Webからリード獲得をできる状態にしたい
社内に知見がなく、何からすればいいのかわからない
・サービスの利用シーン：Webマーケティングに関する日常業務
・サービス選定条件：
リード獲得に必要なツールとしての機能要件を満たしているか自分たちで活用できるイメージが持てるか（操作性、サポート）
コスト

担当者ペルソナ

決裁者：53歳　事業部長

・売上に直結するポイント、固定費を削減できるポイントが重要
・自ら検索などはしないが、タクシー広告などには敏感
・起案者の意思は尊重するが、自分で判断したいため資料は端的にまとまっていることが重要
・他社の導入実績もかなり後押し要素となる

起案者：35歳　マネージャー／課長

・自らがプレイングマネージャーのため、自らWeb検索で情報収集
・キーワード「BtoBマーケティングツール」「CM3」などで検索
・Webメディアの「Markezine」や「ferret」のメルマガで日々、周辺の情報収集はしている
・判断基準は決裁者が気にしている導入実績や売上インパクトも重要だが、実際の操作性なども気になる
・デモで試してから判断したい
・相見積は社内ルールで基本なので、複数商談を進める

2-2-3 顧客を知る

顧客に直接ヒアリングする

冒頭の図で既存顧客と新規顧客を分けていましたが、既存顧客がいるビジネスにおいて、直接顧客にヒアリングをすることは、顧客を知るうえで重要です。机上で考えるだけではなく、直接対話することで多くのヒントが手に入ります。

前述のとおり、BtoBにおける購買者は、個人ではなく組織（決裁者）となります。まずは対象となる組織に注目してヒアリングし、仮説を立てましょう。マーケティング活動をするうえで、ヒアリングを通じて聞いておきたいことを次にいくつか列挙します。

- **検討を開始したきっかけは何か？**
- **どのような課題を当初持っていたのか？**
- **同時に検討していたサービスはあるか、それはどこか？**
- **課題を言語化するなら何か、もしくは当初何を調べていたか？**
- **出会いのきっかけとなった場所はどこか？**
- **自社を選んでくれた理由は何か？**
- **当初の課題は解決したか、解決に向かっているか？**

もちろんその顧客との関係性によってどこまでヒアリングできるかは変わりますが、可能な限り詳細まで確認することで、顧客像はより鮮明になります。

実際に弊社でも、オンラインツールなどを活用して、既存顧客へのヒアリングを行います。オンラインツールが有効な点は、ヒアリングを通じて顧客の解像度が上がるのはもちろんのこと、録画機能を使うことでヒアリングに参加していないメンバーも含め、チームメンバー全員で顧客の実像を共有できます。

顧客の声に耳を傾けることは、実は顧客自身にとっても喜ばしいことです。あまり双方の負担にならない範囲で、是非挑戦してみてください。

他社サービスを有効活用する

たとえ既存顧客がいなかったとしても、最近はさまざまなサービスを通じてヒアリングに貢献してくれる人を見つけられます。例えば、スポットコンサルサービスをはじめとした調査サービスを提供している「ビザスク」では、サービス提供者が具体的な課題や仮説を投稿すると、対象となり得るアドバイザーが立候補し、ヒアリングに協力してもらえる仕組みもあります。メッセージのやりとりを経てマッチングが成立すれば、アドバイザーの会社名や立場が明示され、30〜60分などの決まった時間でさまざまなヒアリングを行うことが可能です。

筆者も実際に利用していますが、ターゲットと非常に近い方にヒアリングできるため、仮説の精度が格段と上がります。既存顧客がいないケースでは、このようなサービスを活用して顧客像を明確にするのは、有効な手段と言えるでしょう。

プレセールスやトライアルを行う

もし営業チームとの連携が可能であれば、ターゲットになり得る企業に対してプレセールスや無償でのトライアルを行ってみるのも、顧客解像度を上げるうえでは有効です。この場合、実際に売り込むのではなく、検証したいテーマについて詳しく掘り下げる、あるいは、予定しているプランや価格について意見をもらうことを中心とします。

弊社でも、実際の商品ができていない段階でプロトタイプを見せる、半製品の状態で利用してもらうなどして、予定しているサービスが顧客の課題解決につながるかを事前に検証することがあります。

これらの手段をうまく組み合わせて情報を集め、最終的に組織ペルソナを固めてみてください。

担当者ペルソナを明確にする

組織ペルソナができただけでは、まだ完成ではありません。次に担当者ペルソナを作成していきます。前述の通り、BtoBの場合は組織ペルソナと担当者ペルソナが存在するためです（実際には、顧客ヒアリングの過程で組織ペルソナと担当者ペルソナが同時にでき上がることも多々あります）。

組織内の全メンバーを対象としたサービスならいざ知らず、多くのサービスは、組織内の特定の部署もしくは特定の人を対象としているはずです。顧客の中のどの階層、部署、人がターゲットとなるのかまで、明確にする必要があります。

経営コンサルティングなどの商材の導入をオペレーション層が判断するとは考えにくく、また、現場のオペレーターの効率を上げる製品について経営層にアプローチするのも、実情とかけ離れたコミュニケーションとなってしまうでしょう。

例えば、次の項目を埋めていくことで、担当者ペルソナの解像度は上がっていきます。

- **商材は誰向けなのか（経営層、ミドル層、オペレーション層）？**
- **どの部署が主に使うのか？**
- **判断はどこで、使うのはどこか？**
- **単価はどれくらいか？**
- **想定される利用人数は何人なのか？**
- **組織運営における新しい概念か？　それとも、既存のものを置き換えるものか？**

これらが掛け合わさって、はじめて担当者ペルソナが明確になってきます。

前述した既存顧客へのヒアリングによって浮き彫りになった顧客像、もしくは想定した架空のペルソナ、これらがマーケティングコミュニケーションの対象となります。言語化や、要素分解は非常に骨の折れる作業ではありますが、定義し切ることができれば得られる恩恵は大きいです。あきらめずに取り組んでみてください。

2-2-4 要素を洗い出す

ご紹介したさまざまな形で顧客や顧客になり得る人達と接触し、自社が提供するサービスのマーケティング対象であることが確認できたら、次は相手のもつ「要素」を洗い出します。

組織ターゲット：ferret Oneの例（記入サンプル）

組織のターゲット		
組織の属性	業種	ITサービス
	従業員規模	100名
	売上規模（データがある場合）	非公開
	事業のフェーズ／経営トレンド（立ち上げ期・拡大期など）	立ち上げ期・拡大期
	イメージする実在企業	株式会社○○
	予算	マーケ予算月間30万以上

今の時代、会社名さえ分かれば様々な情報が公に入手できるデータベースがあります。また、そのようなデータベース以外にも、何らかの人的ネットワークを駆使して入手できるものもあるでしょう。そのような情報を駆使しながら、要素整理を行います。

このときに注意が必要なのは、具体的な顧客像をイメージしながらも、普遍的な要素に変換して整理するということです。繰り返しとなりますが、マーケティング活動には再現性が重要です。その際、設定したペルソナと同様の属性をもつ企業がどれだけいるのかが、再現性を生み出す鍵となります。

2-2-5 類似した会社をリストアップする

ペルソナが固まり、要素の抽出が完了したら、次に類似した会社を探していきます。その際に取り組むのは、「セグメント」という作業です。セグメントとは、**特定の条件や属性で企業や顧客をまとめる行為のこと**です。そして、セグメントを通じて導き出した群を本書では「ターゲット」と定義しています。

セグメントのサンプル

・会社名
・住所
・設立日（年）
・従業員数
・売上高
・利益額（営業利益、経常利益）
・決算月
・IR
・PR
・業種
・業界特性
・業界課題
・業界トレンド
・取引の有無（部署別）
・個社ニーズ
・個社課題　etc

当然のことながらセグメント条件が多ければ多いほど、対象となるターゲットは減っていきます。一方で、その分、狙うターゲットに対してメッセージが届きやすくなる可能性が高まります。

例えば、車を例に挙げると、ファミリー向けの車種の場合は、車中の家族団らんの姿やキャンプ、買い物などのシーンを訴求することで、誰向けの商品なのかが明確になります。また、走りを楽しむような車種の場合は、多くの人を乗せることを目的としていないため、ドライバー中心の映像や車が自然を走り抜けるシーンなどで商品を訴求します。

このように、商品やサービスが解決するターゲットが決まれば、自ずとメッセージの方向性は固まります。繰り返しとなりますが、条件を厳しくすればするほどメッセージは尖りますが、その分、一定の層にしか届かないものになるため、これらの条件は全体の戦略によって決めることが重要です。

参考：ferret Oneの例

ferret Oneの場合は、顧客のマーケティングの取組の成熟度に大きく左右されるため、以下のような表の区分以外にも、マーケティングに関するリテラシーやマーケティング予算を軸に組織ターゲットを決めています。

一部例

	企業規模	業界	事業課題	商談化率	受注率	数	LTV
	1,000名〜	ITソリューション、製造業、商社、インフラ関連	新規事業立ち上げ（新規の事業立ち上げが課題。Webマーケにどの程度予算を割くかも未定）	○	◎	×	◎
最優先	300名〜1,000名	ITソリューション、製造業、商社、インフラ関連、(人材)	Webマーケティングの導入（これまで展示会やアウトバウンドなどが主な手段。これからWebマーケに取組まなければならない）	○	○	○	◎
	50名〜300名	教育研修、コンサル、ITサービス／ソフトウェア、福利厚生、人材サービス	マーケティングの成果最大化（既にマーケに取り組み始めているが大きな成果が出ていない）	○	○	◎	○

なお、最初から明確にセグメントしても狙えないケースも多いため、まずはセグメントの条件や属性を少なくして受け皿を広げ、徐々に条件や属性を追加して受け皿を狭めていきながら顧客像を明確にするというアプローチもあります。

例えば、人の手間の解消や、人手自体を提供する事業を行っている場合、「設立年度の浅い会社に、多くの顧客がいるのではないか」という仮説が立てられます。なぜなら若い会社は、会社としてまだ組織がしっかりと成立しておらず、それぞれの人材が兼務状態であることが予測されるからです。

アパレル業界　→　特定の領域に特化することでコミュニケーションが尖る
売上高：10億以上　→　商材単価に関係
設立：5年未満　→　仮説によって設定
所在地：関東近郊　→　提供できる人材の移動範囲

このような形で、顧客特性と商品特性、コミュニケーション施策などとの兼ね合いでセグメントは作られていきます。

商材が高額なものであれば、顧客側には一定の利益水準が必要であることが想定されます。その場合は利益額や利益率に注目します。昨今話題のSDGs関連商材の場合、基本的に上場企業を中心として関心が高まっているため、上場している会社を条件とする、などがセグメントの一例として挙げられます。

また、マーケティングツールを扱っている会社の場合、売上規模の数%がマーケティング予算に使われるという仮説に基づくなら、一定額の売上規模を基準にセグメントすることは有効なアプローチと言えるでしょう。このような切り口なしに無闇なアプローチを行うと、マーケティング予算のない会社とのコンタクトが増え、費用対効果の悪いマーケティング活動となってしまいます。

もし前述した顧客ヒアリングなどの手続きを踏めていなければ、売り手側の望む条件（課題解決できると思われる先の抽出）で設定しても構いません。しかし、目的はあくまで商談が成立して受注することなので、最終的にはその受注が生まれる可能性のある条件にまで仕上げていきましょう。

2-2-5 ニーズの一致のみでは成立しないBtoB商材

ここまででも少し触れていたBtoBの特徴について、改めて補足説明していきます。BtoBの商材は、BtoCのような個人の欲求によってニーズが生まれるものではありません。いわゆる"衝動買い"は起こりにくく、組織のルールや決済者の意思決定によって最終的に購入が決定されます。

BtoBとBtoCの違い

	BtoB	BtoC
対象	法人や団体に所属する複数人	個人
関わる人	チームメンバー、上司、他部署	多くの場合本人のみ
検討期間	長期間	短期間
単価	高額	少額
意思決定	組織長・決裁者	主に本人
重視するポイント	機能、実績など	ブランド、付加価値など
購入に至る思考	ロジカル	衝動的

また、仮にニーズが一致したとしても、すぐには導入まで至らないケースも多々あります。それはその組織がもつ予算化と課題解決を実行に移すタイミングが関係しています。

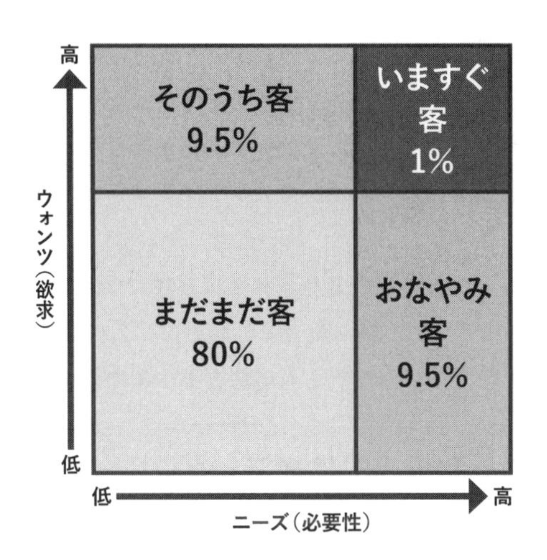

図は顧客の意識を4象限に分けたものです。「必要性と欲求がともに高い**いますぐ客**から狙うべきである」というマーケティングの有名な考え方です。

BtoBの場合、縦軸を欲求よりも「機能」として考えるとよいでしょう。それを図に反映すると以下のような形となります。

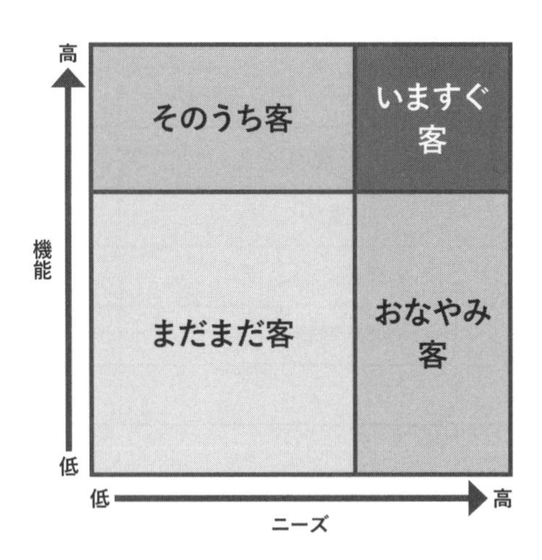

いますぐ客：ニーズ（課題）が明確であり、解決策に求める機能が一致している場合
おなやみ客：ニーズは顕在化しているが、解決策に何を求めるのかが不明瞭な場合
そのうち客：具体的な解決策（手法など）に関心はあるが、ニーズが組織内でまとまっていない場合。もしくはニーズもある程度顕在化し、解決策の目星もついているものの予算がない場合
まだまだ客：ニーズが潜在的なため、求める解決策にも関心が薄い

これらに加えて予算化されているか、予算化の時期がいつなのかというタイミングの問題が重なって、初めて採択の機会を得るのです。ターゲットもペルソナも解決策も明確で一致したとしても、最終的にタイミングが合わないために商談が見送られることも、BtoBの場合では頻繁に起こります。

これまで、そのようなケースでは、営業がある種属人的に管理してタイミングを見計って再度提案することが多く見られました。しかし、こういう場面こそ、マーケティング活動が役立つときです。なぜなら、見送られた商談は継続的にコミュニケーションする先として管理され、しかるべきタイミングで新たに商談が開始できるように、適切なタイミングで施策実行するための仕組みが作られるからです。

改めて、冒頭で紹介した図を確認してみましょう。

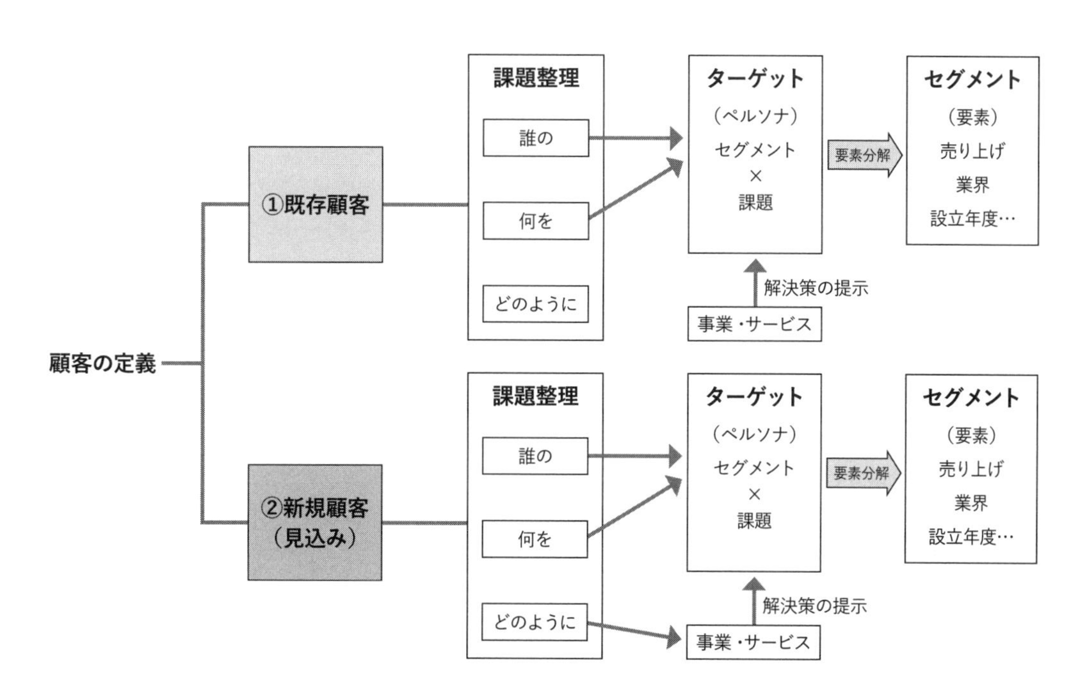

顧客といっても、状況や状態、課題と解決策との相性によってさまざまに分類されることがわかります。顧客像が明確になれば、その後のマーケティングコミュニケーションは、間違いなく円滑になるのです。

自社の事業が解決できる顧客はどのような企業なのかを見極め、ぜひ機会を作って多くの企業にコンタクトしてみてください。必ずや、マーケティングコミュニケーションを考えるうえでの材料が見つかるはずです。

2-3 強みを知る

2-3-1 ビジネスにおける強みとは

この章では自社における「強み」について解説していきます。唐突ですが、「自社の強みは何ですか？」と聞かれたら、一言で答えられますか？　改めて考えてみると、なかなか難しいのではないでしょうか。そもそも、ビジネスにおける強みについて誤解している人が多いようです。その誤解とは、個人の強みとビジネスにおける組織の強みを混同しているということです。

個人の強み：リーダーシップ、論理性、コミュニケーション能力、語学力　など
ビジネスの強み：商品の品質、商品開発力、デリバリーの速さ、デザイン性　など

このように個人の強みとは、その人自身がもっている特徴を表すものであり、ビジネスにおける強みは「組織の資産やケイパビリティを使って顧客や社会の課題を解決できるのか」で表されるものです。そのうえで、競合他社と比較しても相対的に優れており、ビジネスシーンでも実際に選ばれることが多い状態が、「強みがある」状態だと言えるでしょう。

個人の場合、個人のユニークさを尊重し、他者とは比較しないことも大切にされる時代です。しかし、ビジネスにおいては、会社を存続させ、そのために利益を追求することが求められます。ユニークかどうかではなく、その強みが顧客の課題解決につながるのか、BtoBビジネスであれば仕事をするパートナーとして顧客が目指す目的が果たされるのかが重要な強みと言えるのです。

2-3-2 マーケティングにおける強みとは

では次に、マーケティングにおける強みとは、何でしょうか。一言で言い表すと、前述した「**顧客の課題を解決できる力**を的確に表現できること」だと考えます。ビジネスにおける強みが顧客の課題解決力である以上、狙うターゲットに対して「私たちはあなたの課題を解決する力がありますよ」というコミュニケーションを仕掛け、興味関心を醸成することがマーケティング活動には求められるのです。

本書におけるBtoBマーケティングとは、「セールス活動に資するリードの開拓、接触、コミュニケーション、受け渡し」を意味します。マーケティング組織が作り出したリードを、営業組織へ再現性高く受け渡し続けることが重要なミッションです。自社の提供する製品やサービスを見たとき、顧客の

頭の中で現在抱えている課題の解決に結びつくことにより、見込み顧客からの問い合わせが発生します。強みと顧客の課題解決は対の関係になっている必要があるのです。

2-3-2 強みは顧客がいて成立する

では、さらに深掘りして、強みと顧客の課題をどのように結びつけるのかを考えていきましょう。その前に、自社の強みを改めて整理することが必要です。そちらから着手したほうが、課題との関係が鮮明になるためです。

前述のとおり、ビジネスにおける組織の強みとは、「組織がもっている資産やケイパビリティを使って顧客や社会の課題を解決する力」です。つまり、対象があって、はじめて強みが定義されるのです。会社や組織は、ビジネスという手段を通じてある目的を果たすために存在しています。そしてビジネスをすること、言い換えると強みを発揮して顧客に選んでもらうことは、相手がいてはじめて成立します。つまり、絶対的な力ではなく、相対的な力であり、顧客にとって必要な力でなければならないのです。

世の中には、残念ながらこの強みを正しく理解せず、一方的な形で顧客に対して表現しているケースも散見されます。しかし、それは単なるサービス提供者側のこだわりや勘違いです。ターゲットである顧客からしたら、自分たちには関係のない話になってしまいます。それを踏まえると、例えばよく見る次のようなコピーも、強みという観点では不足していると言えるでしょう。

- **キャリア10年のカメラマン多数在籍**
- **100社以上の導入実績**
- **御用聞きではない、パートナーとしての誇り**

一見すると強みのようにも感じますが、ビジネスにおける強みとは「顧客の課題を解決する力」であることを考えると、これらはあくまで参考情報にすぎません。顧客からすると、どのようにして自身がもつ課題を解決してくれるのかを知りたいのです。このように考えると、前の章で解説した"顧客の定義"がいかに重要なのかが改めてわかります。そもそも顧客が正しく定義できていなければ、その顧客のもつ課題を到底理解することなどできないのです。

2-3-3 強みを整理する

では、自社のビジネスにおける強みを整理していきましょう。これについてはさまざまな手法がありますが、まずはどれだけ会社の特徴を書き出せるかが共通のポイントになります。［2-2　顧客を定義する］の項でも紹介しましたが、すでにビジネスとしては成立しており、ここからマーケティング活動をさらに加速していくという場合は、まずは自組織のセールスチームが現状どのような強みを顧客に対して伝えているのか、実際に使用している営業資料なども参考にしながら整理してみるのも効率的です。こちらも前項で紹介したとおり、既存顧客にヒアリングすることも、客観的に自社の強みを理解するうえでは非常に有効な手段です。会社の特徴となるような例を次にいくつか挙げてみましょう。

資産：拠点数、拠点の場所、資金
従業員：キャリア、有資格者数、専門性
定量実績：利用者数、提供年数、在籍人数、保証年数、誇れる記録
知的財産：特許、商標
体制：カスタマーサポート体制、開発体制、品質保証体制
サービス、プロダクト：機能、デザイン、耐久性、大きさ、価格、保証期間

これらを羅列するだけでも、おおよそ自社の状況が見えてきます。この強みの整理については、SWOTや3Cなど、ほかにも複数の手法が存在します。それらの紹介は既存のマーケティングの書籍やネットメディアの記事にお任せして、ここでは主に、弊社での強みの整理に活用している「バリュープロポジション」について紹介していきます。

2-3-4 「バリュープロポジション」を用いた強みの整理

次図のとおり、バリュープロポジションとは、顧客課題に対して競合がもち合わせていない自社だけがもつ強みのことです。顧客が求めていないところに自社の価値を提供しても意味はありません。たとえ顧客課題と自社の提供する価値が一致していたとしても、競合も同様の価値を提供できるのであれば、本質的に強みがあるとは言えないでしょう。

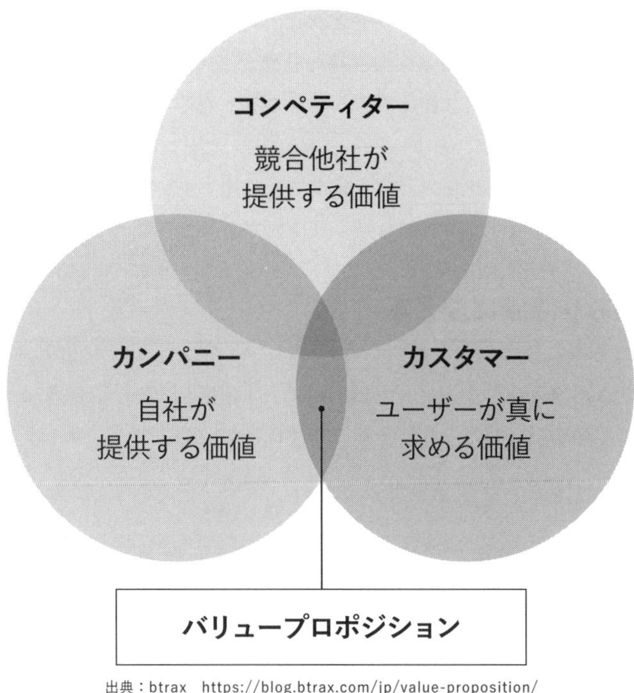

出典：btrax　https://blog.btrax.com/jp/value-proposition/

前項で定義した顧客の課題と、自社の特徴として今回洗い出したものとの関係性から、バリュープロポジションの考えに基づいて強みを整理していきます。

全国に拠点がある

顧客にとって、住居の近くにすぐサポートしてもらえる体制が整っていることは重要です。さらに、競合他社と比較して、その数や拠点の場所が相対的に優位である場合、それは強みとなる可能性があります。

多くの有資格者

顧客が、品質に関する不安やサービス活用における教育や育成についてのサポート体制を強く望んでいる場合、特定の領域における専門性の担保を客観的に示す有資格者の存在は、強みになり得ます。この場合も、競合他社が相対的により多くの有資格者を雇用しているときには、必ずしも強みになるとは言えません。「他社と比べてどうなのか」という観点が必要です。

特定のキャリア

創業者や在籍している経営陣が、例えば有名外資系企業でキャリアを形成し、そこで学んだ組織論をメソッド化している場合、同様の組織を志向したいと考えている企業からすると、それは魅力的に映るでしょう。まだ知名度が低いベンチャー企業のような場合は、とくにその傾向が強くなります。ただしこの場合でも、その元有名外資系企業在籍の社員が競合他社にも同じように在籍していたり、その会社の中でも相対的により有名な社員であったりすると強みとは言えなくなります。

このように、バリュープロポジションという観点で、自社で洗い出した特徴と、定義した顧客の課題を結びつけることにより、自社の本質的な強みとは何であるかを認識できるようになります。

2-3-5 強みを言葉に変える

ここまでに整理された強みを、ターゲット顧客へ届く「言葉」に正しく変換して伝えることがマーケティングです。逆に言うと、このような強みの整理をしないままでは、マーケティング活動は開始できません。

例えば、弊社ではBtoBマーケティングの手法をメソッド化して保有しています。ただし、この状態では単に「メソッドを持っている」という特徴止まりになるため、それを次のように顧客課題と結びつけています。

顧客課題

自社の人材を活用してBtoBマーケティングを実施したいが、ノウハウも経験も社内にない

強み

BtoBマーケティングのノウハウを豊富に持ち、それをBtoBマーケティング特化のツールと共に提供できる

BtoBマーケティング未経験者でも、弊社のツールであるferret Oneとメソッドを活用することで、早期にマーケター人材として活躍できる状態が実現可能です。

その他各社がどのようなものを強みとして打ち出しているかは、同業他社のサービスサイトを見るだけでも参考になる部分は多いでしょう。参考までに前述の「ferret One」に加え、同じく弊社で提供している「formrun」という二つのサービスのサービスサイトについて画像を掲載しておきます。

例① ferret One（株式会社ベーシック） サービスサイト：https://ferret-one.com/

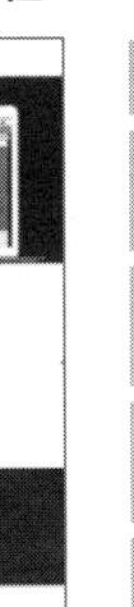

タイトル	BtoBマーケティングをこれ1つで：ferret One（フェレットワン）
CTA	お問い合わせ／無料トライアル／サービス紹介資料／事例集／セミナー／ホワイトペーパー
キャッチコピー	サイト更新からメール配信・リード獲得まで BtoBマーケティングをこれ1つで
コンテンツ	ferret Oneとは／課題業界別活用法／導入事例・制作事例／料金プラン／セミナー情報／ノウハウ資料集
デザイン比較	色味：水色基調でアクセントカラーがオレンジ色・ピンク色 情報量：サービスに関する情報は最低限にし、資料請求への導線を多く作っている
参考ポイント	・コンバージョンへ直行させる導線 無料版が利用できる強みを活かし、トップページからは無料でトライアルやデモ利用に移行できるような設計になっている ・操作性を大きく訴求 管理画面のGIF動画を埋め込み、直感的な操作感であることをわかりやすく伝えている

例② formrun（株式会社ベーシック） サービスサイト：https://form.run/home

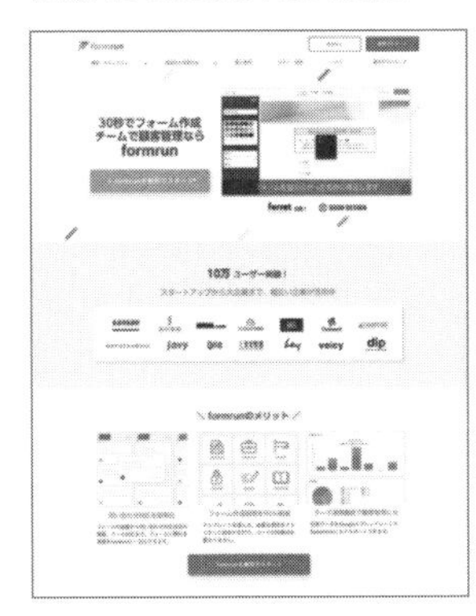

タイトル	formrun（フォームラン）|無料で使えるメールフォームと顧客管理
CTA	無料でスタート／資料ダウンロード
キャッチコピー	30秒でフォーム作成チームで顧客管理ならformrun
コンテンツ	機能・セキュリティ／用途別の活用方法／導入事例／プラン・価格／ヘルプ
デザイン比較	色味：エメラルドグリーンと白を基調 情報量：操作方法についての情報は多めに説明している
参考ポイント	・導入実績やメディア掲載の情報をファーストビュー下に載せることで、サービスとしての信頼を獲得 ・ツールでできることを端的に紹介 ・エンジニアや制作会社向けのページも用意し、リテラシーに合わせた情報提供を行っている

繰り返しになりますが、自社の強みとはあくまで顧客あってのものです。そして、提供するサービスやプロダクトは、顧客の課題解決のために存在しています。「自社の資産やケイパビリティを誰のために役立てるのか？」非常にシンプルな問いですが、これらの関係を理解することで、マーケティング活動はより成果の高いものになるはずです。

▶ 著者：戸栗 頌平

2-4 マーケティングのKPIをつくる

本書ではここまで、経営戦略とマーケティング戦略がいかに密接な関係にあるかを解説してきました。ここ10年ほどで、BtoB企業におけるマーケティングの重要性が浸透してきたものの、まだ営業部門ばかりが重視される傾向は根強く、マーケティングを専任として事業へ携わり続けてきた人材に限りがあるのも事実です。

そのため、企業がマーケティング自体に不慣れで、実行の足がかりや骨組みを作ることに苦戦する担当者や責任者も多くいます。そういった方に向けて、本章では、マーケティングの4PのPromotionに特化し、マーケティングのKPIの考え方や作り方を紹介していきます。

2-4-1 事業として、マーケティング部門としてのKPI作成へのアプローチ

組織論の話に少し立ち戻りますが、自社戦略を生み出す際、まず考えなくてはならないのがニーズの有無です。さらには、そのニーズに対する市場の有無、市場成長の可能性を知る必要があります。これらを知るためには、事業分析の基本的手法であるPEST分析、3C分析、5Forces分析などを行うことが一般的です。

このような手法を活用してマクロ環境の理解を進め、事業環境を明確にします。そのうえで、ミクロな環境の分析手法であるSTP分析やSWOT分析を行い、マーケティングミックス（いわゆる4Pや4C）分析を行う。これが、マーケティング戦略の策定にたどり着くまでの、トップダウンからの王道アプローチです。

4P分析と4C分析の視点と連動性

一方で、豊富な経験をもつメンバーが新しい事業を立ち上げる場合は、逆の流れからのアプローチになることもあります。現場ニーズの理解が強いため、どのような人たちがペルソナになりうるのか、どのようなカスタマージャーニーをたどるのか、どの企業が現実的に製品サービスを購入可能なのか、といったビジネス対象の課題を理解しており、ソリューションのイメージが浮かびやすい。そのため、そこからあるべき4Pを作成するというボトムアップのアプローチでマーケティングが開始される場合があるのです。これはいわゆるリーンスタートアップのアプローチ手法に似ています。

いずれのアプローチを取るにせよ、ニーズがあること、もしくはニーズが成長する可能性があることがマーケティングのスタート地点であることに変わりありません。

ニーズ、ウォンツ、デマンドの関係性

要素	ニーズ	ウォンツ	デマンド
状態	喉が渇いた…	水を飲みたい…	○○のお茶を買う…

マーケティングの根本的な概念の一つに、顧客のニーズ、ウォンツ、デマンドへの理解があります。いかなる事業活動も起点はニーズであり、ニーズがウォンツへ変化し、デマンドへと形を変えます。マーケティング施策をしていながら、「あまり効果が出ていないな…。」と感じている場合は、ニーズやウォンツを理解せずに、プロモーション、つまりデマンドありきのマーケティングアプローチになっている可能性があります。

リードジェネレーション、リードナーチャリング、クオリフィケーションを内包するデマンドジェネレーション

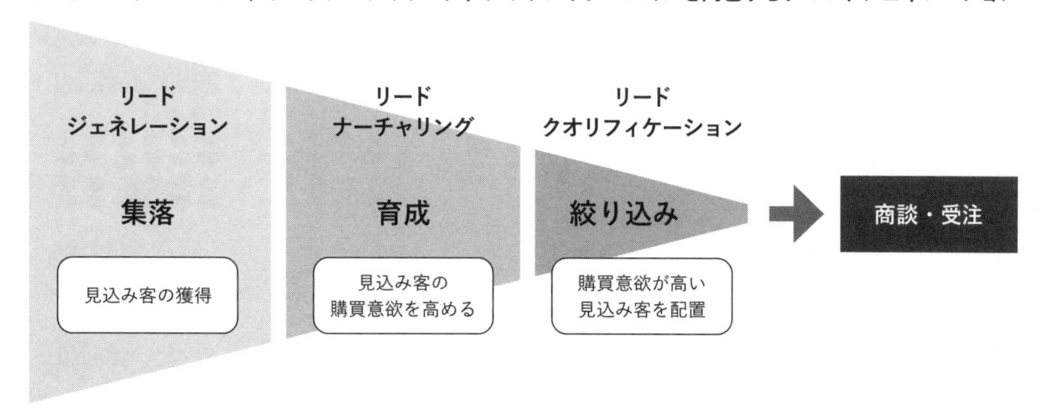

BtoBマーケティング業界でよく語られるデマンドジェネレーション。このデマンドジェネレーションの構成要素の一つに、リードジェネレーションがあります。そして、そのリードジェネレーションの施策として、展示会、広告、セミナー、SNS、オウンドメディアなど、さまざまな手法が取られます。

施策に取り組んでもなかなか成果を得られない場合、デジタルマーケティング施策ありきのマーケティング活動になっていたり、オウンドメディア、広告、セミナーのような個別の施策ありきになっていたりするケースが多々見られます。これは、ニーズやウォンツを理解する前に、いきなりマーケティング4PのPromotionからスタートしている状況です。

正しい順番でのアプローチを明確に理解することで、マーケティングKPI、本書でお伝えするところのPromotion（デマンドをプロモーションする）に関するKPIをより効果的に捉えられるようになるでしょう。

2-4-2 マーケティングプロモーションを実行する前段の考え

経営の全体戦略や事業戦略において、市場からのニーズやウォンツを正しく理解し、事業活動に対して最適なバリューチェーンを形成することを前提とした場合、マーケティング活動の基本的な役割は、営業部門への支援活動になります。

バリューチェーンとその組織像（ferret Oneのバリューチェーン）、再掲

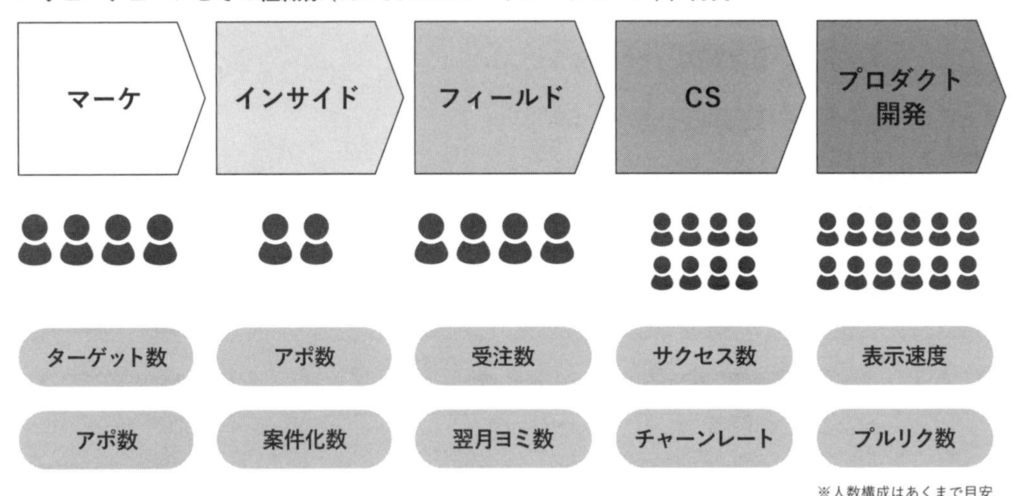

上図では、SaaSなどのICT業界の組織を前提としています。このバリューチェーンにもさまざまな役割が与えられることがあります。製品サービスを自社が顧客に直接届ける直販モデル型と、代理販売店などに協力してもらうチャネルマーケティング型なども存在します。

直販モデルと代理販売店モデルの違いの例

	メリット	デメリット
直販モデル	・コントロール可能 ・マーケティングキャンペーン分析が容易 ・ペルソナに直接訴求可能	・ブランド認知拡大は自社努力 ・チャネル数の拡大
チャネルマーケティングモデル	・費用を抑えることが可能 ・ブランド認知を促進可能 ・チャネル数の増大	・マーケティングキャンペーン分析が難しい ・製品サービスに関する専門性が低い ・コントロールがほぼ不能

販売モデルが確立されているIT系の企業であれば、チャネルマーケティングのパートナー企業としてシステム開発会社との協力関係を作っていることも多いでしょう。その場合は、代理店経由の販売に対してキックバックの金額設定を行うことが一般的である一方、販売目標（ノルマ）を設定することが難しい。つまり、自社がコントロール可能なKPI設定を行うことが非常に困難となるのです。

一方で、直販モデルの場合、上記バリューチェーンの形を用いてKPI設定を行うことが相対的に容易です。本章でのKPI設定は、直販モデルにおけるP（プロモーション）に対するKPI設定を前提として話を続けます。

一般的には、バリューチェーンの中の「プロフィットセンター」と呼ばれる営業部門の目標売上を元に、マーケティングの目標値は設定されます。例えば、営業部門の月間売上目標が月間1000万円で、平均単価が10万円であれば、売り上げ目標達成に必要な契約数は100件。この数字を、前述の営業ステップに当てはめ、逆算します。

営業のステップ、再掲

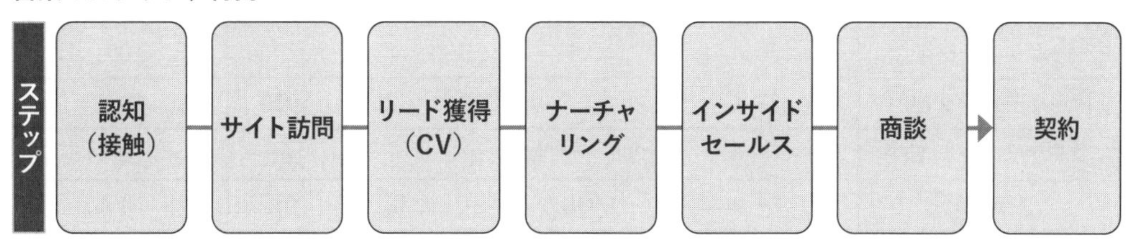

仮に、商談から契約数までの転換率を25%とすれば、商談数は月間400件必要です。このようにして、前段階からの転換率を使って逆算を行い、数値を計算していきます。この逆算を続けると、営業部門からマーケティング部門の領域に入り込んできます。つまり、業務内容が異なる部門同士の接点におけるルール作りが必要になるのです。

この異なる部門間での数値計算の際に重要なのが、マーケティング部門と営業部門間での見込み客の引き渡し（ハンドオフ）の条件を、SLA（Service Level Agreement：サービスレベル合意書）として明確に示すことです。

SLAとは、もともとビジネスの発注者と受注者が契約する際に作成する「サービスの品質に対する利用者側の要求水準と提供者側の運営ルールについて明文化する」ための資料のことを指します。

IT業界では仕事の成果の定義がわかりにくいサービスも多いので、「顧客が何を受け取るかを明確に定義する」ために、契約書とは別にSLAを取り交わします。また、社外だけでなく社内の部署間でもSLAを設定することもあります。営業部門とマーケティング部門のように売上を上げるという目的が同じながらも、担当領域が異なる部署ではこのSLAが必要になるケースもあるのです。

ITツールサービスなどで利用されるSLAの一例

サービス項目	サービス内容	目標	実績	差分
問い合わせ時間	問い合わせなどに対応する時間の定義： 8時～17時の月曜から金曜日	98%	100%	2%
サポート応答	サポート対応依頼があったときの初動までの応答時間： 60分以内	98%	100%	2%
サポート応答	サポート対応依頼があったときの解決率：90%以上	98%	100%	2%
セキュリティ管理	セキュリティリスク・インシデント対応初動までの応答時間： 15分以内	98%	100%	2%

マーケティングのプロモーション活動と営業部門で結ばれるSLAの一例

部門	項目	内容	数／月	成長率（前月比）
マーケティング部門	ゴール	トラフィック数	100000	10%
マーケティング部門	ゴール	リード数	1000	10%
マーケティング部門	ゴール	MQL数	100	10%
営業部門	ゴール	MQLからのSQL化率	10%	N/A
営業部門	ゴール	SQLからの商談化率	10%	N/A
営業部門	ゴール	商談化からの受注率	10%	N/A
マーケティング	ハンドオフ条件	MQL定義：……	N/A	N/A
営業	ハンドオフ条件	MQLへの対応初動時間： 30分以内	N/A	N/A
マーケティング・営業	打ち合わせ	週に1回部門長同士にて	N/A	N/A

上記はあくまで一例ですが、上記項目以外に、どのようなテクノロジーを利用するのか、レポートはどこを見るのか、などの定義づけがされます。

たとえばチームスポーツでは、明確なポジション（役割）があります。サッカーであれば、失点を防ぐDF（ディフェンス）、中継役と指示を出すMF（ミッドフィルダー）、得点を獲得するFW（フォワード）が存在し、各ポジションがそれぞれの仕事をすることでゲームが成り立ちます。

事業活動も同様です。組織内にマーケティング部門、営業部門、サービス部門、開発部門、バックオフィス部門など異なる仕事（職責）が存在します。マーケティングと営業部門がスムーズにパスを渡し、顧客に対して一貫した事業活動を提供するためには、ハンドオフのルールにSLAが必要になります。

マーケティング部門と営業部門のSLAには、必要商談数が400件、有望見込み客から商談化まで進展率が25%とした場合、有望見込み客は1600件必要です。

この月間有望見込み客の1600件を営業部門に引き渡すことが、SLAで定量的に決めるべき事柄です。それだけでなく、定性的な視点の合意も必要になります。つまり、有望見込み顧客(=MQL)の定義、主にデータの取得量と種類を明言、マーケティング側から引き渡された有望見込み客への営業部門のアクションの条件などを擦り合わせなくてはなりません。

たとえば、有望見込み客の定義を次のように定めていたとします。

- **有望見込み客の定義**
  - コンタクト情報
    - 氏名
    - メールアドレス
    - 電話番号
    - 役職名（が特定位以上の場合）
    - 部署名（がマーケティング部門の場合）
    - 企業名
    - 従業員数（が300人以上の場合）
    - 検討状況
  - 行動情報
    - eBookを2回以上ダウンロード
    - セミナー／ウェビナーページを訪問済み&未入力
    - 問い合わせページを訪問済み&未入力
    - 資料請求ページを訪問済み&未入力

マーケティング担当者は「営業チームからリードの質が低い」と言われることもあるでしょう。このような場合、概してマーケティング責任者と営業責任者との間で定性的なSLAの定義がないものです。

実は、多くの企業が陥る罠はこの部分で、営業活動での指標とマーケティング活動での指標が連動していないことにあります。場合によっては、マーケティング担当者や責任者が、営業部門の目標数値、今日付の数字などを把握していないこともあります。これは大きな問題です。

そのような事態を避けるためには、定量的かつ定性的に合意し、SLAを決定することが重要です。そうすれば、自部門のすべきことが明確になり、「リードの質が低い」という議題が上がることもなくなるでしょう。

マーケティングのプロモーションに関するKPIを定めるためには、マーケティング部門と営業部門のSLAを作ることが第一歩ということになります。

2-4-3 リードライフサイクルを基にKPIを作る

営業部門がセールスプロセス（ステージ）を作り、パイプライン管理（行動管理）を行うように、マーケティング部門にも同様の考えが必要です。しかし、この重要性はあまり認知されておらず、多くの企業がマーケティング部門のKPI設定に苦戦しているものと思われます。根本的な理解を深めるために、まずはマーケティングの前段階の営業のセールスプロセスとパイプラインを見ていきましょう。

営業のセールスプロセスとパイプライン

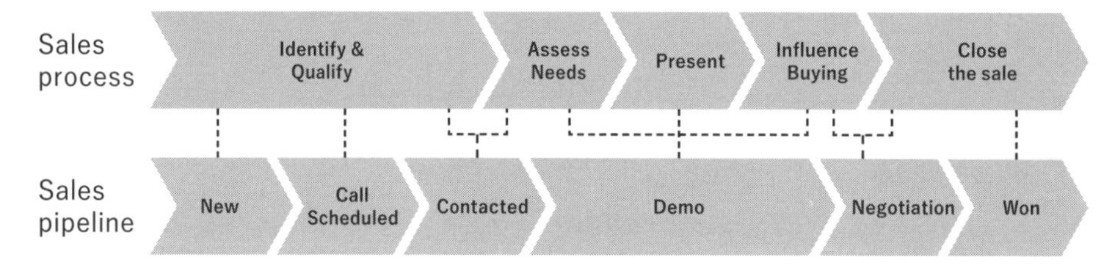

営業部門には、図のようなセールスプロセス（大枠）が存在しており、各プロセス内でのセールスパイプライン（行動）が細かく定義され、管理されています。

また、マーケティング部門においても、営業部門と同等の組織的な動きを定めておく必要があります。その流れは、カスタマージャーニーに沿って作られたマーケテイングファネルを分解して考えることが一般的です。そちらについては［3-10　マーケティングオートメーション］にて詳しく説明いたします。

マーケティング部門において、営業部門のセールスプロセス（ステージ）管理に該当する考え方は、リードライフサイクルです。リードライフサイクルは、営業部門のセールスプロセス（ステージ）と接続されている必要があります。

マーケティング部門のリードライフサイクルと営業部門のセールスプロセスとデータ定義

担当部門	マーケティング部門			営業部門		
部門名称	リードライフサイクル			セールスプロセス(ステージ)		
データ上の定義	匿名コンタクト	リード	MQL	SQL	Oppotunity	Closed Win

このように、バリューチェーンの流れを部門と活動領域に合わせて区分し、その区切りごとにKPI設定を行います。ここで重要なポイントとなるのは、このKPIの区切りの原型となるリードライフサイクルをカスタマージャーニーに合わせることです。

セールスプロセス（ステージ）は、買い手の立場で売り手に対するアプローチの順番に合わせて組み立てられています。リードライフサイクルも同様に、買い手の動きに合わせて定義づけられるべきであり、決して、売り手の望むマーケティング活動のために設定されるものではありません。

リードライフサイクルとデータ定義

	気付き	認知		検討		導入	利用
ペルソナの情報ニーズ	数値改善すべき箇所や、ボトルネックになっている箇所はどこなのか。最大のインパクトを得られる改善箇所はどこか	ボトルネック箇所に卓越した支援会社、経験に裏づけされた会社がいないかどうか		ボトルネック解決までの論理的かつ定量的なアプローチ方法の提案。また、社内リソースの活用を忘れないでいてくれているか		考え方や、ノウハウ、導入に伴い発生する運営などのプロセス諸々を知りたい	メンバーの成長度合いと、自社にノウハウが蓄積しているのかどうか
ペルソナの次の段階へのモチベーション	自社内のリソースや、社内での打ち手をある程度進め、効果が大きく出てこない、抜本的解決が必要であると気づいた瞬間	ネットである程度の情報を収集済み。また、人づてでつないでもらい一旦話をする場を設定する		アプローチ方法が見当外れではないかどうか。満足できる提案が提出されたタイミングで次のステップへ移動		オンボーティングの打ち合わせ終了	なし
コンテンツ種類	オウンドメディアやebookなど	ウェビナー 導入事例	資料請求 お問い合わせ	ヒアリング	デモ商談	契約	サービス部門 サクセスチーム サポートチーム
取得データ／データマネージメント	クッキー情報のみ ⁞ メルアド	＋ Eメール 氏名 会社名	＋ 電話番号 部署名 役職名 従業員数 検討状況	＋ 予算額 予算化状況 導入時期 課題		目標 達成時期 etc	付随する課題
データ上の定義名称／リードライフサイクル	匿名コンタクト	リード	MQL	SQL（SQL 1→SQL n）		カスタマー	ユーザー

このように、カスタマージャーニーを作成したうえで、リードライフサイクルを定めます。こうして、マーケティング活動の領域が決まります。例えば、こちらの図では有望見込み客（MQL）は、電話番号、部署名、役職名、従業員数、検討状況の情報を保有していると定義され、見込み客（リード）はEメール、氏名、会社名の情報を保有としている状態である、といった具合です。

このように、カスタマージャーニーの各段階に合わせてリードライフサイクルを策定し（コンテキストを策定）、プロモーションに必要なコンテンツの内容を絞り込んでいきます。

見込み客に特定セグメントのみを対象としている場合、例えば、従業員数が10000人以上のエンタープライズのみを見込み客とする場合には、ICP（Ideal Customer Profile）などをまずは作ります。また同様に、その企業群がどのようにして購買までたどり着くのか、カスタマージャーニーを作ります。

よくある誤りリードとMQLの明確な違いがない例

リードライフサイクル	リード（見込み客）	MQL（有望見込み客）
コンテキスト	課題解決につながる教育的コンテンツを提供。また、企業名や製品サービスを知らなくても良い	製品サービスが解決する課題と、課題解決方法を提示。ただし、企業名や製品サービスを知ってもらう必要がある
コンテンツ形式	・DLコンテンツ ・セミナー／ウェビナー ・導入事例	・問い合わせ ・資料請求
データ定義	・氏名 ・メルアド ・TEL ・部署 ・企業名 ・従業員数	・氏名 ・メルアド ・TEL ・部署 ・企業名 ・従業員数 **・検討状況**

この表は、よくある間違いの一つです。リード（見込み客）とMQL（有望見込み客）のコンテンツのコンテキスト、形式とデータの定義の違いが明確になっていません。

一般的に、eBookなどのDLコンテンツやウェビナーなどは、製品やサービス、もしくは会社名を知らない人を対象にしていることが基本です。まだ課題感が明確ではなく、課題を形づくってもらうために教育的なコンテンツを届けることが多くなります。

一方で、問い合わせや資料請求では、製品サービスに比較的強い興味をもっていることがほとんどです。明確に「この○○というサービスが必要になりそうだ」と認識していることも少なくありません。

購買活動への関心度合いの違いから、リード（見込み客）はMQL（有望見込み客）に比べ、取得する情報が少なくなるものです。

しかしながら、上記の例ではリード（見込み客）とMQL（有望見込み客）の保持するデータの差分が「検討状況」しかありません。これでは、データを取得したとしても、明確な購買行動の深度を理解することが困難です。

リード数やMQL数をKPIに設定したとしても、データに差分がなければ、どのような理由から態度変容を起こしているのかを推測することが難しく、プロセス（ステージ）ごとに作られるべき各KPIの違いが明確にならないのです。

これでは、各々のリードステージに対してどのような情報を届けるべきかの判断がつきません。結果、あらゆる情報を盛り込んだ一括送信メールのような、コンテキストを無視したアプローチになってしまうでしょう。

データ取得がきちんと考えられていない場合、コンテンツを届けようとしても最適な相手を絞り込めません。カスタマージャーニーが作られていなかったり、その動きに合わせたSLAやリードライフサイクルができ上がっていなかったりすると、結果的にKPIの組み立てもバラバラ…という状況に陥ってしまいます。

そのようなことにならないよう、カスタマージャーニーを作り、リードライフサイクルを策定し、データマネージメントの定義を決定する。これがKPIの決め方の基本です。

2-4-4 KPIを作り、実行の段階まで分解する

マーケティングでは、トラフィック、PV数、CVR、クリック数などがKPIと考えられています。これらについて、KPIツリーの考え方を用いて整理していきましょう。

前述したように、マーケティング部門のKPIは営業部門のKPIから逆算して設定されます。その代表的な指標が、匿名コンタクト、リード（見込み客）やMQL（有望見込み客）です。これらを、カスタマージャーニーと照らし合わせたうえで、各リードライフサイクルに合わせてマーケティングの活動（チャネルとコンテキスト）を決めていきます。これまでのおさらいとなりますが、その手順は次のようになります。

1. 営業部門の数字目標を営業プロセス（ステージ）ごとに分解して策定
2. 営業部門の数字目標から逆算的にマーケティング部門の最終的な目標（営業部門との接着面であるSLA）を策定
3. マーケティング部門がリードライフサイクルを策定
4. マーケティング部門がリードライフサイクルに沿って指標を設定
5. マーケティング部門が各リードライフサイクルでの指標を細分化して策定

この手順をなぞらえたうえで、はじめてリード獲得のための活動に焦点を当てられます。トラフィックやCVR、クリック率などは、このプロセスを経て固められたKPIを支える、副次的な指標といえます。

また、先進的なマーケティング活動を行う外資系企業の中には、一次KPIを獲得し、MQLからの収益（レベニュー）に対する貢献度合いでマーケティング部門のKPI設定をしているところもあります。

しかし、日本企業では、まだそのように高度なマーケティングを実行している企業は、ほとんどありません。マーケティングに不慣れなうちは、このようなKPI設定は難しいでしょう。そのため、一次KPIとして「獲得数」を設定するものとして説明していきます。

リードライフサイクルとKPIの組み立て方の例

リードライフサイクル	匿名コンタクト	リード（見込み客）	MQL（有望見込み客）
コンテキスト	気づきにつながる教育的コンテンツを提供。ただし、企業名や製品サービスを知らなくても良い	課題解決につながる教育的コンテンツを提供。ただし、企業名や製品サービスを知らなくても良い	製品サービスが解決する課題と、課題解決方法を提示。また、企業名や製品サービスを知ってもらう必要がある
コンテンツ形式	・ビジネスブログ ・SNS	・DLコンテンツ ・セミナー／ウェビナー ・導入事例	・問い合わせ ・資料請求
データ定義	・メルアド	・メルアド ・氏名 ・企業名	・メルアド ・氏名 ・企業名 ・電話番号 ・部署名 ・役職名 ・従業員数 ・検討状況
一次KPI	獲得匿名コンタクト数	獲得リード数	獲得MQL数
二次KPI	・ビジネスブログへのトラフィック数 ・SNSでのインプレッション数	・DLコンテンツ設置箇所へのトラフィックとCVR ・セミナー／ウェビナー申し込み箇所へのトラフィックとCVR ・導入事例設置箇所へのトラフィックとCVR	・問い合わせへのトラフィックとCVR ・資料請求へのトラフィックとCVR
三次KPI	・ビジネスブログへのエンゲージメント数（CTRなど） ・SNSへのエンゲージメント数（CTRなど）	・DLコンテンツ設置箇所遷移前ページへのトラフィックとCTR ・セミナー／ウェビナー申し込み設置箇所遷移前ページへのトラフィックとCTR ・導入事例設置遷移前ページへのトラフィックとCTR	・問い合わせ設置箇所遷移前ページへのトラフィックとCTR ・資料請求設置箇所遷移前ページへのトラフィックとCTR
n次KPI	・ビジネスブログへの投稿数 ・SNSへの投稿数	・DLコンテンツ製作数 ・セミナー／ウェビナー開催数 ・導入事例制作数	・問い合わせへの誘導リンク数 ・資料請求の誘導リンク数

この表では、説明を簡易化するため、自社ドメイン上での見込み客獲得施策に絞っています。このようにKPIをn次的KPIまで分解していくと、マーケティング活動でよく聞かれるトラフィック、PV数、クリックスルー率、インプレッションの話につながっていきます。

また、これらの一次KPIを自社のKPIに設定できるか否かは、自社のマーケティングチームの成熟度に強く依存します。多くの企業のマーケティング部門では、活動指標とも解釈できるn次的KPIをマーケティング担当者やチームの目標としているのが現実です。

一気に上を目指すのではなく、まずは足元の目標に注力しましょう。満足のいく水準まで上がったら、一つ上もしくは二つ上の階層のKPIを、担当者やチームの目標としてもつようにする。このように、少しずつステップアップしていくことをおすすめします。

マーケティングチームの成熟度	指標の目標	一次KPI設定の例
高	売上に対するマーケティングチームの貢献割合	MQLからのMRR（月次売上）
中	営業部門への有望見込み客数	MQLやリード獲得数
低	マーケティング部門内での活動頻度	イベント開催数、展示会開催数、ブログ更新数 etc

また、表のように、マーケティングチームの成熟度に合わせて指標の目標と一次KPIを設定するのも良い考えです。

一次KPIが決まった後にするべきことは、チャネル別目標値の決定です。チャネル別の目標値、マーケティングチームによって決め方が異なります。

ビジネスブログ経由で獲得する匿名コンタクトのチャネル一例

リードライフサイクル	匿名コンタクト
コンテキスト	気づきにつながる教育的コンテンツを提供 → 企業名や製品サービスを知らなくても良い
コンテンツ形式	・ビジネスブログ
データ定義	・メルアド
一次KPI	獲得匿名コンタクト数
匿名コンタクト獲得チャネル	・Organic　・Social　・Refferal　・Email　・Paid　・Other

例えば、ビジネスブログ経由で匿名コンタクトを獲得する場合、一次KPIに影響を及ぼす数字は二次KPIやn次KPIにも存在しますが、同様に、チャネルという軸でも定量的に観測する必要があります。これは施策の特徴や、チームの編成によって異なります。広告担当者がいるのであれば、次表のようなチャネル別の目標設定も可能です。

獲得匿名コンタクト獲得チャネル(ビジネスブログ)	チャネル別獲得目標率
Organic	65%
Social	15%
Refferal	5%
Email	0%
Paid	15%
Other	0%
合計率	100%

このように、チャネル別で獲得目標数を設定し、ビジネスブログの担当者に職責として与えることが大切です。仮に獲得チャネルを指定しない場合、多くのビジネスブログの担当者はブログ記事の執筆や更新ばかりに目が向き、SNSなどの他チャネルがおざなりにされがちです。

これは、獲得チャネルが複数あるにも関わらず、自ら別チャネルを諦めることと同義であり、KPIの最大化を阻んでしまいます。経験の足りない担当者であるほど、明確なチャネル別獲得目標率を設定することが重要になります。

次に、細分化したKPIを定点観測するための準備に入ります。一般的に、日本の企業のビジネスブログ（いわゆるオウンドメディア）は、ワードプレスなどの汎用的なCMSで構築されていることが多く、ウェブサイト分析はGoogle AnalyticsやSearch Consoleなどのウェブ／アクセス解析ツールで行われていることがほとんどです。

このような解析ツールは、高度なマーケティングを行うことを前提としていないため、プラグイン（サードパーティーの拡張機能）や、別の分析ツールを導入することになります。このとき、複数のベンダーのツールを利用すると、ツール間でKPIの定義が異なるといった問題が発生するケースも多々見られます。ズレや定義違いを再定義するために、さらに別のツールを導入する、あるいはエクセルやスプレッドシートを駆使するといったことも、よく起こります。

マーケティング専門のCMSを使えば、このような状況を回避することが可能です。これは、複数のツールを活用できるようになるためのラーニングコスト低減にもつながります。

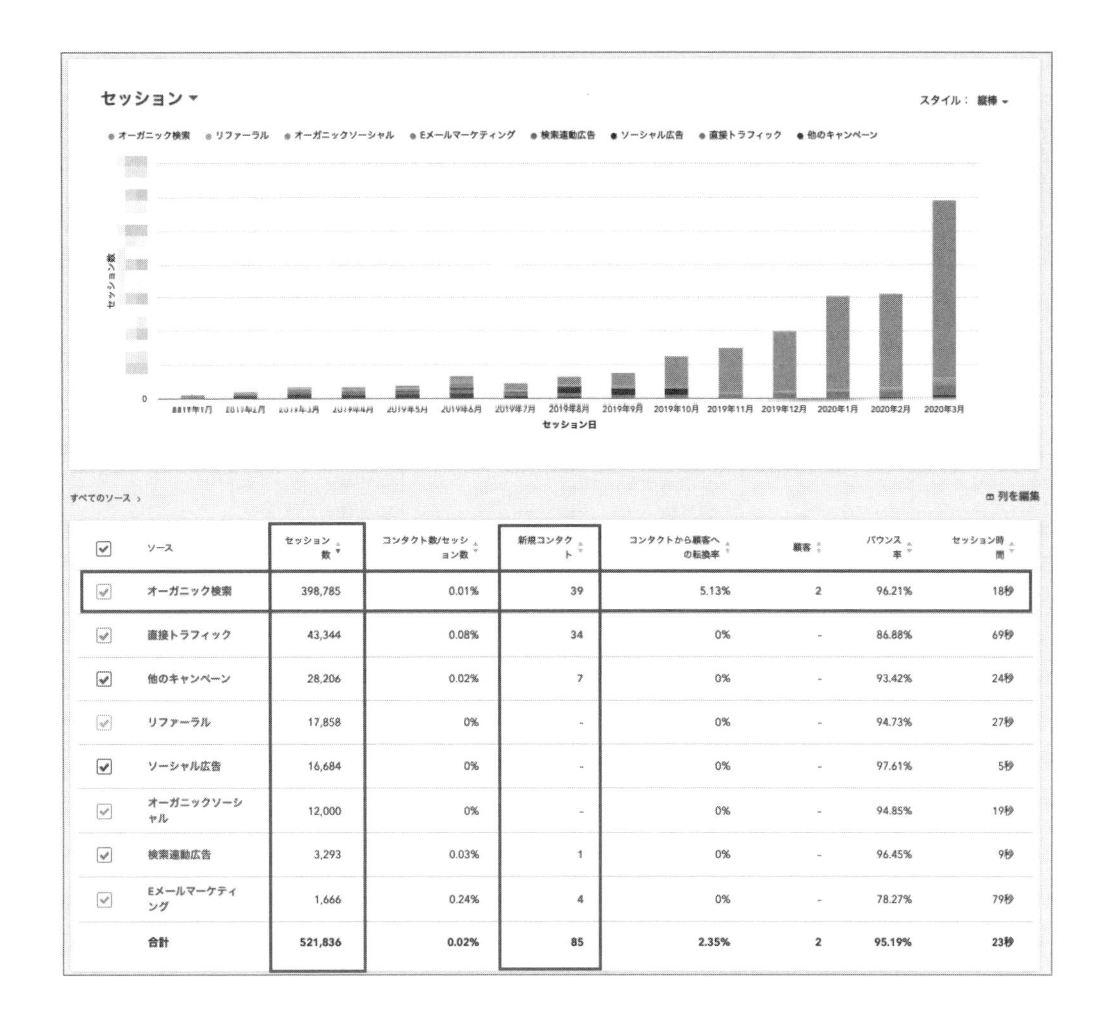

ソース	セッション数	コンタクト数/セッション数	新規コンタクト	コンタクトから顧客への転換率	顧客	バウンス率	セッション時間
オーガニック検索	398,785	0.01%	39	5.13%	2	96.21%	18秒
直接トラフィック	43,344	0.08%	34	0%	-	86.88%	69秒
他のキャンペーン	28,206	0.02%	7	0%	-	93.42%	24秒
リファーラル	17,858	0%	-	0%	-	94.73%	27秒
ソーシャル広告	16,684	0%	-	0%	-	97.61%	5秒
オーガニックソーシャル	12,000	0%	-	0%	-	94.85%	19秒
検索連動広告	3,293	0.03%	1	0%	-	96.45%	9秒
Eメールマーケティング	1,666	0.24%	4	0%	-	78.27%	79秒
合計	521,836	0.02%	85	2.35%	2	95.19%	23秒

この図はHubSpotのレポーティング例ですが、ウェブサイトへのセッションに対して、どのチャネルからセッションが生まれ、どのチャネルから匿名コンタクト（図における新規コンタクト）が生まれているかを、すぐに把握できます。高度なマーケティングを目指す企業には導入をおすすめできるツールです。

また、「獲得数」をKPIとして設定し、十分な数を獲得できる体制まで整ったら、次に見ていきたいのは「転換率」です。

営業部門がセールスプロセス（ステージ）間での進展率（転換率）を重要KPIとして定めているように、マーケティング部門も獲得した匿名コンタクト、リード（見込み客）、MQL（有望見込み客）が次のリードライフサイクルに転換されているかを定量化することが大切です。

リードライフルサイクル	匿名コンタクト	（転換）	リード（見込み客）	（転換）	MQL（有望見込み客）
コンテキスト	気づきにつながる教育的コンテンツを提供。また、企業名や製品サービスを知らなくても良い	**気づきから課題解決につながる教育的コンテンツを紹介 → 企業名や製品サービスを知らなくても良い**	課題解決につながる教育的コンテンツを提供。ただし、企業名や製品サービスを知らなくても良い	課題解決から製品サービスによる課題解決方法を提供 → 企業名や製品サービスを知ってもらう必要あり	製品サービスが解決する課題と、課題解決方法を提示。ただし、企業名や製品サービスを知ってもらう必要がある
チャネル		**・ウェブサイト自動最適化 ・リターゲティング広告 etc**		**・自動化メール ・ウェブサイト自動最適化 ・チャットボット ・リターゲティング広告 etc**	
データ定義	・メルアド	**該当なし**	・メルアド ・氏名 ・企業名	**該当なし**	・メルアド ・氏名 ・企業名 ・電話番号 ・部署名 ・役職名 ・従業員数 ・検討状況
一次KPI	獲得匿名コンタクト数	**匿名コンタクトからリードへの転換率**	獲得リード数	**リードからMQLへの転換率**	獲得MQL数

この表のように、転換率は獲得数と同等の重要性をもっています。マーケティングオートメーション（MA）のようなツールが出現するまで、進展率（転換率）を高めるためのアプローチは、営業部門が行っていることがほとんどでした。

しかし、マーケティングテクノロジーの発展により、これらをマーケティング部門が担当することも可能になりました。海外の先進的なマーケティング部門では、ナーチャリングを専門とするチームが存在し、彼らの主要KPIとして数字を追うことが一般的になり始めています。

ここで正しく理解していただきたいのが、「"数"がある程度獲得できていない状態で"転換率"を同格のKPIとして設定することは労力に見合わない」という視点です。

例えば、月間100件の匿名コンタクトを獲得し、リードへの転換率が10%だとすると、ナーチャリング経由で月間10件のリード獲得を創出することが可能です。ここで"数"と"転換率"を50%改善すると仮定してリード獲得数と創出数を比較してみます。

	獲得匿名コンタクト数	転換率	リード創出数
現状の数値	100件	10%	10件
獲得数50%改善の場合	150件	10%	15件
転換率50%改善の場合	100件	15%	15件

この表のように比較すると、獲得した匿名コンタクトに対してナーチャリングから創出されたリード数は同じです。この数字だけで判断すると、「獲得数」と「転換率」は同格のKPIのように見えるかもしれません。ここでは、二つの数値を改善するために、いくつの打ち手があるかを比べてみましょう。

	獲得匿名コンタクト数	転換率
施策の種類	・ビジネスブログ ・SNS ・オンライン広告 ・オフライン広告 ・PR ・展示会 ・共催イベント ・外部メディア露出　etc	・自動化メール ・ウェブサイト自動最適化 ・チャットボット ・李ターゲティング広告　etc

表のように、自社ドメイン以外でも匿名コンタクト数を増やすための施策は数多く存在しますが、転換率を高める方法は限られています。転換率を高めるため、自動化メールの開封率やクリックスルー率を高めようと努力するマーケティング部門も多いでしょう。しかし、この打ち手の数を比較すると、転換率を高めるよりも、匿名コンタクト獲得数を増加させるほうが、ずっと効率が高いと言えるでしょう。

マーケティングのKPIを作成する場合、まずは顧客の購買行動を理解することが何よりも重要です。購買行動のポイントをプロセス（ステージ）化させ、そのつなぎ目をKPIとします。マーケティング部門の活動プロセスであるリードライフサイクルとデータ定義を設定した後にKPIを設定し、副次的な指標へと分解していく。これがマーケティングのKPIを設定するための正しい流れになります。

▶ 著者：枌谷 力

2-5 ブランドを作る

産業財を製造している老舗BtoB企業の経営者にブランディングについて話したところ、「うちはそんなに洒落た会社じゃないから」という反応をされたことがあります。どうも「ブランディング＝見た目を綺麗に整えること」と捉えているようです。

しかし、これはある種の誤解を含んでいます。ブランド／ブランディングの定義は諸説ありますが、ブランドの研究者も実践者も、ブランドを「見た目を綺麗にすること」と捉えていることは稀です。多くの場合、「顧客の頭の中にある企業や商材のイメージ」と捉えています。

このように考えれば、「洒落た会社」でなくても、長く続いている企業であれば、何らかのブランドがすでに存在しているはずです。例えば、長い付き合いの顧客が抱くその企業のイメージ、それもまたブランドの一部です。

海外ではGE、フェデックス、IBM、インテル、シーメンス、アクセンチュア、セールスフォース・ドットコムなど、ブランディングに成功していると言われるBtoB企業の事例は、枚挙にいとまがありません。日本においても東レ、日立製作所、横河電機、サイボウズなど、ブランディングの成功事例とされるBtoB企業は徐々に増えてきています。

しかし、ブランディングとは、ここで例に挙げたような大企業や有名企業だけのものではありません。強いブランドを作り上げれば、価格や機能の優劣ではなく、市場での優位性を築くことができます。むしろ規模のハンディを負う中小零細のBtoB企業こそ、ブランドのメカニズムを有効活用すべきともいえます。

ブランド／ブランディングは、オンライン化が進んだからこそ考えなければいけないわけではありません。時代や市場環境に拘わらず、マーケティングを実行する上で考えておくべき重要なテーマの一つです。ここでは、そのブランド／ブランディングについての基本的な考え方と、整理するための具体的な手法をいくつか紹介します。

2-5-1 ブランディングとは

BtoBでも「ブランディングが大事」という話を、頻繁に耳にするようになってきました。では、そもそも、ブランド／ブランディングとは何なのでしょうか。

ブランディングの大家であるデビッド・A・アーカーは著書『ブランド・エクイティ戦略（デービッド・A・アーカー 著/陶山 計介、尾崎 久仁博、中田 善啓、小林 哲 訳/ダイヤモンド社/1994）』の中で、「ブランドとはある売り手あるいは売り手のグループからの財またはサービスを識別し、競争業者のそれから差別化しようとする特有の（ロゴ、トレードマーク、包装デザインのような）名前かつまたはシンボル」と記述しています。アメリカマーケティング協会（AMA）の定義もほぼ同じですが、このような機械的な定義から発展し、世界中の研究者や経営者、マーケターがさまざまな言葉でブランドを表現しています。

アーカーと並ぶブランドの大家、ケビン・レーン・ケラーは、代表作『戦略的ブランド・マネジメント（ケビン・レーン・ケラー 著/恩藏 直人 訳/東急エージェンシー/2010）』の中で、「市場に一定の認知、評判、存在感などを生み出したもの」をマーケティング業界が考えるブランドとしている。また、「ブランドとは単なる製品ではない」「同じニーズを満たすように設計された製品間に何らかの差別化要因をもたらす」「その差別化要因は合理的で有形のものもあれば、象徴的、情緒的、無形のものもある」と述べています。

このように、漠然とした共通認識はあるものの、世界的な定義をもたないのがブランド／ブランディングと言えます。ここからは、その前提に立って話を進めていきます。

ブランドと言えば、情緒的であることが重要と考えられている節があります。これは、情緒表現をその役割とするクリエイターのブランド論に多い発想です。しかし、**ブランドの本質は差別化要因を作ること**であり、ブランディングをそのプロセスの一部と捉えれば、必ずしも情緒的なコミュニケーションや表現を必要とするわけではありません。

顧客／見込み顧客に対して、何者で、何をして、なぜ気にかけるべき存在なのかを示し、顧客／見込み顧客の頭にある情報構造を変えて好意的なブランドイメージを作り出す。このような意思決定を助ける活動も、たとえメッセージが情緒的でなくとも、ブランディングの一つであると言えるでしょう。

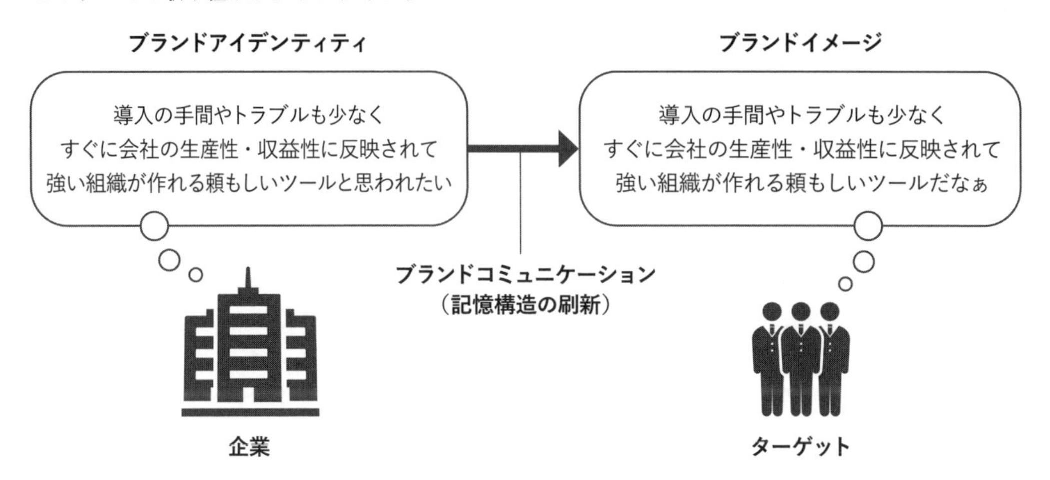

ブランド／ブランディングを理解する上では「ブランド・エクイティ」という考え方についても知っておくといいでしょう。『ブランド・エクイティ戦略』の中でアーカーは、ブランドによって積み上がった企業の資産のことを「ブランド・エクイティ」と呼び、その構成要素を、次の五つのカテゴリーに分類しています。

①ブランド・ロイヤルティ
②ブランド認知
③知覚品質
④ブランド連想
⑤所有権がほかにあるブランド資産

このような資産を築いていくことをブランディングと捉えるのが、ブランディングの研究者や実践者の間では一般的です。このブランド・エクイティについては批判的な議論もありますが、このことは、議論されるまでに広く浸透した考え方であることを示しています。

このブランド・エクイティの考えを踏襲すると、ブランドとは見た目の華やかな洒落た企業だけがもつものではなく、すべての企業がもっているという理解が成り立ちます。当然これは、BtoBにも当てはまります。競争が激しく差別化と説明が難しいBtoBビジネスほど、ブランドの力を最大限活用すべきというのは、疑う余地もありません。

2-5-2 ブランディングの成功条件

フィリップ・コトラーは著書『B2Bブランド・マネジメント（フィリップ コトラー、ヴァルデマール ファルチ 著/杉光 一成、川上 智子 訳/白桃書房/2020）』の中で、ブランディングの成功に必要な条件として、次の五つを上げています。

- **一貫性（Consistency）**
- **明瞭性（Clarity）**
- **継続性（Continuity）**
- **可視性（Visibility）**
- **真正性（Authenticity）**

ブランディングをマネジメントする上では、この五つの成功条件を、さまざまなタッチポイントに浸透させていく必要があります。

ただし、これはあくまで原則であり、理想論であるともいえます。ターゲットユーザーの特性、ブランドポートフォリオの構造、コストなどの複雑な事情を踏まえた上で、現実と原則のバランスを見極めていくのが実践的です。

例えば、膨大な製品ポートフォリオを形成している企業が一貫性に固執しすぎると、事業現場においてさまざまな弊害が生じるでしょう。このような場合、ロゴやシンボル、フォーマットなどを踏襲しながら、それぞれのタッチポイントで個別最適化を図っていくということが、実際には行われます。そうやって運用する中で徐々に一貫性を失っていき、再びブランディングのテコ入れを行う。このようなことが繰り返されているのです。

また、ブランディングの意思決定をする上では、コストの問題も関わってきます。マイクロソフトは2020年4月、長年親しんだOfficeというサブブランドをMicrosoftに変更しました。それに伴い、WordやExcelなどがワンパッケージになったクラウド製品Office365も、Microsoft365に名称が変更されました。このことに対するマイクロソフトの公式見解は発表されていませんが、マネジメントコスト削減を目的としたブランドネーム統一の可能性は無視できません。

現実問題という意味では、そもそも市場シェアを獲得しなければブランドを作ることはできない、という考え方もあります。ブランド・エクイティを批判したオーストラリアのマーケティング学者アンドリュー・エレンバーグは、ブランド・ロイヤルティは市場シェアの反映にすぎないとして、ブランド・エクイティの考え方を批判しています。その門下生であるバイロン・シャープも、著書『ブランディングの科学（バイロン・シャープ 著、加藤巧 監/前平謙二 訳/朝日新聞出版/2018）』の中で同様の主張を展開しています。

確かに業界や専門家の中でしか知られることのないBtoBでは、市場シェアが高いからブランドが強い、市場シェアが低いからブランドが弱い、という相関になることも多いでしょう。この場合、ブランドを高めるドライバーは市場シェアということになり、市場シェアを獲得するための活動がブランディングになる、と考えられます。

これは確かに一理あるものの、一方で、専門的かつ高額で意思決定の難しいBtoB商材だからこそ、市場シェアとは相関しないブランドイメージが最終的な購買の意思決定に影響を与えることもあります。このような、理想と現実のバランスを取ることこそがブランディングの難しさではありますが、難しいからこそ、他社が真似できない優位性が構築されるとも言えるわけです。

2-5-3 BtoB企業がブランディングに取り組むメリット

BtoBでもブランディングが注目されつつあるとはいえ、BtoCと比べれば力を入れて取り組んでいる企業はまだまだ少ないのが現状です。それは、ブランディングには「BtoCがやること」「高級品がやること」「マス広告が必須」といった誤解があるからでしょう。また、ブランディングは長期の投資が必要でありながら成果を定量的に示すことが難しく、それ故に「取り組みにくい」「事業上の優先度が低い」と判断されやすいことも一因として考えられます。

しかしながら、BtoBだからこそ、そして人が直接営業する機会が減るテレワーク時代だからこそ、ブランディングはBtoBのビジネスを変えるキッカケになりえるのではないでしょうか。そこを裏付けるのが、次のようなブランディングの機能的メリットです。

ショートカット：判断が難しい商材の意思決定を促す

価格や機能の優劣だけで選ばれる商材なら、ブランディングに無頓着でも、事業は成立するかもしれません。しかし市場が成熟すると、価格は横並びになり、機能で差を付けることが難しくなります。またBtoBの場合、実態として機能優位性があったとしても、専門性や複雑性の高さから、優位性の理解が難しくなりやすいものです。

例えば、国内外には多種多様なレンタルサーバが存在します。価格とサービスを変えたさまざまなプランを各社で用意していますが、多くの人は調べれば調べるほど、「どれを選んでいいか分からない」となるでしょう。そして、最低限の条件さえ満たされていれば、後は運営企業の信頼感や知名度などで最終決定をするはずです。この段階になって、ブランドの優劣が意思決定に作用します。

また、営業支援システム（SFA/CRM）は、世界中に数えきれないほどのソリューションが存在しますが、世界シェアNo.1であるSalesforce.comを導入した企業は皆、その機能をすべて理解し、他社と十分に比較した上で選択したのでしょうか？　必ずしもそうではないでしょう。Salesforce.comほどのサービスであれば、競合とは比べずに決め打ちで導入した企業も多いはずです。このようなことは、ブランド力がある企業でなければ発生しません。

「BtoB商材は論理的に意思決定される」と一般的に言われています。しかし、ほとんどの商材は、論理だけで意思決定を完結させられません。そんなときに、「妥当な判断をしていると思わせてくれる商材」を、企業は選びます。ここで関係するのが、商材や企業のブランドです。

つまりブランドには、複雑な商材で比較が難しいときに意思決定を促す力があるわけです。

シナジー：マーケティング＆セールス施策全般の成功確率を底上げする

「超過利潤」という経営用語があります。通常は起きない出来事を原因として、想定よりも多く発生した利潤のことですが、ブランドにはこの超過利潤を生み出す力があります。

同じマーケティング＆セールス施策を打ち出しても、ブランド力がある企業の方が、CPA（Cost per Acquisition:顧客獲得コスト）は下がり、CVR（Conversion Rate）、商談化率、成約率は上がり、失注率は下がります。顧客単価、LTV（Life Time Value：顧客生涯価値）が上がり、チャーンレート（解約率）は下がります。

強いブランドを有していると、企業や商材は「下駄を履いた状態」になり、数字で可視化できない要因が作用して指標のすべてが底上げされ、指数関数的に利益が上がりやすくなります。つまり、ブランド投資をしている企業ほど、マーケティング＆セールス施策の精度が高まり、成果を上げやすくなるわけです。

ちなみにブランドは、マーケティングのみならず、採用や株価といった、経営全般の指標にも好影響を与えます。株価は業績と相関しない面が多々みられますが、業態カテゴリーの標準的な株価に対して、どれほど上振れまたは下振れしているかを類似企業比準方式で見てみると、ブランド力と株価の間には強い相関があることが読み取れます。

アドバンテージ：競合の関心度の低さゆえの成功率の高さ

これまで、世間一般ではBtoC企業の方がブランディングに積極的でした。しかし、成果の再現性から見ると、BtoBのほうが事業を伸ばせる確率は遥かに高い傾向が見られます。それには二つの理由があります。

一つは、「競合企業がブランディング施策をあまり行っていないこと」です。古くから続く製造業などに多いのですが、ブランディングの概念がなく活動している企業が多い業界では、例えばロゴ、会社案内、ウェブサイトをリニューアルするだけの表面的なブランディング施策でも、成果を上げることがあります。もちろんこれは本質的なブランディングではありませんが、現実問題として競合があまりにも粗雑なビジュアルしか用意していない場合、少し見た目を整えるだけで有利な立場に立てることがあるのです。

もう一つ、BtoBの意思決定において「合理性の比重が高いこと」も、ブランディングの成功率を高める要因になります。BtoBにおいて、非論理的な情緒イメージが購買決定の最後の一押しをすることはすでにお伝えしたとおりです。とはいえ、一方で機能的便益や経済合理性が無視されるわけではありません。むしろ、機能的便益や経済合理性を上手に伝えることができれば、それは強いブランドを作る一因となりえます。つまり、合理性の比重が高いBtoBでは、曖昧で再現性をもたせることが難しい情緒性の戦いに持ち込まなくても、論理的なメッセージの積み重ねで強いブランドを作り上げて成果につなげることが、比較的容易なのです。

2-5-4 BtoBにおけるブランディング検討プロセスの一例

ブランディングのやり方に、決まった型はありません。企業規模、商材特性、顧客特性、ブランディング上の課題などによって、検討プロセスも打ち手も大きく変わります。そのため、あくまで個別に最適化していくべきという前提で、私たちが支援したあるBtoB企業におけるブランディングの検討プロセスをご紹介していきます。

ブランディングに投資すべきかの判断

プロセスとしてまず必要になるのは、「いわゆるブランディング活動」にそもそも投資をする必要があるか、という判断です。

ブランディングを顧客の頭の中のイメージに働きかける活動と捉えれば、すべての企業が行うべきであり、あるいは自然に取っている行動になります。

ただ、あえて「いわゆるブランディング活動」とここで切り離して考えるのは、企業／事業／商材の置かれた環境によって、ブランディングを意図的な活動とし、そこに一定の投資を行うべきかの判断が変わるからです。

ブランディングの効果は複雑で多岐に渡ります。そして多くの場合、効果を実感するのに時間がかかります。そのため、1ヵ月後や3ヵ月後の売上確保に迫られている事業がブランディングに意図的かつ、それなりの規模の投資を行うことは、事業成長にブレーキをかける判断になりかねません。

前述のように、「市場シェアを獲得すればブランドは勝手に作られる」という側面があります。また、製品力を磨くことや、顧客を獲得するための良質なマーケティングコミュニケーションが結果的にはブランディングになることも少なくありません。

まだ立ち上がったばかりの事業、PMFができていない事業、市場が曖昧で商材を磨く余地が大きく残っている事業などは、基本的なシンボルやメッセージを整備した上で、あとは顧客獲得に注力してブランディングへの投資は保留する、という判断が望ましいことも多いでしょう。

一方で、次の事業課題などが顕在化してきたときこそ、ブランディングへの本格的な投資を行うタイミングと言えます。

- **事業が成長し、マーケティング系の集客施策では伸びにくくなってきた**
- **クリエイティブに一貫性がなくなり品質管理が難しくなってきた**
- **採用やIRも含めて社会的なコンテキストを明確にする必要が出てきた**
- **市場や顧客によってバラついているイメージをできる限り統合したい**

考え方の枠組み

はじめてブランディングに取り組もうとするとき、多くの企業が戸惑うことでしょう。書籍を読んでも定義がはっきりしない上、抽象的な概念も多く、検討項目は多岐に渡ります。ブランドの全体像を掴まないまま、CIリニューアルなどの個別のブランドコミュニケーション施策に走り、効果の見込めない投資を行ってしまう企業もよく見かけます。

実際、ブランディングに決まったプロセスはありません。私たちも顧客特性に合わせて、さまざまな方法をテストしながら進めているのが実状です。そこでここでは、あるクライアント企業のプロジェクトで実施した方法を一つの参考例としてご紹介します。

このプロジェクトでは、次のようなプロセスで検討を進めていきました。

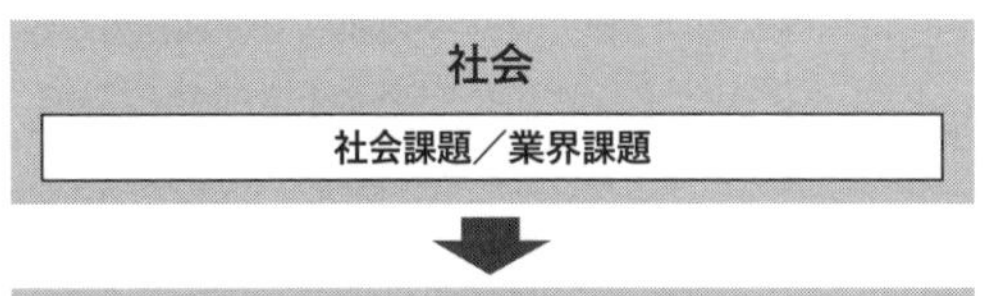

顧客など、ブランディングのターゲットとなるステークホルダーと共有・共感できる、リアルで現実的な社会課題や業界課題を定義する。

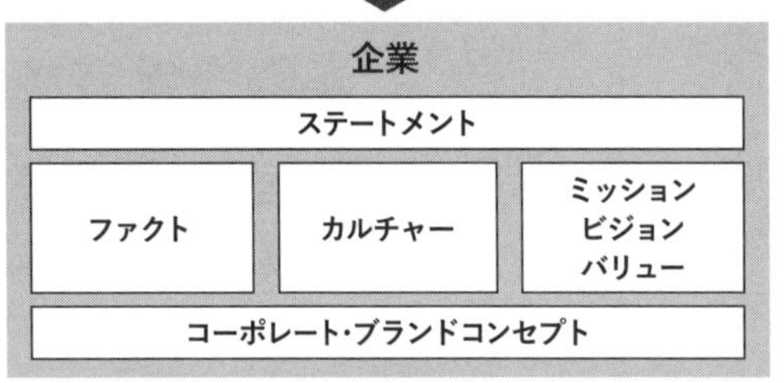

社会課題／業界課題に対する企業の声明（ステートメント）をはっきりさせ、それを証明する事実（ファクト）、企業文化（カルチャー）、根幹となるメッセージ（ミッション／ビジョン／バリュー）を明確にし、企業としてのブランドのコンセプトを定義する。

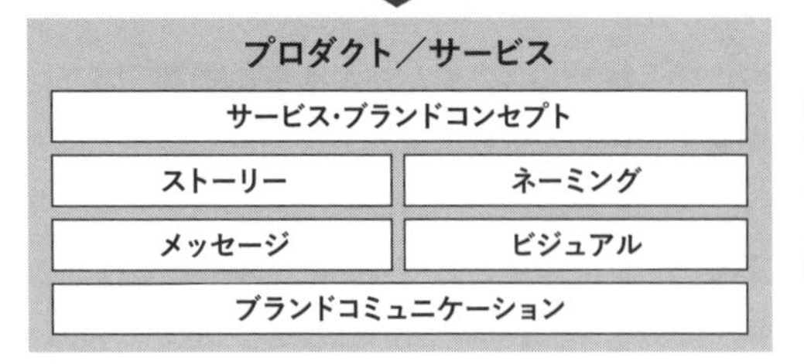

企業のブランド要素との一貫性に注意しながら、サービスのブランド要素を明確にしていく。また、ブランドコミュニケーションの方針を決定し、ストーリー、ネーミング、メッセージ（タグライン）、ビジュアルなどの、ブランド要素を固めていく。

これはこのクライアント独自のプロセスではなく、私たちが『ブランドビルドモデル』と呼んでいる、独自で編み出した標準フレームワークです。このブランドビルドモデルの意図を、もう少し詳しく解説しましょう。

すでに述べたように、ブランドやブランディングには決まった定義がありません。共通して言えるのは、ブランドイメージは人々の頭の中にあり、人それぞれ異なっている、ということです。そのためブランディングについて、次の二つのことが言えます。

一つは、いかに優れたブランディングを行っても、企業が完全にブランドイメージをコントロールすることはできない、ということです。企業はあくまで間接的な影響しか与えられず、望ましいブランドイメージが形成される「可能性を高めること」しかできません。

そしてもう一つは、記憶に残らなければ意味がない、ということです。いかに美しいビジュアルやメッセージを作り上げても、それが記憶されなければ、ブランドイメージは形成されません。つまり、ブランディングとしては失敗になるということです。

では、ブランドがブランドイメージとして人々の記憶に留まるためには、どうすれば良いのでしょうか。そのためには、「記憶」を理解する必要があるでしょう。

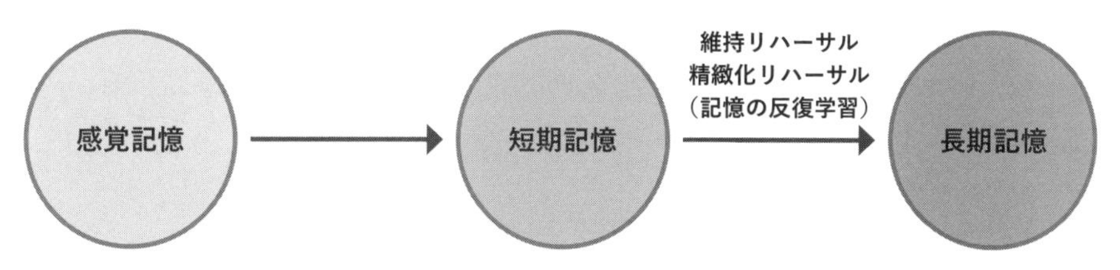

記憶には、3種類あると言われています。五感が受けた刺激を数秒だけ記憶する感覚記憶、数分間保持されるがその後忘れてしまう短期記憶、そして時には数十年以上記憶される長期記憶。ブランディングは当然、長期記憶に残ることを目指します。

長期記憶はさらに、宣言記憶と手続き記憶に分かれます。手続き記憶とは「自転車の乗り方」「切符の買い方」のようなもので、これはブランディングの対象外となります。もう一つの宣言記憶はさらに、意味記憶とエピソード記憶に分かれます。

意味記憶とは事実情報、言葉の意味や知識、概念に関する記憶。「1年は12ヵ月である」といった知識や誕生日などの情報の記憶です。エピソード記憶とは、経験した出来事に関する記憶で、出来事の内容に加えて、さまざまな付随情報（時間・空間的文脈、自己の身体的・心理的状態など）とともに保持される記憶です。

ブランディングにおいては、商材のタグラインを端的に記憶する「意味記憶」と、複雑にイメージを重ねていくことで記憶への定着を図る「エピソード記憶」の両方を狙っていきます。ただ、ブランド体験を全体設計する上では、いかにエピソード記憶を作っていくかがより重要な観点となります。

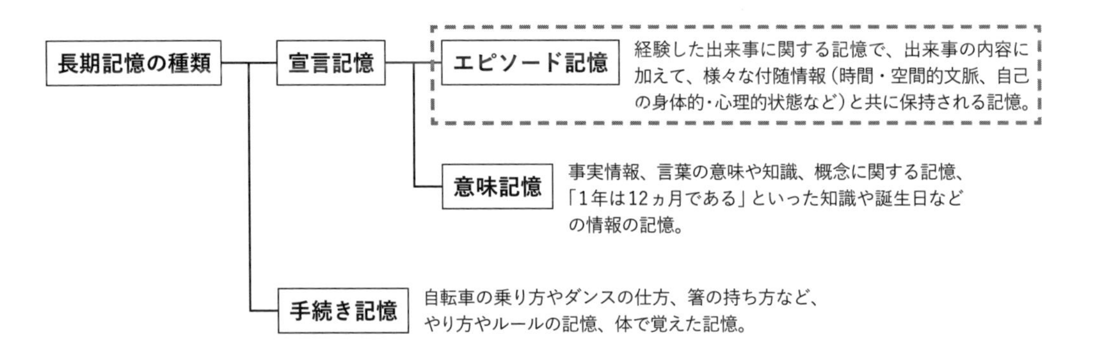

では、どのようにすれば、ブランドはエピソード記憶化されやすくなるのでしょうか。

ブランドビルドモデルは、「社会課題、企業のミッション・ビジョン・カルチャー、商材のコンセプトを一気通貫する納得度の高いストーリーが存在すると、エピソード記憶化しやすくなる」という考えに基づいて設計されています。

もちろんそのためには、タッチポイントでの優れたブランドコミュニケーションが不可欠です。ブランドビルドモデルを元にブランドの青写真を作っておけば、タッチポイントによってバラバラのコミュニケーションを行い、まとまりなく記憶に定着しにくいブランドになってしまうことを、防ぐことができるでしょう。

ブランドビルドモデルを用いた検討方法について、もう少し詳しく解説しましょう。

社会課題と接続する

P.F.ドラッガーは名著『マネジメント（ピーター・F・ドラッカー 著/上田 惇生 訳/ダイヤモンド社/2001）』の中で、企業の目的の定義は「顧客の創造」としながらも、「企業は社会の機関であり、その目的は社会にある」と語っています。この大原則に従うなら、企業ブランドの最上流は、社会と接続していなければなりません。ブランドビルドモデルもこの考えを踏襲し、社会課題との接続をファーストステップとしています。

では、どのように接続するのでしょうか。その検討を容易にするために私たちが作り出したフレームワークが、『ソーシャルコネクトマップ』です。

企業

Culture

技術力で、お客様を、社員を、家族を、幸せにする。技術に愛を込める。
・優しいコミュニケーション
・穏やかな社風
・真面目で堅実な社員
・誰に対しても誠実である

Fact

・システム開発20年の実績
・1000社以上の支援実績
・業界で注目の教育制度

Statement

システム開発といえば、新しい技術はかりが取り沙汰される。しかし、日本の多くは中小企業であり、中小企業でのIT活用が進まなければ、日本全体のIT化も進まない。中小企業ならではのシステムに関する悩みを、私たちの技術力と、相手を尊重する誠実で思いやりあるコミュニケーションで、少しでも解消していきたい。それが世の中の幸せを生み出すものと信じている。

社会・業界

Problem

情報システムが当たり前のように企業の中に存在するが、作ること以上に、運用し続けることが課題になっている。特に中小企業では、予算・体制の問題から、望むような情報システムの運用が実現していない。

Fact

・日本企業の99%が中小企業（4百万社）
・中小企業の3分の1がひとり情シス未満
・味方がいない中での社内での摩擦
・理不尽な要求に対する苦労
・何でも屋化している煩雑さ
・予算規模が小さいため開発会社は軽視
・引継ぎ・改修に応える会社がない

Concept

情報システムの襷（たすき）を
私たちがつなぎます

右側に社会や業界の課題・問題とそれを裏付けるファクト、左側に企業の文化とそれを形成するファクトを配置します。対になる両者が交わるところに、企業としての想い「ステートメント」を定義し、そこから言葉のエッセンスを抽出し、ブランドの核となるブランドコンセプトを導き出します。このブランドコンセプトは、企業によって「ミッション」や「パーパス」とほぼ同義になることもあります。

ソーシャルコネクトマップの構造は非常にシンプルですが、各項目を埋めていくのはそれなりの時間を要します。多くの場合、経営層やブランドマネージャー、事業責任者などを交えて、複数回のワークショップを繰り返しながら決定します。

また、ソーシャルコネクトマップを元に議論する上では、各項目を機械的に埋めていくことではなく、「顧客（伝えたい相手）の共感を得るものであるか」という観点が必要です。

顧客は「社会課題と一貫した素晴らしいストーリーがある企業を好きになる」わけではありません。自らの価値観と強く共鳴しない限り、関心を持たれることはないのです。そのことを理解し、何度も調整しながら磨き上げていかなければなりません。

なお、ソーシャルコネクトマップにおいて、企業側に「カルチャー」を大きく置いているのは、カルチャーと商材に一貫性があるブランドの方が強い、という考え方に基づいています。

企業文化を強みにすることが、世界の潮流になってきています。

Google re : Work

https://rework.withgoogle.com/jp/

グーグルを始めとする様々な組織の働き方の先進事例、アイデアを集めて公開したサイト

HubSpot Culture Code

https://blog.hubspot.jp/the-hubspot-culture-code-creating-a-company-we-love

HubSpotの企業カルチャーを言語化し、日々の行動指針としたものを公開

BtoBビジネスといえば、経済合理性で判断する論理購買であり、スペックや価格の優位性が最重要であると考えてしまいがちです。

しかし、専門性と複雑性が高く、機能的な差を買い手が知覚しにくいBtoBでは、必ずしも経済合理性を判断できない状況が生まれます。AWSやAzureのようなクラウドプラットフォームやSaaSのようなクラウド型のデジタル製品に代表されるように、アップデートが容易で機能的な優位性がすぐに覆える商材も多々存在します。

こういった環境の中、近年は企業文化をブランドの重要な要素と捉えて、積極的に企業文化を発信する企業が目立つようになってきました。

例えばGoogleでは、GoogleWorkplaceのような企業向けサービスを提供するBtoB企業の側面をもっており、自分たちの働き方や職場環境、研究事例など、Googleの企業文化を発信するウェブサイト「Google re:Work」を運営しています。

マーケティングオートメーションの一種といえる製品を提供しているHubSpotもまた、自社の企業文化やマーケティング哲学を製品に反映している企業として有名です。彼らも『HubSpot Culture Code』という企業文化を言語化したドキュメントを制作し、これを外部に広く公開しています。

日本企業でこういった企業文化の発信を上手に行っているのが、サイボウズです。

日本のBtoB企業で企業文化の発信がうまいのはサイボウズ

サイボウズはグループウェアなどを提供するIT企業です。グループウェアはIT製品としては比較的歴史が古く、競合も多いカテゴリーになります。製品優位性を伝えるプロモーションも行っていますが、それだけでなく、働き方改革にまつわる様々な情報発信、メディア露出にも積極的です。

この一連の活動には、「チームワーク溢れる社会を創る」という彼らのミッション、そして、それに紐づく、公明正大、多様性、自律といった企業文化を明確に定義し、それを具現化するための製品群、というブランドストーリーが背景にあります。

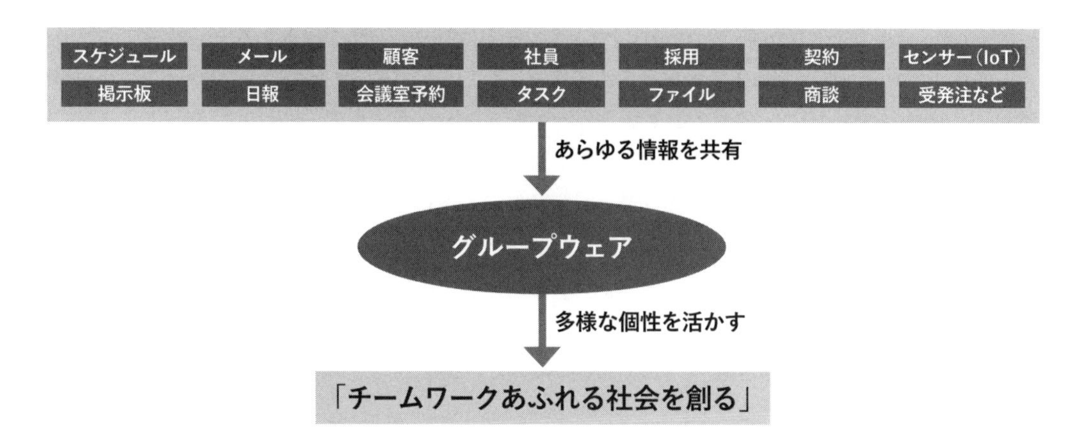

結果、一般生活者が接点をもたないBtoB企業でありながらサイボウズは非常に多くの方に認知されています。このような企業文化の発信は、競争が激しく機能的優位性を知覚させにくいグループウェアというカテゴリーにおいて、ブランド上の強い優位性となって、第一想起を生み出し、各種マーケティング施策の成功率を高め、さらには採用やIRなどにも好影響を生み出していると考えられます。

ミッション・ビジョン・バリューを整理する

近年のブランディングにおいて、ミッションやパーパスに関する議論が盛んに行われています。本書ではこれらの詳細な概念論には深入りしませんが、ブランドコミュニケーションを実行する上では、考え方を整理しておく必要があるでしょう。

企業によってはミッションとビジョンの定義を区別していないところもありますが、私たちは、次のような整理をして区別しています。

	義務	意思
社会	**ビジネス** 社会に対して行うこと **MAMプラットフォームの提供**	**ミッション** 社会に対してなすこと **コミュニケーションをつなぐ技術で社会の繁栄に貢献する**
会社	**バリュー(案)** 企業としての持つべき姿勢や価値観 **技術を大切にすること** **誠実で公明正大であること** **自由で多様な働き方を認めること** **他社への貢献を優先すること**	**ビジョン(案)** 企業としてのなりたい姿 **○○のNo.1企業になる**

この整理に基づくと、次のように表現できます。

- **ミッション…社会に向けてのメッセージ**
- **ビジョン…自分自身に向けての意志**
- **バリュー…自分自身が持つべき価値観**
- **ビジネス…社会に向けての具体的な提供物**

このように整理することで、ミッションとビジョンの役割が明確になります。ミッションやビジョンを整理した上で、それぞれが相互補完の関係となっていることが重要です。

バリューは、ミッションやビジョンを実現するエンジンになりえるか。ビジネスはミッションやビジョンと接続しているか。ミッションはビジネスやビジョンを規定しているか。ビジョンはミッションを実現し、ビジネスの拡大と相関するのか。このようなバランスを注意深く観察しながら、必要であれば、ミッション・ビジョン・バリューを調整していきましょう。

なお、ミッションは社会に向けてのメッセージとなるため、前述のソーシャルコネクトマップで導き出されたブランドコンセプトと同一になることもあります。このあたりは、全社を巻き込んだ検討をするのか、あるいは事業や商材に特化した検討をするのか、ブランディングのスコープによって変わります。

ブランドエレメントを整理し、ガイドライン化する

ソーシャルコネクトマップとミッション・ビジョン・バリューの定義が明確になったら、ブランドの構成要素をさらに精緻化していきます。

ここでは主に、「ナラティブ」「ブランドメッセージ」「ビジュアルアイデンティティ」「トーン&マナー」の四つについて取り扱っていきます。

ナラティブ

ナラティブは、端的に言えばそのブランドの**物語**です。ストーリーと違うのは、「物語の主役を、企業ではなく、顧客やユーザーとする」点です。ソーシャルコネクトマップにおけるステートメントを、顧客視点に置き換えて、社内で共有しやすいようにコンパクトにまとめたもの、と捉えるといいでしょう。

ブランドメッセージ

ブランドメッセージとは、その名のとおり、**ブランドにおけるメインメッセージ**です。ソーシャルコネクトマップやミッションと同じになることもありますが、それらからさらにブレイクダウンして、商材特有の世界観を感じさせるメッセージに加工することもあります。最終的にはCI/VIに併記されるなど、ブランドを象徴する言葉として多用されていきます。

ビジュアルアイデンティティ

ビジュアルアイデンティティは、シンボルとタイプを組み合わせて作られる、いわゆる**ロゴ**です。既存ロゴを踏襲する場合はここにそのまま当てはまりますが、もし新たに作成する場合には、VIあるいはCI作成のプロセスが発生します。

トーン&マナー

トーン&マナーは、ビジュアルおよびコンテンツの雰囲気を決めるための基本方針です。イメージスケールを用いて、ブランドの情緒的なポジションを決定します。ビジュアルの場合、VIを確定することで、ビジュアルのトーン&マナーが確定していくことがほとんどです。また、コンテンツ、特にコピーについても、口調や文体、用語など、トーン&マナーに影響を与える要素を決めていきます。

ここまでの段階で、ブランドの基本要素が出揃うので、これをガイドライン化していきます。ブランドガイドラインは、この段階で完成するものではありません。続く、コミュニケーション設計の内容も踏まえながら、最終的な方針を決定します。

また、ガイドラインの中で、ここまでのブランド検討内容を分かりやすく整理して伝えるために、既存のフレームワークにまとめることもあります。

私たちが比較的よく活用するのは、ケビン・レーン・ケラーが提唱した『ブランドピラミッド』、もしくは企業ブランディングを手掛けるインサイトフォースの山口義宏氏が提唱する『ブランド知覚価値』です。

ケビン・レーン・ケラー氏は、ブランド・エクイエティからさらに推し進めて、ブランド価値を高めるためのルートを段階別にピラミッド型に示すマーケティング手法である、ブランド・ピラミッドを提唱しました。

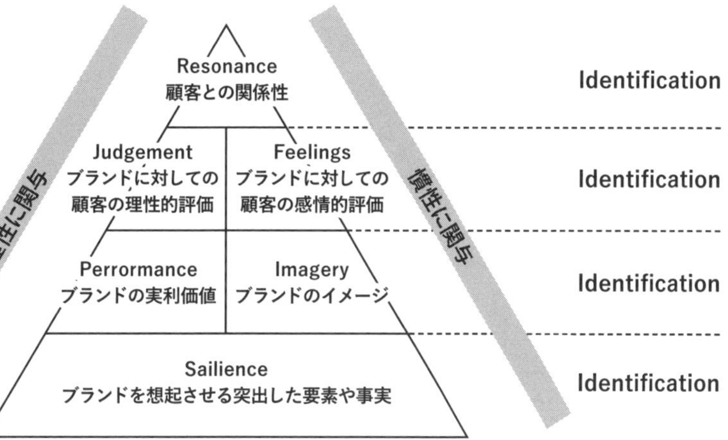

株式会社インサイトフォースの山口義弘氏は、さまざまなブランドの議論を集約した上で、ブランド知覚価値という考え方を採用しています。これをサイボウズ様に適応すると、右のようになります。

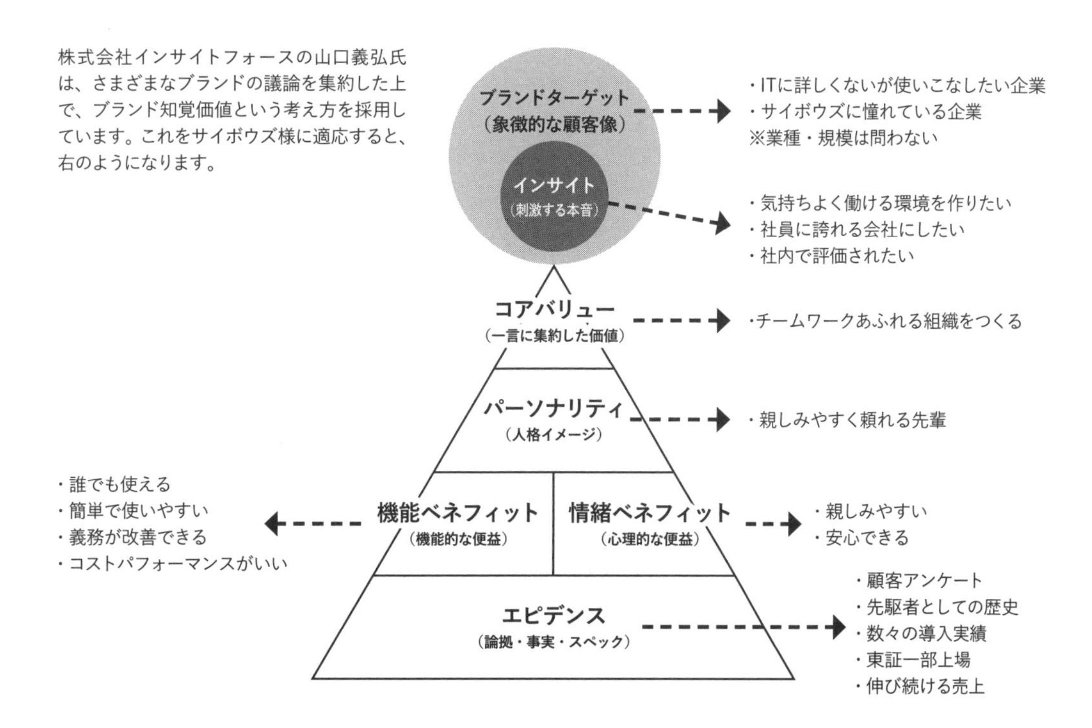

これらのフレームワークに優劣があるわけではありません。社内での説明がしやすい方を使いましょう。

タッチポイントを選択する

私たちのブランド支援メニューの中でも、ブランドコミュニケーションについては、ブランドと顧客の特性によってその都度検討しているのが実状です。また、各タッチポイントでの表現方法についてはクリエイティブの領域となるため、本項で解説できる範囲を超えてしまいます。

ここでは主に、タッチポイントの決め方について解説します。タッチポイントの決め方は主に、カスタマージャーニー／カスタマーライフサイクルベースで考える方法、もしくはファネルベースで考える方法の2種類を提案しています。

カスタマージャーニー／ライフサイクルベース

カスタマージャーニー／ライフサイクルベースとはその名の通り、カスタマージャーニー、あるいはカスタマーライフサイクルを描いてタッチポイントを決めていく方法です。

次の例は、事前選択→購買→利用体験→関係の継続→他者紹介というライフサイクルの中で登場するタッチポイントを整理した図です。

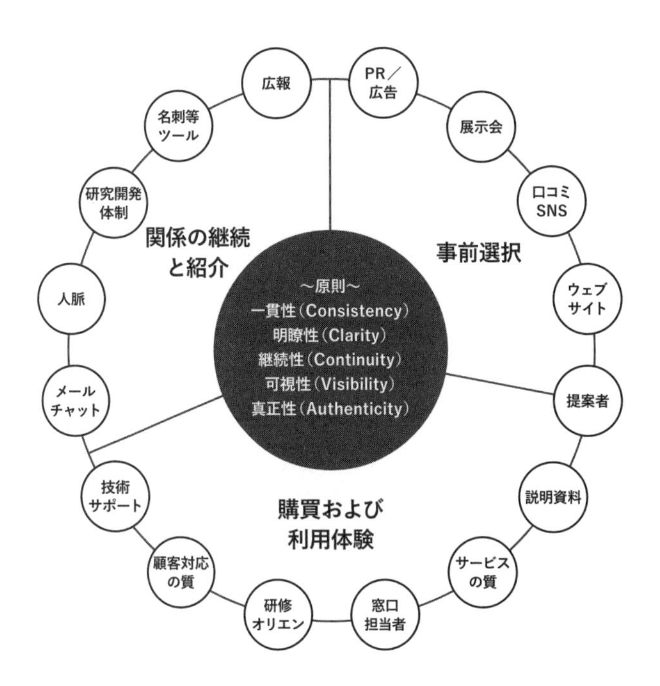

このそれぞれのタッチポイントの中から、頻度・期間・効果・コスト・実行容易性などを総合的に見極め、優先順位と実行順を決めていきます。

ファネルベース

また、リード獲得などのマーケティングを優先させながら、その中でできるだけブランドの方針を反映させていく場合には、ファネルベースで考えることもあります。

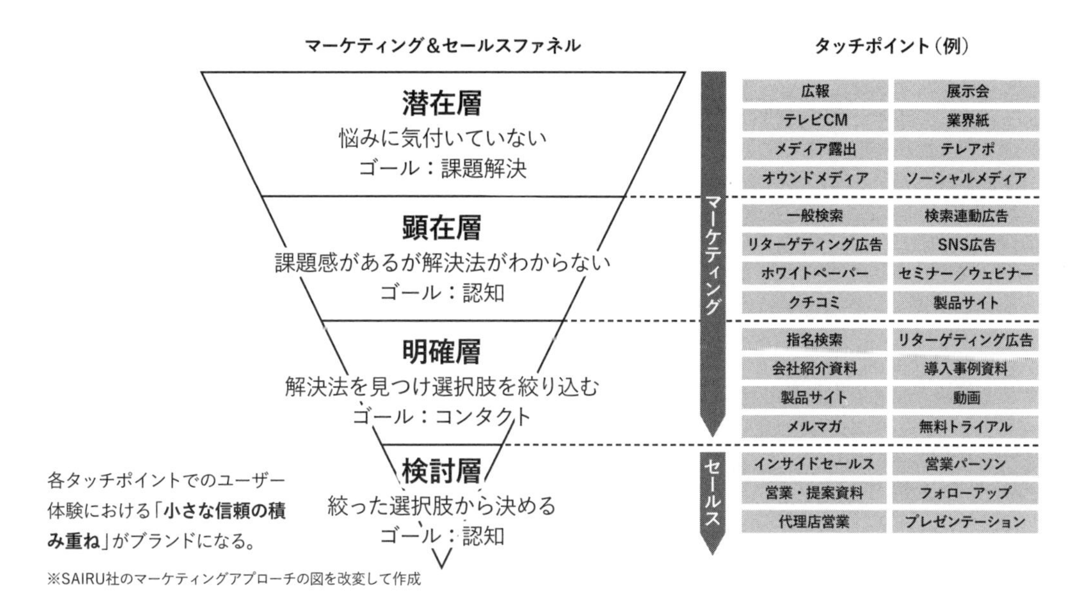

※SAIRU社のマーケティングアプローチの図を改変して作成

基本的な考え方はカスタマージャーニー／カスタマーライフサイクルベースと同じですが、マーケティングファネルを描いた上で、それぞれのステージに対応するタッチポイントや施策を整理します。これを元に、ブランドのガイドラインに従ってどこから何を反映していくのかを、頻度・期間・効果・コスト・実行容易性などを総合的に見極めて決めていきます。

カスタマージャーニー／ライフサイクルベースを選択するにしろ、ファネルベースを選択するにしろ、こういったタッチポイント設計がすでにできていることが前提となります。マーケティングの文脈において行われる場合、このようなタッチポイントの設計図がすでにあることも多いです。しかし、ブランディングだけを検討するプロジェクトの場合、タッチポイントの全体像が明らかになっていないこともあります。

そのときは、ユーザーインタビューなどのしかるべきリサーチを実施して、タッチポイント設計を行う必要があるでしょう。

なお、一連の解説の中で触れませんでしたが、既存のブランドをリニューアルするリブランディングプロジェクトの場合、ブランドの現在地を把握するためのブランドリサーチを実施することもあります。ただし、BtoCのように生活者に対する大規模なアンケートを集めることはBtoBでは難しいため、インタビューがリサーチの中心になってきます。

ここまで紹介したように、ブランディングには一定のプロセスや、実行を助けるフレームワークが存在しますが、これらを用いたからと言って、必ずしも成功するわけではありません。さらにいえば、ブランディングの影響範囲は非常に幅広く、かつ時間をかけて徐々に効果を表すことが多いものです。このブランディングの効果を明確にしようという動きは、ブランド研究者などを中心に積極的に行われており、さまざまな測定法が存在します。しかし、顧客数の少ないBtoBでは、ブランドを定量的に測定することは困難です。測定できたとしても、多くの費用と時間を要します。

その結果、ブランディングを実施するかどうかは、リーダーがブランディングに価値を置くかどうかに、大きく依存することになります。さらには、成功するかどうかも、リーダーのコミットメントにかなり依存してしまうのです。ブランディングのプロジェクトにリーダーをいかに巻き込めるかが、その成否を大きく左右することになるでしょう。

ゲスト対談（インサイトフォース株式会社 代表取締役 山口 義宏氏）

2-5-5 強いリーダーによるブランドの一貫性

――山口さんがご存知の範囲で構いませんが、日本のBtoB企業でブランディングの上手なところはありますか？

山口：私が以前働いていたリンクアンドモチベーションは、その一社です。社内で「ブランド戦略」という言葉はあまり使われていなかったですが、創業者で現在会長の小笹さんは、自社のミッション～ビジョン、プロダクト、コミュニケーションだけでなく、社員の採用から育成まで、厳格な一貫性を保つことに細心の配慮をしていたのが印象的です。それはブランド戦略として仕掛けるという意識より、"一貫性がないことに、ご自身の肌感覚として強い違和感や気持ち悪さがある"という感覚に見えたのが印象に残っています。

リンクアンドモチベーションは、創業から10年くらいかけてブランドを構築し、その恩恵を大きく受けたと思います。

――社内で「ブランド戦略」という言葉が使われていないのにしっかりしたブランドが構築されたというのは興味深いですね。

山口：創業者が経営している時代にブランド力が高まった会社で、「ブランド戦略」という言葉を社内で使っていないところは、結構あります。経営戦略として計算でやっている面よりも、どちらかと言えば、経営者やオーナーの美学や哲学、こだわりの部分でやっている。

――なるほど。戦略として構築されたブランドではなく、経営者のこだわりや美学がもたらす一貫性がブランドに転化して認知されるようになるのですね。

山口：はい。ブランドとは、何か価値のあるものに一貫性が掛け算されたときにできあがるものだと思っています。その一貫性には接点間の一貫性と時系列の一貫性があります。社会的課題からプロダクトまで一貫しているか、時を経ても一貫性を保てているか。その一貫性があると、効率的にブランドが構築されます。

とくにディレクションしなくても、オーナーのこだわりが強い場合、長年一貫したことを続けますよね。その結果、ブランドになる。

――規模の小さな企業には、そのようなところが多いですね。

山口：規模の大小は本質ではなく、意思決定のガバナンスとして美学が強い個人に意思決定が集中すると、そういう傾向がありますね。オーナーのもつ価値観と気質、それを信じて事業を担っている社員たち。オーナーの美学が、プロダクト、コミュニケーション、社員などを媒体にして市場に伝わり、ブランドになります。

――強いオーナーやリーダーがいると、その人のイデオロギーが拡張して企業文化ができる。それなら自ずと一貫性も生まれますね。

山口：美学というのはそうコロコロ変わるものではありませんし。また、強いリーダーがいると、その個人が最終的には判断するのでブレません。

日清食品のカップヌードルの広告も、これだと思います。安藤社長という強いオーナーがいて、ちょっとふざけたトンマナに見えることにもポリシーがある。広告から受ける印象と、安藤社長と接して感じる印象は似た感じの部分はあります。もちろん広告のような人を食ったような印象だけでなく、極めてまじめな面をお持ちですが。

――オーナーの個性によるブランドは、他者が真似ることはできるのでしょうか。

山口：それは無理だと思います。日清食品がうまくいっているからといって、他の会社が合議制の中で日清食品のようなブランドを作れるかと言ったら、できません。おそらく、続かないでしょう。一回やって、スベって終わると思います。

2-5-6 思想が先か便益が先か

――ブランディングに力を入れようとして、理念を真っ先に顧客に見せることにこだわってしまい、一方でその会社や商材の特徴が伝わらない、という事態に陥っているBtoB企業も見られます。このような場合は、どう考えればよいでしょうか。

山口：それは、コンサルティングの現場でもよく起こる話です。

会社のもつ価値を伝える場合には、順番が大切です。思想で掴んでからプロダクトを売る方法と、プロダクトのバリューで掴んでから思想の共感を増やす方法があります。どちらの方法を取るのかについては、接触時間で判断します。

――顧客との接触時間によって、伝え方が違うのですね。

山口：はい。接触時間が長い場合、例えば直接会って話ができるのであれば、思想を入口にすることが可能です。しかし、顧客との接触時間が極端に短い場合、Webが典型ですが、悠長に思想を語っている場合ではありません。

――ユーザーテストを見ても、数秒でお目当ての情報がないと判断するとページ遷移したり、サイトを閉じたりしますからね。

山口：対面が入口ではないBtoB企業の戦略としては、プロダクトの地に足ついた便益をサービスの入口にする必要があります。瞬間的にわかりやすい便益を伝えなければ、先を見てもらえないのです。これは、BtoCにも共通している部分ですね。

――BtoB云々というより、ブランドのフェーズによって何を伝えるべきか、という問題ですよね。

山口：伝える順番は、本当に大事です。順番を間違えると、非常にコンバージョンが悪くなるので、伝える順番のコントロールについては常に意識しています。

伝える要素は大きく分ければ、思想、商品・サービスの内容、便益があります。接触時間が短い初期の接点では、思想を最初の入り口にした抽象度を高めたコミュニケーションでは成果が出にくいため、伝える順番には細心の注意を払ったほうが良いでしょう。

3章

施策を細やかに実行する

▶ 著者：相原 祐樹

3-1 Web広告

3-1-1 オンラインシフトによって変わる広告の役割や意義

Web広告の利点は、キーワードや属性などを絞り込めるターゲットセグメントのしやすさと、少額から出稿できる手軽さにあります。低予算でも出稿でき、効果も1円単位で見ることのできるWeb広告は、高額な予算をかけてテレビCMを出すことができなかった企業を中心として、人気に火が付きました。さらに、スマホの登場によりオンラインシフトが加速。広告出稿量が増え、今後も広告主の増加が予想されます。

増大する広告の中、ありきたりな広告では選ばれません。見た直後から、人は忘れていくのです。インターネットに限らず、街中でも電車の中でも、あらゆる生活導線が広告で溢れかえっています。派手なバナーデザインなど、少々目立つ程度では、効果は見込めません。また、コピーを過激にしたところで、逆効果です。

SNS広告を配信すれば、広告にコメントを付けることができます。しかし、倫理や法に抵触するような広告であれば、すぐに炎上し、効果がないどころか、信頼を失ってしまうでしょう。

一昔前まで、リスティング広告を出せば売れるという時期がありました。しかし、年々Web広告だけで売上を増加させることは難しくなっています。商品のクオリティが高いことは当然として、打ち出し方のクリエイティブや、着地するページの作りこみが重要になってきているのです。

広告配信 → ランディングページ訪問 → 購入or離脱、という広告クリックを基点とした狭いスコープでの広告戦略は、もはや通用しません。このようなやり方は、長期的な不調を招く原因となるでしょう。

これは、「短絡的な施策や考え方では短期成果しか追えない」と言いたいわけではありません。先程、「広告クリックを基点とした狭いスコープ」と表現しましたが、スコープが狭ければ、当然、"買ってくれる顧客"も狭くなります。つまり単焦点となることでスコープを狭くし、自ら顧客を狭めているのです。

"買ってくれるかもしれないユーザー"のうち、"いますぐ買ってくれるユーザー"にしか焦点を当てていない戦略で、本当に効果が見込めるのでしょうか？　さらに、この戦略は仕組み上、多くの予算を必要とします。

Web広告施策を実行する際も、Web広告単体のプロモーションを考えるのではなく、3C、4P、4Cを考える必要があります。

3C：Customer（市場）、Competitor（競合）、Company（自社）
4P：Product（製品・サービス）、Price（価格）、Place（流通チャネル）、Promotion（広告・販売促進）
4C：Customer Value（顧客価値）、Cost（顧客のコスト）、Convenience（顧客にとっての利便性）、Communication（顧客とのコミュニケーション）

そして最後にポジショニングステートメントの言語化が必要です。ポジショニングステートメントとは、製品の位置づけのことです。ポジショニングステートメントを言語化する際は、ジェフリー・ムーアの著書『キャズム（ジェフリー・ムーア 著/川又 政治 訳/翔泳社/2002)』にある次の要領で考えると良いでしょう。

「(1)」で問題を抱えている
「(2)」向けの、
「(3)」の製品であり、
「(4)」することができる。
そして、「(5)」とは違って、
この製品には、「(6)」が備わっている。

(1) 現在使われている「代替手段」、
(2) ターゲット・カスタマーセグメント
(3) この製品のカテゴリー
(4) この製品が解決できること
(5) 競合製品
(6) 主な機能

4Pの中のプロモーション、その方法としてのWeb広告となるため、このWeb広告で成功するには、このような"そもそも論"が重要なのです。そもそも論がない施策では近視眼的にしか顧客や商品の価値を捉えることができません。結果として見込み顧客の印象に残らない広告作りをしてしまうのです。

3-1-2 Web広告出稿の流れ

Web広告には、検索連動型広告やアドネットワーク広告、SNS広告、DSPなど、多くの種類があります。ここではわかりやすく三つの広告について簡単に触れてみます。

検索連動型広告とは、GoogleやYahoo!などの検索エンジンに入力されたキーワードに連動して表示される広告です。インターネット検索をすると、検索結果の上下に広告が出てきます。その広告が、検索連動型広告です。

広告を出す際には、「どのようなキーワードが検索されたときに」「どのような広告を出すか」を設定できます。ほかにも、地域や時間帯などの細かい設定も可能です。このようにして設定された広告が誰かに表示され、その誰かが広告をクリックすると、課金されます。課金額は広告の配信を設定する画面で自由に決められますが、ほかのユーザーとの入札になります。

例えば、通販でレトルトカレーを販売していたとします。いかにもカレーを探していそうな「通販カレー」のキーワードで検索した人に広告を出したい。しかし、このいかにも買ってくれそうなキーワードは、ほかの競合企業も、当然、広告を出したいと思っています。さらに、広告が表示できる枠には限りがあります。100社の企業が出したいと手を上げても、表示できる場所が五つしかなければ、95社の広告は表示できません。

このため、シンプルに「お金を出してくれた順に表示する」という入札形式が採用されています（広告が表示される基準は、金額以外にもあります）。試しにこのキーワードに100円という値段をつけたとします。そこでもし広告が表示されなければ、ほかの企業はもっと高く入札しているということになります。

アドネットワーク広告は、複数の媒体にまとめて広告が出稿できる仕組みです。Webサイトを見ているときに、右側や上部、記事の下などにバナーやテキスト広告が表示されているのを見かけたことがあるでしょう。そのように表示される広告が、アドネットワーク広告です。この広告は、GoogleやYahoo!などの広告配信管理画面から配信することが可能です。Googleの広告から配信できるサイトだけでも、200万サイト以上あります。もし、マタニティ関連グッズを販売しているとしたら、子育て関連サイトなどに広告を表示できるというわけです。

SNS広告は、Facebook、Instagram、Twitterなどに配信される広告です。住んでいる地域や興味、関心について設定することで、それにマッチする人に広告が表示されるようになります。

BtoBビジネスの広告特性

BtoBの商材には、検索需要のないものが多く存在します。業界に特化したコンサルティング業などは、そもそも検索がほとんど発生しません。例えば、工務店に対する売上げアップのコンサルティングを提供している企業はあっても、「工務店　コンサルティング」と検索する人がいるとは考えにくいでしょう。

このように、検索が発生しないだけでなく、ターゲティングも難しくなります。このケースの場合、Web広告で「工務店の社長または役員」だけをターゲットにすることはできません。また、Web上で知らないコンサルタントに問い合わせるかというと、疑問です。

このように検索需要がなく、ターゲティングが難しく、商習慣としても合わないものについて、Web広告の難易度が一気に上がります。

3-1-3 Web広告にかける予算

BtoB企業は、広告予算の感覚が、BtoC企業とは大きく異なります。BtoC企業では広告予算が数千万円になることも珍しくありませんが、BtoB企業の場合には、300万円程度の予算でも、多いほうです。従業員100名以下の中小企業であれば、80～100万円程の広告予算のところがほとんどです。

スモールビジネスの場合、広告予算は月に30万円が基本的な目安となります。1日の予算は1万円です。多くのBtoB企業では、問合せ単価がおおむね2万円。1万円までで済めば、かなり優秀です。

1件あたりの問合せ単価が2万円の場合、月の予算30万円で問い合わせが15件くることになります。そのうち半分が商談まで進むとして、月に7～8件。商材単価にもよりますが、そのうち2～3件が成約したときに、いくらの粗利（売上ー仕入れ）が出せるか？　このように、まずは受注に至るまでのコストを定めることで、広告にかけてもよいコストの目標を設定します。

BtoBにおける広告予算の決め方

Web広告の予算については、おおむねシミュレーションが可能です。クリック単価やインプレッション数、クリック数は事前にある程度わかります。したがって、どの程度の金額を使うと、どのくらいWebサイトに訪問してくれるかが予測可能です。ここに、コンバージョンレートが１％のとき、２％のとき…と掛け合わせていくことで、簡易的なシミュレーションができます。しかし、多くの場合、シミュレーションは意味を成しません。

私はWeb広告代理店を経営しているため、多くの場面でシミュレーションを求められます。そして、広告担当者も、これから広告に取り組むのであれば、「その広告によってどれくらい儲かるのか？」という問いに答えられなければなりません。

多くの経営者や管理者は、広告のシミュレーションを求めます。この気持ちを否定はしませんが、実際にはほとんど意味がありません。なぜなら、Web広告は完全にコントロールできる性質のものではないからです。

例えば、Facebook広告を運用していたとしましょう。1件あたりの資料請求単価が5000円で運用できており、受注まで追っても、きちんと成果が出ていたとします。しかし、ここに新たな競合が参入してきた場合はどうでしょう。当然、クリック単価や広告表示単価は高騰します。今まで5000円で獲得できていたものが1万円になってしまったが、資料請求単価が１万円では、今のアポイント率、受注率だと商売にならない。このようなケースは、日常茶飯事です。

ほかにも、競合他社が顧客の情報を流出させる事件を起こしたらどうなるでしょうか。一見競合の失態によって自社が潤うように思えますが、マーケットの感情次第では、同類製品の買い控えにもつながります。このように、広告の効果というものはマーケットの影響を強く受けるため、自社で完璧にコントロールすることなど不可能なのです。

したがって、事前のシミュレーションは「このくらいの問合せ単価であれば、うちのアポイント率、受注率、LTVからすると、割に合いそうだ」という目標設定に留まります。また、toC向け通販などのダイレクトレスポンスマーケティングの場合、いますぐ客に購入を促すことで即決購入を狙うケースもありますが、BtoBではほとんどありません。BtoBでは、広告の効果が現れるまでに時間がかかるのです。このため、成果の管理方法を間違えると、Web広告の成果を実際より低く評価してしまったり、高く評価してしまったりすることがあります。

例えば、9月に広告経由で資料請求が発生し、10月にセミナーに参加し、11月に商談を行い、12月に契約を締結したとします。この場合、通常は9月CV1件、10月セミナー参加者数に1名加算、11月商談1件、12月受注1件のように、商談を管理するデータに記入されます。12月の時点で、この受注が9月の資料請求経由だったことを把握できている企業は多くありません。さらに、12月の受注時に9月の広告効果を修正したり追記したりする企業に至っては、ほとんど存在しないでしょう。

広告効果については、さまざまな管理方法があります。自社の財務管理やセールス管理と連携が取りやすく、かつ経済効果をきちんと評価できればどんな方法でも構いません。しかし、どのような管理方法を採用するにせよ、CPO(広告経由受注単価)については、本来の月に遡って修正しなければなりません。

さらに言うと、資料請求に至るもっと前にタッチポイントがあったことも考えられます。タクシー広告、既存顧客からの口コミなど、いくらでも可能性はあるはずです。それらを把握するためには、商談に至った顧客に対して、「当社の事はどこで知りましたか？」と聞くのも一つの手ですし、広告コンバージョン時に簡単なアンケートを取っても良いでしょう。

Web広告のコンバージョンに至る経路はさまざまであり、広告効果は外的要因に晒され続けます。広告運用担当者ではどうしようもない領域も、少なくありません。広告のシミュレーションは、ほとんど意味がないのです。

では、これから広告を配信して成果をあげたいと考えているBtoB企業は、どうすれば良いのでしょうか？

3-1-4 BtoB企業が広告に取り組む上での重要な考え方

広告配信後の外的環境をいじることはできません。コントロール可能な部分から考えていきましょう。自社でコントロール可能な部分は、商品そのものです。端的に言うと、競合に負けない製品を作れば良いのです。

これが如何に難しいことなのかは、私自身が経営者ですので、よくわかっています。しかし、これは覆すことのできない事実です。商品の開発やブラッシュアップができることは、大前提なのです。

こう言ってしまうと、「一介の広告運用担当者には無理だよ」という意見も出てくると思います。そして、それはそのとおり、無理なのです（広告運用担当者にもできることについては後述します）。競合に負けない製品を作るには、部門を越えた連携が必要です。製品開発部門と広告運用担当者との連携は必須ではありませんが、少なくともマーケティング担当者と製品開発部門は連携し、世に求められる他社より強い製品を作らなければなりません。

そして、そのバックボーンを背負ったセールスパーソンや広告運用担当者が、自信をもって自社の製品をPRするのです。経営者やマーケティング責任者のやるべきことは、世の中に必要とされる他社より強い製品を作ることに尽きます。そして、広告運用担当者は、経営者やマーケティング担当者の意思とズレないように気をつけながら、製品のPRに尽力しましょう。

コントロール可能なのは**製品そのもの**であり、**コミュニケーション**です。これが、広告運用に取り組む上での重要な考え方となります。広告においてコントロール可能な領域は、コミュニケーションです。「広告はコミュニケーション」と言っても過言ではありません。競合他社の動向に影響を受けるCPCや表示コストと違い、コミュニケーションは自社で意思決定し、そのとおりに配信できます。

ここで、冒頭で引用したジェフリー・ムーアのポジショニングステートメントが役に立ちます。

「(1)」で問題を抱えている
「(2)」向けの、
「(3)」の製品であり、
「(4)」することができる。
そして、「(5)」とは違って、
この製品には、「(6)」が備わっている。

(1) 現在使われている「代替手段」、

(2) ターゲット・カスタマーセグメント
(3) この製品のカテゴリー
(4) この製品が解決できること
(5) 競合製品
(6) 主な機能

まずはこのポジショニングステートメントを明確にし、広告のコピーやクリエイティブに反映させましょう。効果が出るかどうかについては、いつも通りに評価します。

もし効果が出なかったら、それは単純に、マーケットはそのメッセージに興味がないということになります。また、うまいコピーが書けなければ、コピーライターに頼みましょう。重要なことは、広告のコピーやクリエイティブ、LPを見たときに、このポジショニングステートメントが伝わるかどうかです。

広告からポジショニングステートメントが伝わったかどうかは、周りの社員に聞いても良いし、友人に聞いても良いでしょう。このステートメントが伝わった上で効果が出ないのであれば、それは単純にマーケットが求めていないということになります。ただし、ここでガッカリするのはまだ早いです。一つの製品が生み出すベネフィットはさまざま。ターゲットを決めるときに重要な考え方は「自社の商品の便益を最大限享受できるのに、そのことに気付いていない人」をターゲットにすることです。同じ商品でも、ターゲットを再考するだけで全く異なる結果となります。誰に売りたいのかではなく、誰が喜ぶのかを考えましょう。

つまり、広告効果の評価においては「メッセージは適切に伝わっているのか」「そのうえで売れているのか、売れていないのか」が重要なわけです。このポジショニングステートメントは、ほとんどの場合、既存顧客が知っています。既存顧客に「なぜ買ったのですか？」と聞いてみてください。この一手間をかけずに、Web広告で目立つことばかりを考えている担当者も少なくありません。しかし、まずはコントロールできる部分から固めていくべきです。

3-1-5 BtoB企業の特性と適切なアプローチ

先述のとおり、広告に取り組む前に、適切なメッセージを作ることが重要です。広告効果は外的要因の影響を受けやすく、コントロールできないため、自社でコントロール可能な部分に、まずはしっかり取り組んでください。ここまできたら、今度は、BtoB企業の特性から、より適切なアプローチを考えていきます。

大事な考え方として「**toCの購買は消費**であり、**toBの購買は投資**である」ことを意識しましょう。

もちろん個人向け商品にも投資商品は存在しますが、多くのものは消費です。個人の購買はほとんどが消費活動なので、感情が重要な要素になりがちです。

対してtoBの購買は投資なので、**投資対効果**が重要です。企業の活動はすべて売上につながるかどうかで判断されます。これはCSR活動でも同じです。例えば、地域のゴミ拾いと植林活動は違います。そしてどちらを選ぶのかは、企業によって差が出ます。これは、どちらの活動の方が自社らしいか、どちらの活動を選択したほうが巡り巡って自社にとってプラスになるかを考えるためです。

このように、企業は売り上げをあげるために、すべての活動に取り組みます。ピーター・ドラッカーに習って言うと、「顧客を増やすために活動する」のです。

これは、製品が従業員のモチベーションアップを目的とするものであっても、スケジュール管理ソフトであっても同じです。BtoB企業は投資対効果を求めています。

つまり、toC商品はさまざまなベネフィットがあるのに対して、BtoB企業の製品の最終的なベネフィットは「売り上げをあげる」という一点に集約されてしまうのです。こうなると、どの製品にも「売り上げアップ」のキャッチコピーを使ってしまいたくなりますが、ここで「問い」が重要な役割を果たします。

なぜ売り上げアップにその製品カテゴリーが選ばれているのか

例えば、あなたがモチベーションアップ研修を売っているとしましょう。見込み顧客は広告をクリックした段階で、多少気になっているわけです。なぜ見込み客は「売り上げアップにモチベーションアップ研修が有効かもしれない」と考えたのでしょうか？　ここを考察することが、大きなポイントです。

つまり製品のメリットよりも、「顧客はなぜこの製品カテゴリーが売上アップにつながると考えているのか」が重要なのです。これが、広告文やLPに活かされます。

次に、BtoB企業では、製品の導入に対して検討が行われます。小規模オーナー企業では、経営者自らが広告から問い合わせ、商談を聞いて即決する、ということも少なくありません。このような場合には、情緒的な側面も重要になりますが、ほとんどのケースでは、社内での検討が行われます。その商品はどの部門で検討されるのか、その部門の意思決定に重要な要素は何なのかを、よく見極めましょう。

BtoBでは実績がすべてです。BtoBは投資活動であるため、当然、似たようなケースでの実績をもつ企業から購入したいと思っているし、自社より稟議の厳しそうな大手企業や競合企業での実績も気になります。

表に出せるような実績のまだない、開発したてのサービスであれば、まずは手売りをして実績を作ったほうが良いでしょう。Web上のバナーで初めて目にした実績のない製品を、誰が信用できるでしょうか。

プロダクトを磨き、一貫性を

最後に、重要な点について整理していきます。

- **商品を磨き続けること**
- **ポジショニングステートメントを定めること**
- **顧客に聞くこと**
- **対象顧客の商流をよく理解すること**

この4点を、とにかくやりきりましょう。

そして、プロダクトを磨き、そこから生まれ出てくる文脈を、一貫性をもって伝えることが大事です。見込み顧客が自社の製品カテゴリーに興味をもっているのであれば、それは、ほかの企業のメッセージも見ているということです。テレビCM、タクシー広告、口コミ、Web広告、SNS、あらゆるところで目にしているでしょう。その中に埋もれてしまわないよう、ターゲットセグメントの心に深く印象付けなければなりません。「自分に必要なのは、この企業の製品かもしれない」と思ってもらうには、Web広告のコピーやLPだけではなく、あらゆる場所で伝えていく必要があります。

広告は、消費者に見せる最終的なアウトプットです。もちろん、アウトプットをつくるには、その前に膨大なプロセスを経なければなりません。そこに時間をかけましょう。この4点をしっかりと設定していれば、伝えるべきことは自ずと絞られてくるものです。

▶ 著者：岸 穂太佳

3-2 SEO

SEO（Seach Engine Optimization：検索エンジン最適化）とは、自身のWebサイトを検索エンジンが評価しやすい形に最適化し、結果的に上位表示させることで、サイトへの流入を増やし、それによってコンバージョン数や売上のアップにつなげていく施策です。

例えばWeb制作会社であれば、「Web制作会社」と検索窓にキーワードを入力して検索をしたとき、自社サイトがページ上部に表示されやすくなるように対策します。上位に表示されることで多くのユーザーの目に止まり、クリックされやすくなります。こうしてサイトへの訪問者が増えることが、SEOのメリットです。Google検索が最初に作られて以来、トラフィック数は年々向上しており、昔と比べてSEOの注目度はより高まってきています。

また、近年のコロナショックにより展示会やセミナー、テレアポなどでのリード獲得が困難となりました。多くのBtoB企業がオンライン施策に力を入れていますが、BtoBサイトは、企業名や製品名を指定した指名検索からの訪問が多く、コンバージョンにつながる自然検索流入はほぼ指名検索、ということも珍しくありません。

SEOを行う場合、企業名や製品名に限らず、一般キーワードも積極的に狙うことで、今まで接点をもてなかったユーザーにまでアプローチが可能になります。本項では「検索を通じてビジネスを成長させるSEOの考え方」について解説していきます。

3-2-1 BtoBにおけるSEOの考え方

これからのSEOの役割

課題を抱えるユーザーは、解決策やヒントを得るために検索し、コンテンツをチョイスして課題解決に至ります。この基本フレームは、ここ20年間変わっていません。Googleの検索エンジンは、「検索した人が見たい情報にすぐにたどりつける検索ツール」であり続けるために日々アルゴリズムの変更を行い、継続的にアップデートしています。

そのため、担当者はアルゴリズムの変更に併せて対応を求められます。よく「SEOはいたちごっこ」と言われることもありますが、そもそもSEOは検索エンジンをハックするものではありません。Googleは創業当時から「検索者の意図を的確に汲み取り、適切なコンテンツを返したい」という思いがあります。その中でSEOが果たす役割は、Google側の思想を理解したうえで、多くの検索ユーザーが検索結果を通じてサイトにたどりつける状態を作ることです。

では、BtoBで考えると、SEOはどのような役割を果たすのでしょうか？

近年、BtoBでも自社の製品・サービスの認知獲得やリード獲得のため、SEOに取り組む企業が増えています。ITコミュニケーションズが実施した「BtoB商材の購買行動に関するアンケート調査」によると、製品やサービス検討のきっかけ（情報収集初期）になった主な情報源として、「企業のウェブメディア」と答えている人が多数を占めています※1。

コロナ禍でオンライン化も進み、多くのBtoB企業が従来の飛び込み営業、テレアポ、展示会だけではなく、オンラインでリードを獲得するための施策を行う必要性を感じています。SEOを行えば、上位表示されているキーワード次第では、比較的短期間に商談や成約につながるリードを捉えることが可能です。

今後はモバイルファーストを意識する

これまで、Googleのインデックス対象はPC版のページでした。クローラーがPCで表示した画面をもとに、サイトにどのような情報が載っているかを判断していました。しかし、いまでは、スマートフォンの画面をインデックス対象とする、モバイルファーストインデックスに変化しています。

BtoBではPCからのアクセスが多くなる傾向があるため、どうしてもスマートフォンへの対応が疎かになりがちです。しかし、BtoB企業でもGoogleアナリティクスで見てみると30％近くがスマートフォンからの訪問だったというケースもあります。Googleがモバイルファーストインデックスを進めている以上、モバイルアクセスへの対応も適切に行うべきです。

順位だけに依存しすぎるのは危険

アルゴリズムによって、検索結果が大きく変動することが度々起こります。しかし、それによって一喜一憂してはいけません。そんなことでは、SEOの本来の効果を見失ってしまい、長続きしないでしょう。

KPIとして順位をメインに見ている企業も多く見られます。しかし、実際には、順位以外の変化も併せて見ることが望ましいです。そのため、Google AnalyticsやSearch Consoleを用いてサイト内で起こった変化を調査したり、サイトに合わせていくつかのKPIを設けたりすることをおすすめします。弊社では、セッション数やサービスページ遷移数などをKPIとし、データを追っています。

※1…https://www.it-comm.co.jp/media/201901171500.html

<①セッション数ランキング>

	Page Title / URL	SS ▾	Organic SS率	PV	PV/SS	UU	直帰率	読了率	サービスP遷移率	起点CV	起点CVR ※
1.	/column/	3,302	98.2%	9,957	3.01	3,040	57.45%	16.22%	21.56%	12	0.36%
2.	/column/	650	97.5%	1,424	2.14	609	55.38%	38.69%	31.69%	0	0%
3.	/brand/	636	96.7%	1,586	2.26	605	58.02%	12.11%	2.52%	4	0.63%
4.	/column/	523	96.4%	2,015	3.8	455	38.05%	20.2%	4.4%	1	0.19%
5.	/brand/	228	96.1%	512	2.16	214	62.72%	15.04%	3.51%	1	0.44%
6.	/column/	109	91.7%	339	3.02	97	55.96%	17.99%	15.6%	0	0%
7.	/brand/	80	96.3%	223	2.72	77	66.25%	5.83%	5%	1	1.25%
8.	/column/	71	81.7%	233	3.15	67	53.52%	21.46%	5.63%	0	0%
9.	/column/	66	100.0%	196	2.69	62	71.21%	23.98%	4.55%	0	0%
10.	/brand/	59	84.7%	150	2.61	54	67.8%	8%	15.25%	0	0%
11.	/column/	38	68.4%	150	3.8	31	31.58%	18.67%	10.53%	0	0%
	総計	5,888	97.0%	17,210	3.07	5,436	55.74%	18.38%	17.31%	20	0.34%

<②サービスページ遷移数/率 内訳

	Page Title / URL	Aページ	%	Bページ	%	Cページ	%	Dページ	%
1.	/column/	57	45.97%	87	50.29%	2	25%	2	25%
2.	/column/	40	32.26%	57	32.95%	2	25%	2	25%
3.	/brand/	3	2.42%	2	1.16%	2	25%	2	25%
4.	/column/	7	5.65%	10	5.78%	2	25%	2	25%
5.	/brand/	1	0.81%	2	1.16%	1	12.5%	2	25%
6.	/column/	7	5.65%	3	1.73%	2	25%	1	12.5%
7.	/brand/	1	0.81%	0	0%	1	12.5%	2	25%
	総計	124	100%	173	100%	8	100%	8	100%

また、集客経路としても、SEOだけに頼るのではなく、ほかの経路（チャネル）も検討しましょう。例えば、広告（リスティング・ディスプレイ・リターゲティング・SNS広告など）やSNS、メルマガや外部媒体など。SEOだけに依存せずに、適切な集客施策を検討し、流入を最大化することが大切です。SEOを行ったからといって、「広告を止めてもいい」というものではありません。前述のとおり、SEOは中長期的な施策で、時間もかかります。SEOと別の施策を併用するなど、集客全体をカバーできる流入チャネル設計をしておきましょう。

3-2-2 BtoBの検索行動について

BtoBの特徴として挙げられるのは、ターゲットがBtoCに比べて狭いことです。これは、BtoBの検索市場（検索する可能性がある人）が小さいというだけで、検索されないわけではありません。また、検索ボリュームが比較的少ない複合キーワード（ロングテールキーワード）で検索しているユーザーも多いものです。

実際に、米企業のコーポレート・エグゼクティブ・ボード社による調査レポートによると、"BtoBビジネスにおいて、営業担当者と会う前に57%の購買プロセスが終わっている。"と言われています※2。

つまり、問い合わせに至る前に、担当者は検索含め、なにかしらの情報収集を事前に行っているわけです。さらにBtoBの場合、１件あたりの単価がBtoCと比べて高く、決裁に伴う関係者も複数いるため、リードタイムが長いことも特徴として挙げられます。BtoBのサイトに訪れるユーザーは、社内的な事情を踏まえて情報収集・検討・比較を行っているのです。

その中でマーケティング担当者として求められることは、ユーザーの悩みやニーズに対して、サイトを通して解決策を提示することです。具体的には、ユーザーが情報収集・検討・比較という行動を取る際に検索窓に打ち込むキーワードに対応したページを用意します。イメージとしては「Web上の相談相手」のような感じです。情報を求めるユーザーに対して、正しい答えを返すページを用意します。それが結果として、サイトの認知やサービスへの興味につながることもあります。

しかし、ただページを用意すれば良いというものではありません。ユーザーによってリテラシーの度合いもさまざまです。深く情報を理解している人もいれば、情報収集が足りていない層も一定数います。また、ユーザーによってはインプットの度合いも異なります。そのような前提を踏まえたうえで、ユーザーのターゲティングを考える必要があります。ターゲティングの方法については、後ほど３C分析にて解説します。

限られたリソースの中でSEOを考える

BtoBビジネスにおいてSEOを行う場合、最初の壁となるのがリソースの問題です。別業務との掛け持ちや1人マーケターが多く、SEOはおろかWebマーケティング自体にかけられる時間・予算・工数が限られているケースがほとんどでしょう。

その中で考えるべきことは、"限られたリソースの中で、最大限にSEOの効果を出すにはどうすればよいか"ということです。わかりやすいコンテンツの量産や細かい内部改善など、「SEO＝テクニカルな施策」と考える人は多いですが、それがSEOで最大限効果を発揮するとは限りません。

BtoBの場合、「SEO＝テクニカルな施策」という考えをいったん捨てましょう。SEOはマーケティング施策の一つです。つまり、マーケティングは「売れる仕組みを作ること」に紐づくプロセスであり、最終目的は集客ではありません。そのため、集客した後に起こるCVや、営業が動くプロセスまで見据えて施策を考える必要があります。

※2…https://www.cebglobal.com/content/dam/cebglobal/us/EN/best-practices-decision-support/marketing-communications/pdfs/CEB-Mktg-B2B-Digital-Evolution.pdf

複雑な話に聞こえますが、要は「売上につながる顧客を獲得」すれば、SEOの最短経路になるということです。SEOに取り掛かる際には、このことを念頭に置き、**いかにして売上につながる顧客を獲得するか**、戦略を考えてから動いてください。これにより、限られたリソースで無駄な施策に工数をかけることなく、結果を出すことにつなげられます。

「売上につながる顧客」を理解するためには、顧客と接点をもつ営業やCSと一緒に、ワークショップを行いながら顧客のことをディスカッションすると良いでしょう。営業から出てくる現場の話や顧客の課題は、SEOに活かせることも多いものです。施策から取り掛かるのではなく、まずは顧客を理解するところから始めてみましょう。

SEOは「いかにして売り上げにつながる顧客を獲得するか」が重要

- **売り上げにつながる顧客の情報を洗い出す**
- **営業へヒアリング**
- **営業に同行して顧客に質問**
- **CSにヒアリング**
- **顧客ヒアリング**

など

入手した情報＝売り上げにつながる顧客の特徴をもとに、記事の企画や、コンバージョンポイントの文言、デザインなどを考えていく

SEOの期待値調整と予算の決め方

SEOは広告と異なり「効果」を感じるまでに広告に比べて時間がかかります。SEOを実施するときは、効果が出る時間軸をあらかじめイメージしておくことが重要です。

デジタル広告は月単位でPDCAを回すことができます。SEOは半年～1年でPDCAを回す土台がようやくできてきます。しかし、1、2年本気で取り組めば大きなアルゴリズム変更や、サイトに大きな欠点がない限りは、**既存記事のリライトやメンテナンス**でトラフィックやお問い合わせを獲得できます。

SEOとは？　広告との違い

SEOは積み上げ資産形成の施策

SEOは広告と違い、ある一定の期間は積み上げ時期として必要ですが、その後、作成したコンテンツは、長期に渡り貴社事業を支えるWebサイト資産となります。

記事だけによるorganicトラフィック獲得数

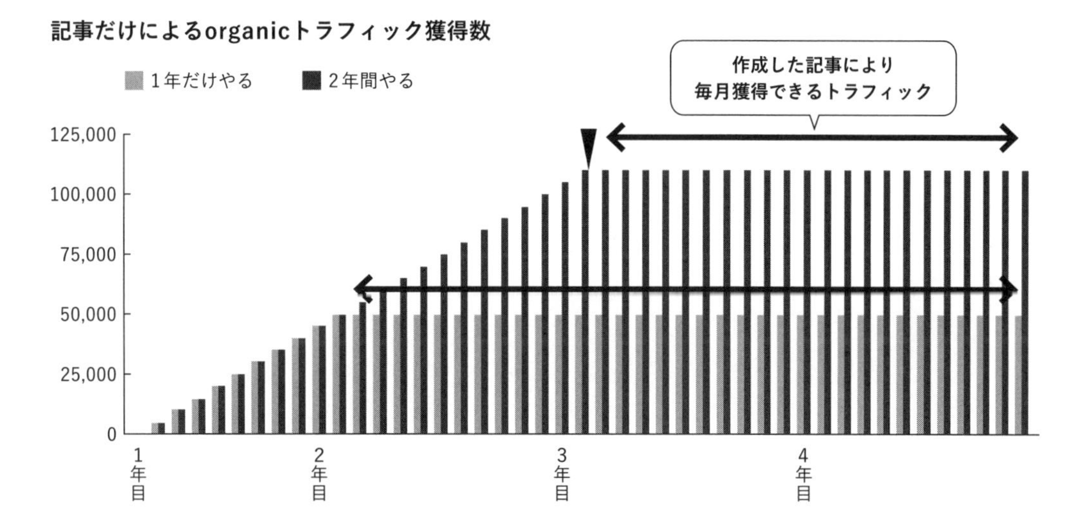

SEOを始めるときは、中長期のプロジェクトとして想定し、目標やKPIをしっかり定めたうえで、社内のメンバーとの期待値調整や効果が出るまでの時間のすり合わせを行うことが重要になります。

デジタルマーケティングは、経営層が費用対効果について理解しているかが、運営状況を大きく左右します。BtoBの最近の傾向として、展示会やセミナー、広告に対して投資していた費用が、デジタルに大きくシフトしています。広告やリアルチャネルでは大きなコストがかかっていましたが、それを経営層が許容していたのは、コストに対する売上を見て、費用対効果としての数値で把握できていたからです。展示会などは、来場者と名刺交換をして説明するという、わかりやすい仕組みになっています。出展する費用に対してどれだけの名刺が集まったのかも計測しやすいです。

しかし、それがSEOに変わると、費用対効果を上司にわかりやすく説明するのはなかなか難しいです。そのため、マーケティング担当者と上司・経営者で感覚が大きく乖離しやすいところです。

SEOは会社の基礎体力としての財産をつくるもの。中長期計画として取り組む必要のある施策です。特定のキーワードで1位を取ることを目標にしがちですが、それではSEOマーケティングを行う、そもそもの目的からズレてしまいます。マーケティング施策として行うのですから、有効商談あたりのコストを指標とするべきです。しかし、リードのCVRはどのくらいが適切か、どこまでコストをかけられるのかを把握できていないままSEOマーケティングを行っている企業が大半です。

何件の有効商談数を目標にするか、そのためにはいくら投資できるのか、デジタルマーケティング、広告、SEO、コンテンツマーケティングに対してどのように予算を割り振るのかを少しずつ感覚値としてもてるよう、根気よく試行錯誤していきましょう。

3-2-3 BtoBにおけるSEOの取り組み

BtoBでSEOを始める場合、「サイトのSEOにおける課題点を把握しよう」「ビッグキーワードでの検索順位を上げるためにコンテンツを作ろう」など、手段から入るケースがあります。ところが、手段から入ると本質的な"目的"が不明確のまま進むことになるので、気づいたら遠回りになってしまうことがあります。

SEOはマーケティングの一種であることを忘れてはいけません。SEOにおいてもマーケティングのフレームワークを用いて戦略を立てることが重要です。そのほうが結果的に早く成果を得られることになるでしょう。

次にBtoBでこれからSEOを取り組まれる方に向けて、「SEOの取り組み」について解説していきます。

SEOを「やる、やらない」を、どのように考えればいいか

SEO自体は一つのマーケティング施策に過ぎません。マーケティング担当者は、「なぜSEOを行うのか？」「SEOを実施することで事業にどんな影響があるか？」をしっかりと把握しておくことが大切です。目先の施策にとらわれてしまいがちですが、目的やKPIと施策はセットで考えなければ、PDCAを回すことはできません。

SEOと聞くと、「オーガニックトラフィックを増やす」…と考える担当者もいます。しかし、これは目的ではありません。事業成長や収益改善といった事業そのものにつながる内容を目的に定めることが重要です。目的は「リード獲得増加」や「広告費の削減」など事業にインパクトを与えるものがよいでしょう。

例えば、テレアポ中心で顧客開拓を行っていたA社では、コロナの影響で売上が伸び悩んでいるとします。その背景には、テレアポでのリード数が減少し受注数が伸び悩んでいることが課題として挙げられます。この課題に対して考えることは、まず「リード数を増やす」ことになります。

「リード数」を改善するための施策として、従来のアウトバウンドセールスだけでなくインバウンドセールスを強めるために、Webによる集客強化をA社は検討するとします。その場合、収益改善につながる指標としては「Web経由でリード数を◯件増やす」ことになります。

ここで多くの担当者は、SEOを行うことが目的になる傾向があり、「オーガニックトラフィックを増やす」を指標に置いてしまう人も多いですがこれでは収益改善には直接的につながらないのでNGです。

考え方としては「リード数を増やす」ことが目的にあり、それを果たす手段としてSEOがあるわけです。なので、SEOに取り組む目的は収益改善や事業課題から降りてきたものであるべきで、SEOでその目的が果たせない場合はSEO以外の施策も再検討すべき、という話になります。

SEOの目的とKPIを明確にする

上述のとおり、SEOに取り組むことを目的にするのではなく、事業課題を解決する手段としてSEOを用います。よって、SEOに取り組む目的は改めて検討するまでもなく、SEOに取り組むことを決めた時点で「CPAを下げる」「Web経由でリード数を増やす」など明確に決まっているはずです。

目的が決まったら、次はKGIとKPIに落とし込みます。KGIは「最終目標」で、KPIは「KGIを達成するためのプロセス指標」と理解してください。たとえば、SEOに取り組む目的が「CPAを下げること」ならば、KGIは「CPA単価X円」、目的が「リード獲得」ならばKGIは「オーガニック経由のリード数XX件」になります。目的の達成度を数字で測るようにしてください。KGIが明確になったら、そのKGIをさらにKPIに分解していきます。

KPIはとくに重要です。KPIは、事業戦略と現場業務のズレを防ぐ重要な要素になるからです。KPIは、KGIからブレイクダウンして考えましょう。先ほどのKGIを「オーガニック経由のリード数XX件」と定めた場合、リード数につながるポイントは「お問い合わせ」「資料ダウンロード」のCVポイントが一般的です。SaaSモデルであれば、「無料トライアル」や「資料ダウンロード」もあるでしょう。KGIである「お問い合わせ」「資料ダウンロード」「無料トライアル」を改善するための指標がKPIです。たとえばオーガニックのセッション数、CVR、離脱率…などです。

オーガニックの流入数だけでなく、CVに近いページへの遷移数や、CVR、フォーム内の離脱率などをKPIとして定めるのが良いでしょう。キーワードの順位を見る人もいますが、短期で取れるキーワードと時間のかかるキーワードがあるため、キーワードをKPIに含めるべきかどうかはよく検討してから設定することをおすすめします。

また、サイトを運用していくうちに、より細かなKPIに変更していくこともあります。例えば、キーワードの平均順位、新規訪問者数、再訪問者数など、状況に合わせてKPIを定めるのも良いでしょう。

SEOの目的

リード拡大やCPAの低下など事業KPIを目的にする。
例：「リード獲得」がSEOに取り組む目的

KGI・KPI設計

KGIはSEOの目的の達成度を測るもの。KPIはKGIを達成するためのプロセス指標。
例：KGI→自然検索流入によるリード数（コンバージョン数）
例：KPI→コンバージョン数＝セッション数＝CVR、離脱率、スクロール率、遷移数、遷移率など。コンバージョンを構成する数字の要素

HOWの検討

KPIの数字を改善するためのHOWを考える。
セッション数→記事作成、キーワード選定
CVR→コンバージョンポイントの設計、CTAの文言調整
離脱率→リライト
スクロール率→画像や写真の調整
遷移率→バナーの調整、追加
など

3C分析と顧客ヒアリング

KPIや目的が定まったら、次は調査に入ります。まずは3C分析です。3C分析は一般的なマーケティングのフレームワークとして用いられることが多いですが、SEOにも役立ちます。今回はSEOを軸に3C分析の内容をまとめていますが、その他の広告やSNSのようなマーケティング施策を行う際にも有効です。

3C分析とは、「Customer（市場・顧客）、Competitor（競合）、Company（自社）」の三つの頭文字を取ったもので、**マーケティングや戦略を立てるための環境分析**とも言われています。

3C分析は、事実をもとに分析することが重要です。調査していく中で仮説や企業側の意見を踏まえて分析するケースもありますが、3C分析ができていなければ、戦略全体がブレてしまい、再検討しなくてはならない事態に陥ることがあります。顧客、競合、自社の三つの前提が変われば、戦略も変わります。3C分析を行わずに戦略を立てると、戦略の見直しや、立て直しの工数が余計にかかってしまいます。

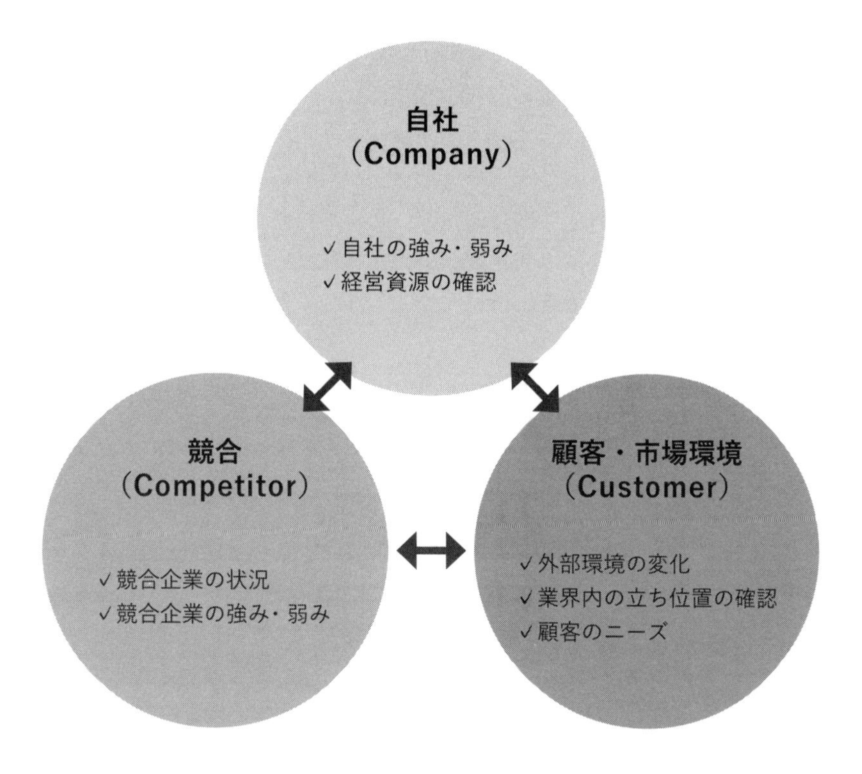

もし仮説など、事実から遠い情報しかないのなら、時間をかけてでも情報を集めて、事実ベースの内容を基に戦略を立てていくことをおすすめします。とくにSEOを行ううえで重要となるのは、「Customer（市場・顧客）」です。SEOの場合は、検索行動を把握することが重要となります。

前述のとおり、BtoBはBtoCと異なり、決済（決定要因）が複雑で関係者が多くなります。1商品あたりの単価が高いこともあり、購入までのリードタイムが長いことが特徴に挙げられます。そのため、サイトに訪れたユーザーがすぐにCVすることは少なく、情報収集を行った結果としてCVすることがほとんどです。ときに担当者の趣味嗜好や性別など、細かい「ペルソナ」を立ててSEOを実施するケースもありますが、最初の時点で細かいペルソナは不要です。イメージどおりのペルソナがCVするケースは全体のほんの一握りに過ぎません。仮にペルソナを作ったとしても、施策を進めていく中で別の有効なユーザーが見つかることや、検索行動の変数が多岐に渡ることが多いため、結果的に詳細なペルソナは使われなくなることが多いのです。

細かいペルソナづくりに時間をかけるのであれば、直接お客様と接点のある営業担当者やコールセンターのスタッフ、あるいは、サービスを導入している顧客にヒアリングするほうが有効です。アナログな手法ではあるものの、事実に近い情報を集めることができます。

社内のスタッフから集めたい情報には次のようなものが挙げられます。

- **商談時によく聞くお客様の課題、悩み**
- **お客様が成し遂げたいニーズ**
- **相性の良い顧客像　など**

顧客にヒアリングする場合は、次の情報を集めると良いでしょう。

- **問い合わせに至った背景（どこで知ったか、など）**
- **検討時に検索していた情報**
- **導入までの社内の決裁フロー**
- **サービスを導入した決め手　など**

社内スタッフからの情報を鵜呑みにするのではなく、顧客のヒアリングで答え合わせをするイメージで行うことがポイントです。社内スタッフからの情報だけでは、個人的な意見やイメージが混ざっていることがあります。マーケティング担当者としては、できるだけフラットな情報を得ることが重要です。良い点も悪い点も、事実に基づくヒアリングを心がけてください。とはいえ、お客様の心理的な部分については、回答を得られないことも多いでしょう。まずは、前提知識として社内スタッフの情報をもち、その後、顧客にヒアリングすることで、"何が事実か"の答え合わせができます。

また、BtoBのWebサイトにおける主な役割は、「営業につなげる前の段階」です。業界特有の汎用的なユーザー像ではなく、自社のサービスやサイトを「知った」「興味をもった」「問い合わせしようと思った」キッカケを理解することが重要になります。このような情報は定性的なものであり、Webサイトや解析ツールなどを用いても見ることができません。キッカケなどの定性的な情報を得るためには、実際に顧客へヒアリングすることが必要です。

また、このヒアリングは3C分析の「Customer（市場・顧客）」だけでなく、その後に行う「SWOT分析」にも活用できるため、なるべく多くの情報をこのタイミングで引き出しておくことを心がけましょう。

「Competitor（競合）」については、二つあります。一つ目はビジネス上の競合となる企業のことです。社内でベンチマークとしている競合のことだと考えてください。営業時にコンペで当たる会社や類似サービスを提供している会社のシェア、提供サービスの違い、実施中のプロモーションなどを網羅的に見ていきます。

たとえば、人材紹介のナイルリクルートという企業があったとします。この企業の競合は、株式会社マイナビ、株式会社リクルートなどになるでしょう。

二つ目は、「検索結果上での競合」です。SEOではビジネス上の競合だけでなく、検索結果上の競合もあわせて見ておく必要があります。

たとえば先ほどのナイルリクルート株式会社が、「転職」というキーワードの検索結果で1位を取りたがっているとします。しかし、「転職」の検索結果の1位は転職について語った個人ブログの場合もあります。つまり、通常のビジネスの場面では競合になりえない個人も、検索の世界では競合になることがあるのです。

もう一つ例を出しましょう。たとえばナイルが、リフォームを請け負うナイル工務店を運営していたとします。実際のビジネスの場面での競合は、同じくリフォーム関係のサービスを提供している工務店などが考えられます。しかし、インターネット上でナイル工務店が「リフォーム」で上位表示しようとした場合、リフォーム会社の価格比較サイトが上位に出てきてしまいます。リフォームの価格比較会社は実際のリフォーム業務を担うわけではないので、コンペなどで競うことはありませんが、検索上では競合になりえます。

これにより、今後狙うべきキーワードの優先度や難易度も変わります。競合を見つける方法として、ツールを使うことも考えられます。簡単な方法としては、実際にサービスと関連するキーワードで検索結果を見てみましょう。検索すると、いつもベンチマークとしている企業のほかに、情報メディアや比較サイトも上位にランクインしています。いくつかの関連するキーワードで検索してみて、よく上位に出てくる他社サイトをいくつか開き、サイト内のコンテンツやサイトタイプ（比較サイト・情報サイト）、全体のページボリュームなどを事前に把握しておくことをおすすめします。

次図のように、横並びで自社と競合との違いを見てみるのも良いでしょう。一覧にすることで、自社と競合との差分が分かります。

	自社	A社	B社	C社	個人ブログ Dさん
求人数	15万件	10万件	15万件	18万件	なし
記事コンテンツ数	24記事	50記事	100記事	40記事	200記事
「転職」キーワードの順位	31位	5位	3位	1位	12位
運用歴	2年	3年	8年	10年	6年
コンテンツの特徴	・差しさわりのないコンテンツが多い	・文字数3,000文字 ・業界著名人の寄稿記事に力を入れている	・比較記事が多い ・動画コンテンツも用意している	・用語集コンテンツが多い	・スクショが多い ・実体験が多い

「Company（自社）」については、比較的情報が集めやすく、イメージしやすいものです。自社分析にもさまざまな手法がありますが、SWOT分析のフレームワークが使いやすいでしょう。自社については主に「自社の強み・弱み」という内部要因と、「機会・脅威」という外部要因に分かれますが、とくにSEOを行う上で深堀りしたほうが良いのは「自社の強み・弱み」です。

次に、今まで行った、「Customer（市場・顧客）」のヒアリングと「Competitor（競合）」の競合比較で、自社の強い部分や他社と比べて劣っている部分をテキストに落とし込みます。その際は、長文ではなく、端的に記せるくらい自身の中で情報をクリアにしておきましょう。

結論として、BtoBのSEOでまず考えるべきは、「自社の強みを便益だと感じるユーザーを取り込むこと」です。ユーザーの求めているものが自社の強みとは異なる場合、たとえサイトへ訪れたとしてもCVに至る可能性は低いでしょう。また、もしCVに至ったとしてもニーズとのギャップが生じ、契約までつなげることが難しくなります。そのため、いま提供している自社のサービスの中で「他社に勝るポイント」と「ユーザーのニーズや成し遂げたいこと」のマッチする部分を狙うことが、CVに至る一番の近道となります。

たとえば、ナイルの強みは「SEOの内製化支援までできること」です。ユーザーは「SEOを内製化する方法」や「SEOの内製化のコツ」を知りたがっているとします。この強みとユーザーニーズが合致している記事を作ることで、検索でサイトにたどり着いた人がナイルにコンバージョンしていきます。ナイルは毎月SEOニュースをまとめて配信するなど、SEOの最新トレンドにも強いです。しかし、SEOの最新トレンドよりも内製化の方法のほうがユーザーに求められていると考え、SEOの内製化に関する情報発信を強めてきました。

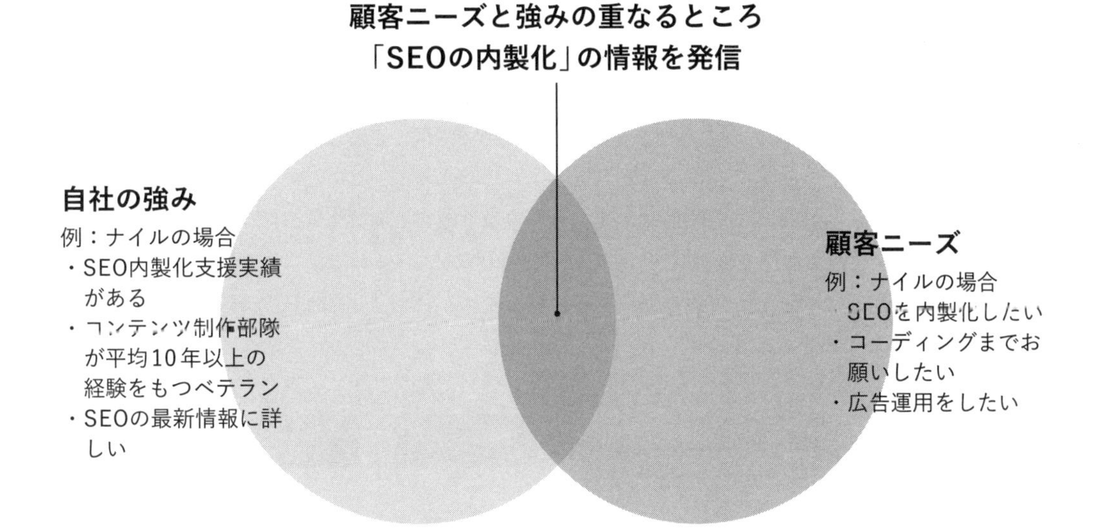

ユーザーの検討プロセスに合わせてファネルを考える

冒頭でも述べたとおり、BtoB商材を検討するユーザーは、リードタイムが長く、BtoCと異なりWebだけで完結することは少ないものです。また、少し話を聞いただけで購入に至るということは、まずありません。さらには、意思決定に必要な情報も専門的です。

その分、SEO的な観点からも月間検索回数が大きなキーワードだけでなく、ユーザーの行動や検討に併せてキーワードを選定することが重要です。BtoBのキーワードは、BtoCに比べるとニッチ化する傾向にあります。毎月1万、2万といった検索ボリュームではなく、100を切るような、それこそ10〜20ほどしか毎月検索されないキーワードに対しても、適切に対応することが効果的です。

また、BtoBにおけるキーワード選定の難しさとして、最終的なコンバージョンに結びつきづらい点が挙げられます。検索ボリュームはあるものの、そのキーワードで検索している段階では、サービス導入までにまだ時間がかかります。そのようなキーワードがBtoBには多く存在するのです。上位の取れそうなキーワードは顧客化しづらく、一方で、顧客化しそうなキーワードは、ほとんど寡占化されている。これが、BtoB企業がキーワード戦略を立てるときに直面する大きな壁です。

BtoBでSEOを実施する際には、購入者の心理状況を考慮しなければなりません。上司から調べておくように言われ、よく分からないまま検索している人もいれば、導入することは決まっていて、どこをコンペに呼ぶかという段階の人もいます。カスタマージャーニーにおけるあらゆるステージの人がアクセスしてくることを念頭に置いて、SEOをすることが必要です。

また、決済権限をもっているかなど、担当者の立場によってもキーワード選定は変わります。それぞれの立場によって見るべきコンテンツは異なるし、どれがコンバージョンポイントになるのかも異なるのです。可能な限り、購入者の心理状況に合わせた形で提供できるような工夫が求められます。

成約した顧客に購入の決め手を直接聞き、そこから逆算するのも有効です。購入者が選ぶプロセスの中にコンテンツを適切な形で配備していく。これが大きなフレームになります。事前に調査した3C分析を活かして、ユーザーがサイトに訪問するまでの流れと、サイトに訪問したあとの流れを「ファネル」でイメージしてみましょう。

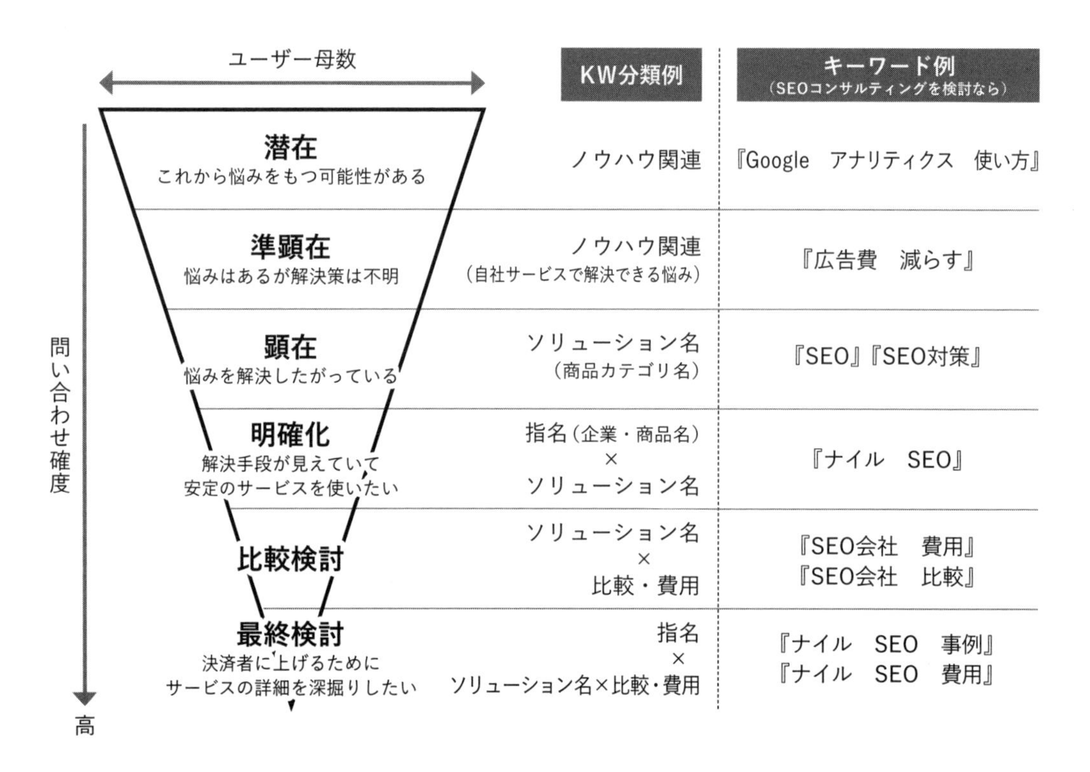

筆者の所属する企業で使用しているファネルを図示します。下に行くにつれてユーザー数が減り、導入につながる可能性が高いユーザーに絞られていきます。

SEOを行うときは、まず1番上の潜在層に狙いを定めるケースが多いですが、比較検討層・最終検討層のフェーズで"機会損失が起きていないか"をチェックすることも忘れてはいけません。

チェックする際には、特定のキーワードで検索した際に「問題なく結果に表示されているか？」「上位にきているか？」ということを見ていきます。

見るべきキーワードは次のとおりです。

- **指名検索（サービス名・会社名）、指名×費用・事例**
- **ソリューション名（サービス）、ソリューション×比較**
- **課題キーワード（サイト 使いにくい、サイト リニューアル）**
- **ノウハウキーワード**

ここからは、それぞれのキーワードに対して行うSEOを考えていきましょう。

最優先でチェックするのは、指名検索

BtoBにおいて、指名検索を監視しておくことは重要です。指名検索を行うユーザーは他社との比較がほぼ済んでおり、社名で検索してより詳細な情報を得ようとしている段階にあります。また、SEOに限らず、イベントや展示会、口コミなどで聞いた際に検索されるケースがあるため、サービス名や社名は確実に取るべきキーワードです。

社名で検索すれば、当然自社のサイトがトップに表示されると思うかもしれません。しかし、実はそうでもないのです。最近は多数のサービスを紹介している比較サイトなど、他社のサイトでも上位に表示されることが多いため、正式名称、カタカナ、略称などで検索し、検索結果をしっかり確認しておきましょう[※3]。

基本的なことですが、社名が横文字の場合、英語ではなくカタカナで社名を載せておかなければ、社名で検索しても求人サイトしか出てこないことがあります。Webデザイン会社や制作会社の中には、こういった知見がないこともあるため、注意が必要です。せっかく指名検索されているのに自社のサイトが検索結果に表示されないのは、非常にもったいないです。

また、近年では、検索結果に位置情報が強く反映されるようになりました。例えば「Web制作」で検索すると、検索者のいる場所の付近について「○○区のWeb制作会社」の形で検索結果が表示されるのです。BtoBの中でも作業工具などを制作している会社の場合、例えばMonotaROのような大規模なBtoB向けECサイトと競合するケースもあります。

※3…※指名検索は基本的に自社サイトを上位に上げやすくなっています。もし数ページめくっても自社サイトが表示されていない場合には、SEO上で何らかの問題がある可能性が高いため、専門家やコンサルに相談してみると良いでしょう。

また、「○○株式会社 費用」のキーワードで検索した際、費用に関するページではなく会社のトップページが出てしまうこともよく起こります。自社のサイトだからと油断せず、どのキーワードで検索された際にどのページが表示されるのかを、一つひとつ見ながら対応していくことが大切です。

コンバージョンに近いキーワード：サービス名と課題キーワード

続いて、サービス名や商品名に関連するキーワードです。「サイト制作」や「SEO対策」「MA」「SFA」などサービスに関する一般名詞でのキーワードは競合も多くいるため、SEOを行う際、それなりの時間と工数が必要になります。

ただ、ニッチな商品や自社しか提供していない強みをもったサービスについては競合が少ないため、短い期間で検索上位を獲得することも可能です。例えば製造業の場合、型番などでの検索規模は少ないものの、購入意識の高さがうかがえるキーワードなので、積極的に狙うべきです。

一般的なサービス名の場合、直接的なソリューションのキーワードでのSEOは、結果が出るまでに時間がかかります。短期で結果を出したいのであれば、そのサービスにつながる課題や悩みに沿ったキーワードでの上位表示を狙うことが望ましいでしょう。先程のファネルにおける、準顕在層をターゲットにします。

では、課題や悩みのキーワードをどのように見つけ出せば良いのでしょうか？

キーワード選びというと、SEOツールなどでの抽出がよく使われますが、BtoBの場合、そもそもの検索ボリュームが少ないため、ツールだけでは抽出しきれないケースが多々あります。

大事なのは前述のとおり、「売上につながる顧客」そして「自社サイトでコンバージョンするであろうユーザーを集客すること」です。そのためには、3C分析の「Customer（市場・顧客）」分析が力を発揮します。ここでヒアリングした導入前の課題感や悩み、情報収集段階で見た情報を、定性的なデータからキーワードにして集めましょう。このとき、検索ボリュームの大小を気にする必要はありません。

すると、自社サービスにつながるキーワードが、顧客の声としてちらほら出てくるものです。そのキーワードをリストとしてまとめ、競合性や対策の優先度を決定します。

No	カテゴリ	キーワード例	キーワード数	合計検索Vol	1KWあたりの検索Vol
1	転職・求人×サイト	転職 サイト	2	87600	43800
2	転職・求人×業界	転職 金融	10	980	98
3	転職・求人×業界（IT系）	転職 Web	6	1810	302
4	転職・求人×職種（IT系）	転職 エンジニア	14	1010	72
5	転職・求人×職種（IT色が特に強いもの）	転職 ミドルウェア	8	120	15
6	転職・求人×職種（他業界にもある）	転職 プロジェクトマネージャー	26	4940	190
7	転職・求人×年齢	転職 20代	8	10680	1335
8	転職・求人×年齢の言いかえ	転職 第二新卒	8	2010	251
9	転職・求人×性別	転職 男	4	880	220
10	転職・求人×勤務地（都内）	転職 東京	16	4320	270
11	転職・求人×勤務地（都道府県）	転職 大阪	10	33040	3304
12	転職・求人×サイト比較	転職 おすすめ	16	8860	554
13	転職・求人×言語	転職 Java	16	200	13
14	転職・求人×職歴	転職 未経験	5	2640	528
15	転職・求人×回数	転職 初めて	6	960	160
16	転職・求人×転職のノウハウ	転職 履歴書	7	23460	3351
17	転職・求人×年収	転職 400万円以上	12	1010	84
18	転職・求人×企業規模	転職 大手	8	1180	148

比較的対策しやすい潜在層向けコンテンツ

多くのBtoB企業が「アプローチできていない層」への対策としてSEOを実施しています。近年ではオウンドメディアを構築し、コンテンツを製作することで自社サービスの潜在層へアプローチを図る企業も増えています。

この対策のメリットは、**キーワードの幅が広く収入の母数を拡大できる**ことにあります。ただし、ファネルの一番上の層にアプローチするため、訪問後に離脱するユーザーがほとんどで、なかなか大きな効果を得ることができず、コンテンツ運用を諦めてしまうケースが多々見られます。

潜在層向けの記事を読んでいる段階では、まだコンバージョンに至らなくて当たり前。重要なのは、根気強くコンテンツ運用を続けることです。とはいえ、BtoBビジネスにおいてSEOコンテンツを作る場合、お金や時間、労力といったコストがかかっています。役立つ情報を発信することは有意義ですが、決してボランティアではありません。ですから、顧客リスト化のためにメルマガ登録フォームを設置するなど、ライトでも良いので常に何かしらのコンバージョンポイントを設けておくことが大切です。情報を提供しただけで終わりにしないことがポイントです。

また、コンテンツとは、SEOだけのために作るものではありません。読まれた先の行動も狙っていきましょう。BtoBの場合、決裁者が一人ではないため、集めた情報をチームで共有することが多々あります。部下に教えたくなるコンテンツや上司に進言したくなるコンテンツ、言いにくいことを代わりに書いてくれるようなコンテンツなど、読んだ人が社内で誰かに共有したくなるテーマを扱いましょう。社内共有を想定して記事を作成すると、担当者だけではなく決裁に関係するメンバーに自社のサービスを知ってもらえる可能性が広がります。

コンテンツを展開しはじめると、やがてダイレクトトラフィックが増えていきます。これは、読者の周囲にメールや社内チャットで情報が共有されているためです。

潜在層向けコンテンツの場合、広告と併用することで顕在層を増加させることが可能です。サイトに訪れたユーザーをリターゲティング広告によってフォローすることで「なんかこのサービスよく見るな」と認知を獲得できます。また、BtoBのニッチな分野の商材については、広告で補完することも大切です。ニッチな分野であれば、リスティング広告やリターゲティング広告もそこまで高額にならないので、丁寧に広告で補完していきましょう。

自社のサービス領域において、常に検索結果の1ページ目にサイトや広告を表示させることができれば、その領域の従事者から、「よく目にするサイトだな」と認識してもらえます。これがブランドイメージの浸透につながるのです。BtoB商材はBtoCに比べてリードタイムが長いため、普段の検索活動で常に目に触れておくことができれば、いざそのサービスを導入する段階になったとき、第一想起されやすくなります。

SEOとしては、もちろん検索結果に上位表示させることが大事です。しかし、それだけでなく、検索を通じてアクセスした後の行動もあわせて施策を考えることで、相乗効果が生まれます。検索からの流入に縛られず、幅広いマーケティングを検討していきましょう。

リライトの重要性

SEOのために新規ページを作ることは大切ですが、既存のページをリライトすることも重要です。

コンテンツとしては優良なのに、SEO上は評価されにくい書き方をしていることが多くあります。新規の記事を作らなくても、既存のページをリライトして更新することで順位が大きく上がることは、珍しくありません。リライトは非常に重要です。「新規に更新するより、書き直せ」とは、よく言われることです。

リライトをする際には、狙ったキーワードで上位表示されている記事（1～3位くらい）をチェックし、その記事よりも内容を充実させましょう。ここで大切なのは、検索エンジンへの対策という意識ではなく、「当社のページが一番顧客の役に立つようにする」という信念で作ることです。

実際、記事内にキーワードを何%入れるかといった小手先のテクニックは、効果がなくなりはじめています。ユーザーにとって有益な記事を表示するアルゴリズムに、検索エンジン側も日々改善しているのです。このコンセプトに我々も従い、「ユーザーにとって有益な記事を提供する」という観点から記事を作成しなければなりません。

キーワードによって、競合も顧客化する可能性も大きく異なってきます。これに対応するため、検索行動ごとに中間コンバージョンを設け、徐々にナーチャリングしていくとよいでしょう。それぞれのキーワードを考慮しながら、次のように「導入」「中押し」「駄目押し」と、構造的なコンテンツを作ります。

導入：マーケティングのフックとなるコンテンツ
中押し：商談に至るまでにサービスの必要性や重要性を理解してもらうためのコンテンツ
駄目押し：最終的なコンバージョンを決めるためのコンテンツ。お問い合わせフォームへの導線になる。事例記事などに多い

3-2-4 BtoBのSEO施策について

ここからはSEO入門者に向けて、具体的な施策を紹介します。SEOではクロール・インデックスを効果的・効率的に行ったり、表示速度を改善したりします。また、場合によってはエンジニアの協力が必要になる技術的な対策や、記事制作などのコンテンツ制作も行います。さらには、どのようなテーマやキーワードで記事を作成するかを決めていくキーワード戦略・コピー戦略、ユーザーが使いやすいサイトデザインなど、実に多くの施策が存在するのです。

ここでは、BtoBのSEOにおいて対策が必須となる部分と、余裕があれば対策を検討する部分とに分けて説明していきます。

技術要件を整備する意味

これからSEOを始めようとするとき、キーワードや外部リンク獲得、コンテンツ制作から考えるかもしれません。しかし、これらの対策を行ったとしても、技術要件が整備されていなければ、その施策を流入に活かすことは難しいでしょう。

サイトがSEO要件を満たせていない場合

コンテンツやリンクが増加しても、それぞれが十分に評価されない状態では本来得られるべきだったトラフィックが得られません。

**コンテンツ・リンクの増加分が
そのまま検索トラフィックに転換されない**

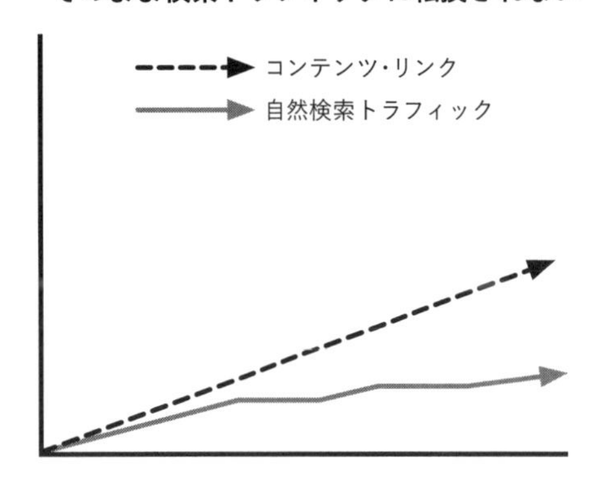

サイトがSEO要件を考慮できている場合

正しい設計が行われているサイトでは、コンテンツやリンクが増加した分、その評価をトラフィックに転換することができます。

**コンテンツ・リンクの増加分が
そのまま検索トラフィックに転換される**

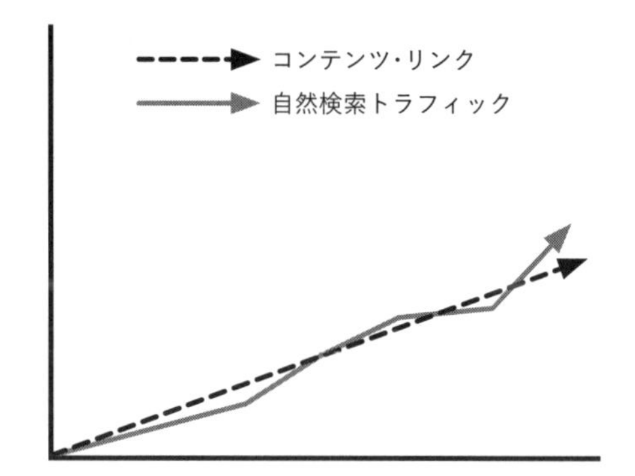

この技術要件とは、**検索エンジンがサイトをクロール・インデックスしやすいように設計すること**を指します。

クロールとは、検索エンジンが世界中のサイトの新しいコンテンツや更新されたコンテンツを見つけ、データベースに回収することです。クロールは、「クローラー」と呼ばれるロボットで行います。

インデックスとは、収集したすべてのコンテンツをデータベースに格納することです。ユーザーがキーワードを検索した際に、瞬時に検索結果を表示させるよう、整理された形式でページの情報を格納しています。インデックスは直訳すると「索引」になります。

クローラーがデータベースにコンテンツを回収する

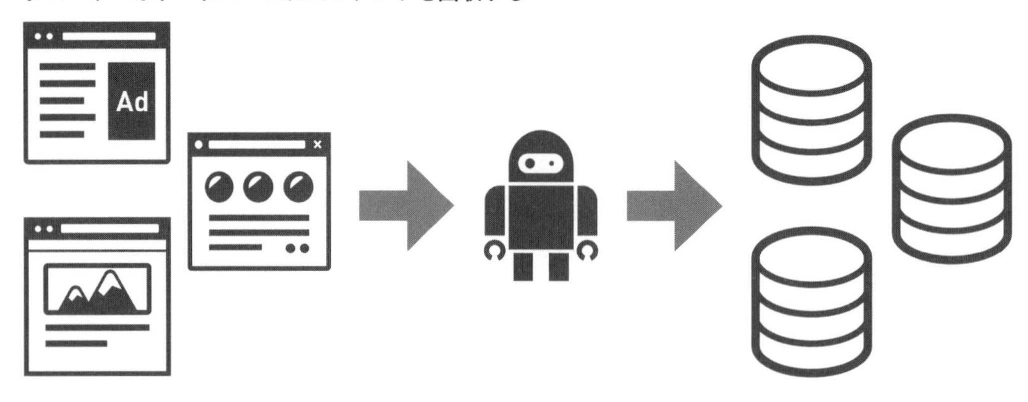

クローラーというロボットが、Web上のコンテンツを回収（クロール）し、データベースに索引をつけて整理（インデックス）している、とイメージしてください。クロールとインデックスの関係は、「図書館」に置き換えると、わかりやすくなります。

クロールによってコンテンツを集める → 図書館の本の中身を確認する
コンテンツをインデックスする → 図書館の本をジャンルごとに整理して本棚へ格納する

図書館イメージ

もし自社サイトがクロールやインデックスしづらい構造になっている場合、どれだけコンテンツを増やしても、どれほどユーザーに役立つ情報があっても、検索エンジンはそれに気づくことができません。検索エンジンがクロール、インデックスできないということは、検索エンジンがあなたのサイトや、重要なページを認識していないことになります。つまり、検索結果に表示されることはありません。

だからこそ、技術要件を最初に整えておくことが重要なのです。技術要件を整えているか、整えていないかによって、将来的な流入数が変わってしまいます。

①最低限の技術改善

自社サイトが最低限の技術的なルールを守れているか、確認しましょう。

- **noindex,canonicalは正しく設定されていますか？**
- **検索エンジンが読み込む際、時間のかかる画像やデザインはありませんか？**
- **すべてのページが内部リンクでつながっていますか？**

最低限、これらの項目は確認しておきましょう。この技術要件の改善は、ECサイトであれば上記では足りず、より踏み込んで行う必要がありますが、専門的な話になるため、本書では割愛します。

②既存ページの改善

この行程に入る前に、キーワード調査を終えておく必要があります。キーワード調査は［ユーザーの検討プロセスに合わせてファネルを考える］（119ページ）を参考にしてください。このファネルに沿ってキーワードを整理し、ファネル最下層のコンバージョンに近いキーワードから、流入を狙っていきます。

まずは、いまあるページから改善していきましょう。既存ページの改善は、工数をあまりかけずに、大きく成果を得られる可能性が高いためです。

たとえば「価格表」「事例」「比較表」など、コンバージョンに近い検索キーワードでの流入が期待できるにもかかわらず、上位表示できていないページはないでしょうか。もしあれば、そのページから改善していきます。改善のポイントを、具体的に列挙します。

- **タイトルタグを見直す**
- **内部リンクを集める**
- **コンバージョン導線の見直し**
- **テキスト量を増やす**
- **見やすいレイアウトに変更する　など**

③受け皿ページの作成

コンバージョンに近いキーワードがわかっていながら、そのキーワードを拾えるページが存在しない場合は、新たにページを作る必要があります。

新たなページを作るかどうか迷ったら「1キーワード、1URLの原則」を参考にしましょう。1つのURLでは1つのキーワードを狙ったページしか作らない、ということです。結果的に複数キーワードによる流入を獲得できるページになるケースもありますが、制作時点で狙うものではありません。新規のページは、「1キーワード、1URLの原則」にしたがって制作します。

たとえばナイルの場合は、「SEO内製」と「インハウスSEO」でそれぞれ記事を作成しています。

④コンテンツ作成

コンテンツ作成は、「③受け皿ページの作成」と取り組み内容自体は近いものになります。サービスページ側が整い、コンバージョンに近いキーワードでの流入が見込めるようになったら、大きく流入を増やすための取り組みとして、ビッグキーワードを狙ったコンテンツを作成していきます。

⑤SEOの内部技術改善

サイトのページ数が増えてきたら、改めてサイトの技術要件をチェックしておきましょう。

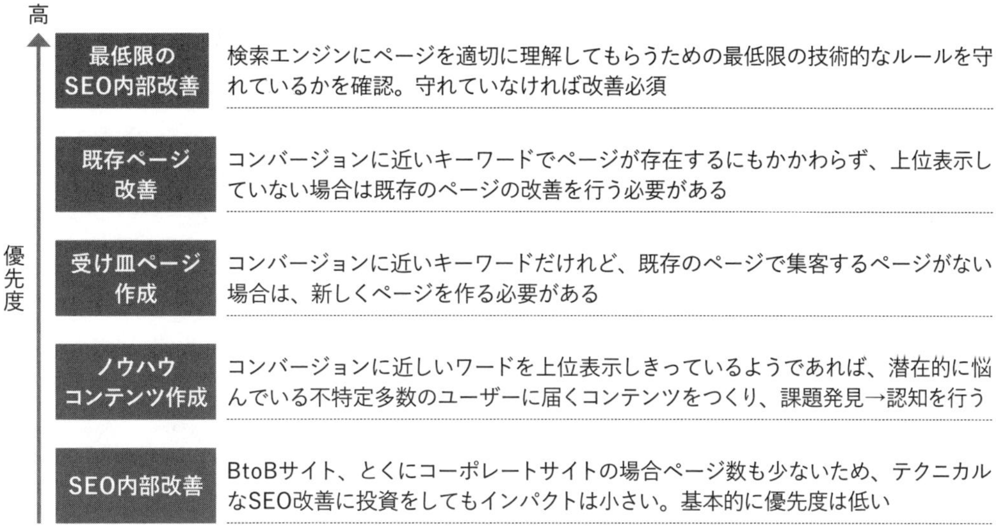

SEO施策を始めるなら今がチャンス

SEOは、効果が現れるまでにどうしても時間がかかってしまいます。しかし、以前に比べれば経営コンセンサスを取りやすくなっているでしょう。

例えば広告費用がかさんでしまい、CPAを下げたいと思っても、運用型広告で広告費を下げるのには限界があります。しかし、ナイルのお客様には、SEOに取り組んだことでCPAが10分の1になったという事例があります。このように、SEOで結果を出しているケースが増えていることから、経営層のSEOに対する理解も以前よりかなり進んだと感じています。

また、著者の企業では、1年ほどで内製化まで支援することができますが、理想を言えば、2～3年は見ておきたいところです。初めてSEOに取り組む場合、いきなり全面的にSEO対策をすることはできません。まずは、自社で「ここの部分だけはやり切る」とスコープを短く、狭く取り、そこで成果をあげていく。それを繰り返して、一つずつ変化を出していくことが大切です。

最初は順位でもセッション数でもコンバージョン数でも構いません。そのような数字が伸びていることを、取り組みの過程できちんと社内共有し、「SEOには可能性がある」と示しましょう。SEOへの期待を社内で勝ち取ることが、最初の半年～1年のステップです。経営層からSEOへの期待が高まれば、SEOの取り組みにしっかり投資してもらえるようになります。もしまだSEOに取り組んでいない場合には、新たな顧客獲得チャネルを増やすチャンスです。

検索結果のリッチ化が加速

Googleでの検索結果が変化しています。2000年代初期の頃は、タイトルとリンクが並ぶシンプルな結果表示でしたが、今では画像や動画も表示され、Google ビジネス プロフィールや強調スニペットも増えてきています。検査結果自体の情報が豊富になっているのです。

Google ビジネス プロフィール

2022年4月5日の検索結果

強調スニペット

検索結果については、自分たちでアプローチできる部分とできない部分があります。まずはアプローチできる部分から対応していきましょう。Google ビジネス プロフィールに自社の情報を登録することで、ナレッジグラフに表示される機会を得ることができます。

ナレッジグラフとは、Googleが検索したキーワードからユーザーの求めている情報を推測し、関連情報を表示する機能のことです。検索結果の上位に表示されるため、ユーザーへの訴求力が高い。

位置情報を反映した検索結果

検索キーワードによっては、検索結果は位置情報の影響を大きく受けます。検索した人の近隣の情報が検索結果に反映されます。全国展開している企業の場合、位置情報はとくに注意が必要です。例えばSEOの担当者が東京にしかいなければ、検索結果の検証は東京で行われます。すると、東京におけるSEO対策は万全でも、地方の支店での検査結果には他社が出るという事態になりかねません。

どのキーワードで位置情報の影響を受けるのかを把握することが重要です。ここで有効な打ち手となるのが、Google ビジネス プロフィールの運用です。Google ビジネス プロフィールとは、自社の情報を登録することでGoogle検索やGoogleマップに情報を表示させることができる無料ツールのことです。事業所ごと、支店ごとにGoogle ビジネス プロフィールへ登録しておくことをおすすめします。ただし、Google ビジネス プロフィールは、悪質なレビューを書き込まれてしまうリスクもあるため、注意が必要です。

画像検索、動画検索

ユーザーの検索行動として画像検索が増えています。BtoBにおいても、図解情報がほしいときなどに画像検索が用いられます。今は画像やデータが検索結果に表示されるようになったため、テキスト以外の情報を見たいユーザーのニーズにも応えることが、SEO施策として有効になりつつあります。

画像自体もある程度認識されていると言われていますが、基本的には前後のテキスト情報やページ全体の内容から画像を認識していると考えられています。Googleなどの検索エンジンでは、クローラーと呼ばれるシステムがWebサイトを巡回し、ページを収集、その情報を元に検索結果を表示します。

しかし、コンテンツをクロールされないように制御する「robots.txt」というファイルによって、クローラーの巡回をブロックしていることがあります。まずは、画像を検索エンジンがクロールできる状態にしておくことが、有効な施策です。

▶ 著者：飯髙 悠太

3-3 SNS

SNSは企業にとってあまり有利なフィールドではありません。ユーザー同士がつながる場所にBtoBの公式アカウントが入り込むのはかなり難しいでしょう。SNSでの情報収集において重要なのは、「誰が言っているのか」ということです。マーケティングについてはAさん、Web制作のことについてはBさんと、発信者に注目して情報を得ます。そこに、公式アカウントという概念は基本的に存在しません。

近年、BtoB企業では社員アカウントとしてSNSを運営させる動きが活発です。社員アカウントでSNSを運営する際、例えばプロフィール画像の背景を統一したり、自己紹介欄に社名を入れたりするケースが多く見られます。このような対応も大切ですが、これだけでは不十分です。SNSを使いさえすれば良いというわけではありません。プロフィール画像をいくら統一しても、事業とまったく関係ないことばかり投稿していたのでは、会社のことを想起させることはできないでしょう。SNSは、コンテンツ力と拡散力の掛け算によって力を発揮するのです。

コラム

SNSの統一アイコン

ホットリンク では2019年はじめに、Twitterを活用しているメンバーがこのようなアイコンを使っていました。このアイコンを見ることでホットリンクが想起される。社員全員がSNSマーケティングについてツイートするので、アイコンによってホットリンクの認知度が上がることをメリットとしていました。今では、社員一人ひとりに発信力がついてきたため、統一アイコンは使用していません。

当時は前述のようなメリットがありましたが、今では多くの企業が取り入れているため差別化は難しいかもしれません。こういった施策はあくまで手法であって、タイミングによってはうまくいくこともありますが、本質的な目的達成手法はそれぞれの会社の目的から考える必要があります。

SNSには即効性がありません。SNSを運営しているからといって、すぐに「この会社に頼もうか」とはならないものです。コツコツ継続することが重要になります。SNSをフォローしてもらえれば、企業がリードを保有するのと同じように、フォロワーという顧客接点を構築できます。その後、長く情報を提供できるところが、SNSの大きな利点です。SNSにおいて「○○はいい会社だ」と口コミが出たら最高です。しかし、よほどのことがない限り、わざわざSNSで他社を褒める人などいないでしょう。

そこで重要になるのが、想起の作り方です。著者が所属する企業の場合は、一つの例としてオウンドメディアを活用しています。あるジャンルの第一人者と対談し、オウンドメディアで記事化。その記事がSNSで拡散されたときには、ホットリンクの記事として認知されることになります。SNS単独で考えてはいけません。ディストリビューションとコンテンツとの両輪が揃って、初めてマーケティング施策として機能するのです。

では、SNSにはどのようなプラットフォームがあるのかを見ていきましょう。

3-3-1 BtoB企業が活用できる主なSNSプラットフォーム

次の表は、主なSNSプラットフォームと、BtoBビジネスにおける活用性についてまとめたものです。

クチコミの起点にTwitterをオススメする理由

ソーシャルメディアの中でデータ活用がしやすいのがTwitter
→どの施策でクチコミが動いたかの検証が行える

LINE	8,000万人	拡散性 ×	データ活用 × （ダークソーシャル）
Twitter	4,500万人	拡散性 ○	データ活用 ○
Instagram	3,300万人	拡散性 △ （フォロワー数とハッシュタグに依存）	データ活用 △ （プライバシー保護のため取得可能データ減）
Facebook	2,600万人	拡散性 △ （エッジランクの影響大）	データ活用 △ （プライバシー保護のため取得可能データ減）

Facebook

Facebookはビジネスに活用しやすいSNSです。すでにアカウントをもっている人も多いでしょう。近年、Facebookのタイムラインは広告が多く掲載されるようになり、タイムライン上にユーザーの投稿の掲載枠が少なくなってきました。広告配信するプラットフォームとしての利点はあるものの、昔のような拡散性はあまり期待できません。以前は、「いいね」を押すと、その投稿が「いいね」を押した人のタイムラインに表示されていましたが、今では、シェアしなければ広がりません。

2018年、一般データ保護規則（GDPR）がEU加盟国で施行されました。FacebookはこのGDPRを含む、個人データ保護に関するEUの現行法を遵守しており、Facebookを利用する企業の立場ではクチコミデータの活用性はあまり高くありません。ただ、その中でも工夫してビジネスに生かしている企業も存在します。

Instagram

Instagramは写真や短い動画の共有を中心としたSNSです。「Instagramはハッシュタグで拡散する」と言われていますが、残念ながら、拡散に再現性は見られません。また、ジュニア層やミレニアム世代の女性が主なユーザー層で、ビジネスについて発信する文化ではありません。基本的にSNSをBtoBで使うことは難しいのですが、中でもInstagramはとくに難しくなっています。また、Facebookの傘下にあるため、クチコミデータの活用性も高くありません。

LINE

LINEは情報発信よりもメッセージのやり取りに使われることの多いSNSです。グループ機能などはあるものの、基本的には個別のやり取りに特化しており、不特定多数への拡散は見込めません。

Twitter

Twitterは最も規模の大きなSNSです。LINEのほうがユーザー数は多くなっているものの、LINEは個人間のやり取りに特化したダークソーシャルのため、ビジネスでの活用性はTwitterのほうが高くなります。Twitterの機能には「リツイート」があるので拡散性が高く、データ活用も可能です。「なぜ拡散されたのか」の裏付けを取ることができ、拡散に再現性があります。BtoB企業がSNSを使う際、キーとなるのは**拡散性**と**再現性**です。SNSマーケティングの施策を行うなら、まずは拡散性と再現性をともに満たしているTwitterを活用することをおすすめします。

多様なSNSがありますが、それぞれの特徴を知ったうえで、社風や業界特性との相性を見て、運営するプラットフォームを選択することが重要です。

3-3-2 BtoB企業のSNSアカウント

どのSNSプラットフォームを使うのかが決まったら、アカウントを作成します。企業でSNSを運営する際に、考えられるアカウントは次の3つです。

- **企業公式アカウント**
- **社長アカウント**
- **社員アカウント**

それぞれのアカウントについて、見ていきましょう。

企業公式アカウント

企業公式アカウントで発信する情報は、プレスリリースの活用やオウンドメディア更新のお知らせ、ニュースリリースなどです。「中の人」と呼ばれる公式アカウント担当者が、個性的な発信をして、話題になっている企業もあります。しかし、企業アカウントで個性を出すことは難しく、これを最初から目指すことはおすすめできません。まずは地道な情報発信から始めましょう。企業公式アカウントで積極的に情報発信したいのであれば、業界のニュースを取り上げて投稿すると良いでしょう。

BtoB企業におけるSNS公式アカウントの意義は、信頼性の担保にあります。大きな企業になると、偽アカウントが作られてしまうことがあるため、公式アカウントをもつことで偽物と区別できるようになります。とはいえ、実際に公式アカウントをもつことによる影響は、あまり大きくありません。人とのつながりがベースになっているSNSの特性上、どうしても、公式アカウントよりも個人アカウントのほうが反響は大きくなります。

社長アカウント

社長がアカウントをもち、情報発信している企業もあります。経営者のアカウントには短期間で多くのフォロワーがつきやすい傾向が見られます。しかし、社長アカウントは社長本人の適性と、どれだけSNSに前向きであるかに左右されるため、本人が気乗りしないようであれば、無理にアカウントを作る必要はないでしょう。

社員アカウント

社員個人のアカウントにおいて重要なことは､希望者に担当してもらうことです。業務ではなく｢有志｣として運営者を募りましょう。SNSは、好きでなければ続きません。SNSにおいて、最も影響力をもつのが､この社員アカウントです。顔や人柄の見える個人アカウントのほうがフォローしやすく､また､リツイートなどの反応もしやすいのです。何万人ものフォロワーをもつ公式アカウントよりも、フォロワー数千人の社員アカウントのほうがイベントなどの集客力が高いというのも、よくある話です。

これら3つのアカウントは、必ずしもすべて用意しなければいけないわけではありません。SNSの運営には、向き不向きがありますので、適した人材が確保できたアカウントについてのみ運営すべきでしょう。

SNSのプラットフォームによっては、データ活用が可能です。運営アカウントごとに効果的なデータ活用ができないか、検討しましょう。

3-3-3 SNSのデータ活用

Twitterの場合、データ活用のためのツールが複数展開されています。データ活用ツールを使うことで、自社の口コミがどのくらい出ているか、どのような人がツイートしているのかがわかります。どの属性の人がツイートしているのかがわかれば、その人達に向けた情報を発信したり、広告を配信したりできます。

データ活用ツールには、ホットリンクで提供しているもの以外にも、さまざまなツールがあります。自社の目的に合わせて、過不足のない適切なツールを選択しましょう。データ活用ツールの中には、Twitterの全量データではなく一部のサンプリングデータしか提供されていないものもあります。たとえば、ホットリンクのデータ活用ツール『BuzzSpreader powered by クチコミ@係長』では、Twitterの全量データを元にサービスも提供しています。

データ活用ツールは、使い方次第で非常に便利な武器となりますが、その便利さのあまり、近視眼的になってしまいがちです。マーケティング全体を捉えながらデータを活用するという意識を忘れないでください。

部分最適で評価をしてはいけない

多くの企業が、マーケティング施策を部分最適で評価しています。

多くの企業は部分最適で評価をしている

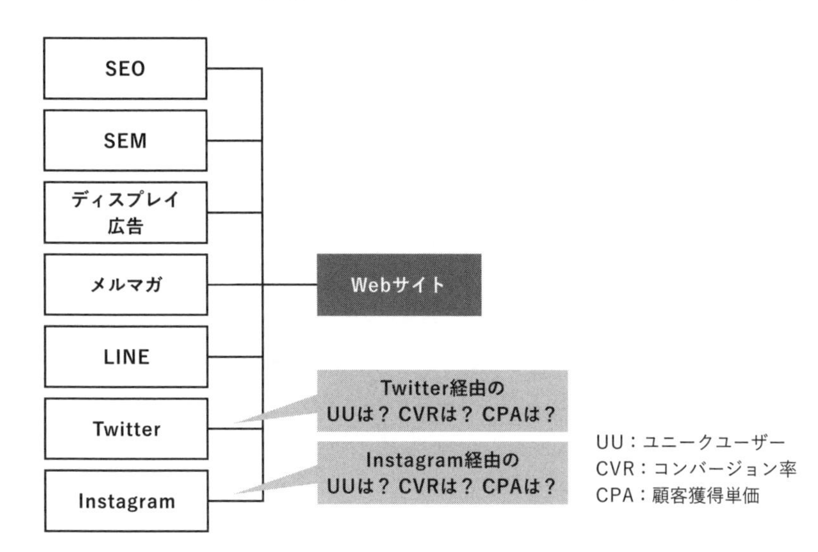

Webサイトへの流入施策にいくら投入したら何人訪問するか、そこからの問い合わせ数はどのくらいか。そこを指標にしてしまうのです。しかし、上図のSEO～LINEは顕在顧客であり、TwitterとInstagramは潜在ユーザーです。獲得単価だけで見ると、TwitterやInstagramは効率が悪いように見えてしまいますが、実は、潜在顧客にアプローチできる重要な施策なのです。

実際には、上図のようなポートフォリオで割り切れるものではなく、さまざまな施策が複雑に絡み合って影響を与え、最終的な申し込みが発生します。例えば、スニーカーを買うときに、ある人は「Instagramで商品を知って口コミを見て、店舗で商品を買った」、またある人は「店舗で商品を知って、スニーカーに詳しい友達にLINEで聞いて、公式ECで買った」とします。最後の接点は店舗と公式ECということになります。しかし、店舗や公式ECに辿り着く前に、SNSなどさまざまな媒体の情報を経由しているのです。

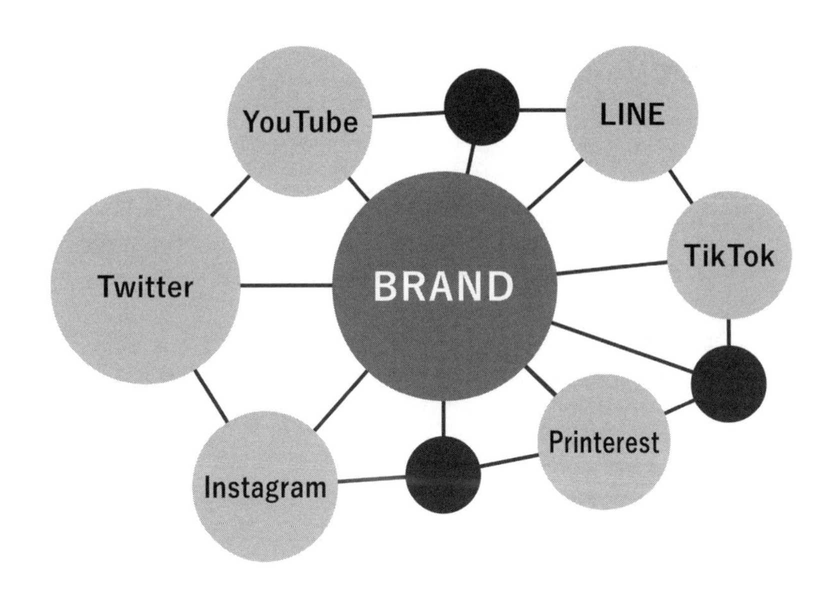

とはいえ、SNSは、あくまで情報を届けるためのプラットフォームにすぎません。コアとなるのは企業のブランドです。上図のように、常にブランドが中心にあり、手段はブランドを取り囲むように存在します。さまざまなプラットフォームを使って有益な情報を発信することで、フォロワーから、フォロワーのフォロワーへ、さらにそのフォロワーへと、情報が次々と拡散されていきます。そして、社名が認知され、ブランドができ、それによってさらにフォロワーが増え、情報が拡散されていくのです。

SNSをきっかけに流行を生み出すことができれば、取材やイベント登壇依頼が舞い込むこともあります。ほかにも、自社の専門性が知られるようになることで、他社のWeb記事の情報参照元として頼りにされるようになり、被リンクが増えGoogleの検索結果にも上位表示され、長期にわたる検索流入を生み出すことにもつながります。

Webサイト流入に対する費用対効果で見るのではなく、ブランドを中心に置き、どのような手段で集客していくかを考えていきましょう。

3-3-4 SNSで指名検索を増やす

SNS施策の大きな目的の一つに「指名検索を増やす」ことがあげられます。指名検索とは、検索エンジンに企業名やプロダクト名などの固有名詞を入力して検索することです。それに対し、一般名詞を入力して検索することを、一般検索と呼びます。インターネット検索をする際、指名検索と一般検索では、そのコンバージョンに大きな隔たりがあります。

「指名検索」というユーザー行動

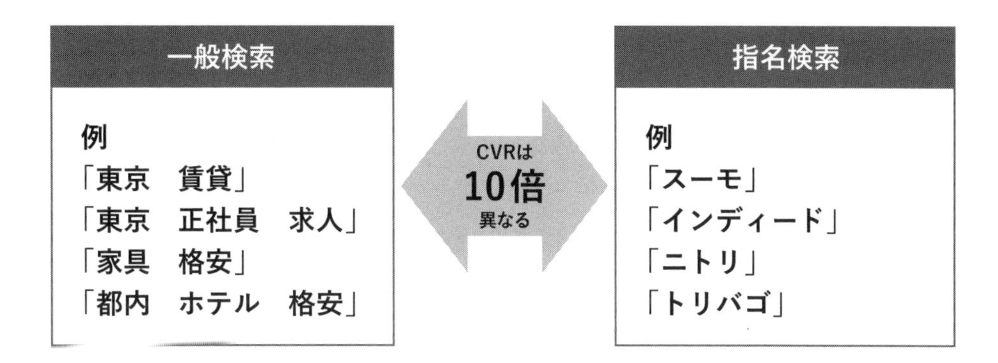

たとえば「東京　賃貸」などのキーワードで一般検索されたときと「SUUMO」のキーワードで指名検索されたときでは、コンバージョンレートに10倍の差が出ることがあります。SNSがほかのデジタルマーケティング施策と大きく異なる点は、この指名検索を増やすことができるところにあります。

SNSで口コミが広がり、指名検索につながる。SNSによって、それまで全く接点のなかったユーザーと企業が出会えるようになるのです。

「SNSは売上につながらない」という誤解

SNSを活用することによって、企業の活動に興味をもってもらうことができます。しかし、時として「SNS活用は認知度の向上には役立つかもしれないが、売上にはつながらない」と言われることがあります。実際のところは、SNS活用がうまくいけば売上に貢献します。しかし、その貢献がとても認識しづらくなっています。というのも、SNSから直接コンバージョンすることは少ないからです。

BtoBの場合、SNSに投稿されたリンクをクリックしてそのまま成約ということは、まず起こりません。SNSで商品やサービス、あるいは投稿者自身に興味をもち、アカウントをフォローする。その後、インターネット検索して資料請求することもあれば、しばらくそのままでフォローした情報を流し読みすることもある。また、SNSで興味をもったことなどすっかり忘れてしまい、しばらく経ってからふと思い出して問い合わせることもあるでしょう。

認知のきっかけがSNSであったとしても、その後に検索エンジンなどを経由すると、自然検索経由によるコンバージョンとしてカウントされてしまいます。しかし、SNSは、成約に間接的な影響を与えているのです。

口コミと指名検索と売上は連動する

図は、口コミと指名検索、売上について調べたものです。

売り上げとの相関：支援クライアントより

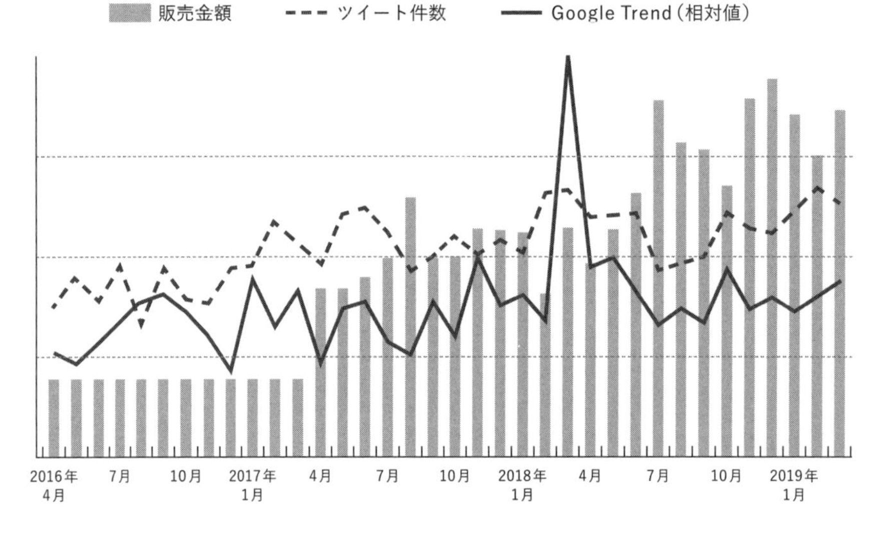

※Googleトレンドおよび日経POSのデータを活用

実線の折れ線グラフが口コミ数、破線の折れ線グラフはブランド検索数、棒グラフは売上です。これはBtoC企業のデータではありますが、それぞれの相関に気づくでしょう。バズが起きて、一ヵ所だけ実線のデータが突出していますが、それ以外については実線と破線の折れ線グラフが見事に連動しています。また、売上をみると、折れ線グラフからやや遅れて後追いしていることがわかります（売上が多少上下しているのは、季節要因のある商品のため）。

このようにして、クチコミによって商品に対する興味関心が生まれ、その興味関心を満たそうと指名検索の行動が生まれ、商品に納得すれば購入するといった一連の購買行動につながっているのです。

BtoBにおけるSNS活用事例～SNSと流入～

図は、ホットリンクのメディア露出とツイート数、自然検索数をまとめたもので、SNSと流入の相関が見て取れます。

ホットリンクのUGCとメディア露出件数のグラフ

11月度	12月度	1月度	2月度	3月度	4月度（15日まで）
RT含む：230	RT含む：190	RT含む：390	RT含む：790	RT含む：940	RT含む：830
オーガニック：190	オーガニック：160	オーガニック：210	オーガニック：240	オーガニック：430	オーガニック：490

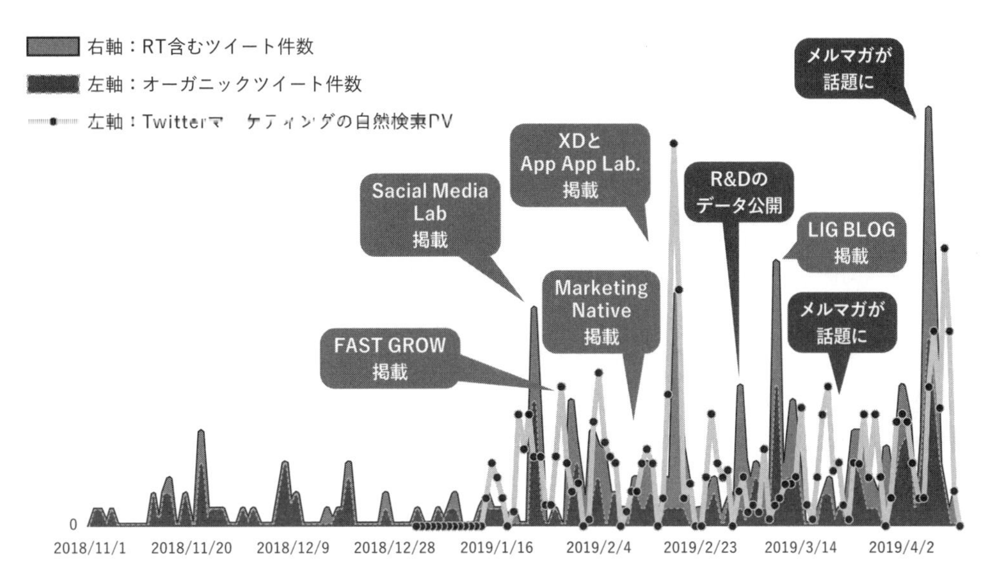

・オーガニックツイート数は10%サンプリングから取得。10倍して算出。
・グレーの実線は弊社ツイッターメニューの自然検索訪問数。記載の数値は相対値の例。

2018年まではWebメディア露出やオウンドメディア活用、社員のTwitter活用などはしておらず、2019年から積極的に取り組みはじめました。図中の黒線のグラフはリツイートも含むツイート数、破線はオーガニックツイート（広告ではない純粋な口コミ）数、グレーの線はホットリンクWebサイトへの自然検索PVを表しています。

SNSの活用やメディア露出に取り組むことで、オーガニックツイート（黒線）がされます。そして、自社サービスページへの自然検索流入（グレーの線）は、オーガニックツイートに相関した動きを見せています。つまり、広告やSEO対策ではなく、「ホットリンク　SNSマーケティング」といった検索でユーザーが訪れているのです。

もともとのツイート数は、月間160～190件でした。これが、SNSマーケティング施策を行うことで、1000件以上に伸びました。実線と破線のグラフについては「ホットリンク」とツイートしている数を計測しています。メディアに取り上げられると、ここが上がります。そして、最も大切なのは点線のグラフです。これは「ホットリンク」というキーワードで検索された数です。以前は皆無であった指名検索数が、SNSマーケティング施策を行うことで、ここまで伸びました。行ったアクションといえば、社員によるTwitter運用、オウンドメディアの充実、イベント登壇、そして各種メディア媒体への露出と、広告費をかけない活動ばかり。このような施策を仕掛けることによって、ここまで結果を出すことができるのです。

指名検索が増えれば、当然、問い合わせも増えます。SNSマーケティング施策を行う前と後では、半年で月の獲得リード数は約8倍にまで膨れ上がりました。弊社は、2019年から広告費用を増やしていませんが、問い合わせが増え、売上にも貢献しています。

問い合わせ窓口としてのSNS

SNSは、情報発信のツールとしてだけでなく、問い合わせ窓口としても機能しています。SNSアカウントのDM（ダイレクトメッセージ）に問い合わせが届くのです。これまで取引のなかった企業にいきなり問い合わせるのは心理的なハードルが高いため、具体的な商談に入る前に、SNSで知っている社員の方にDMで連絡してみる。そのような、問い合わせハードルを下げるチャネルの一つとしての役割を、SNSが担いはじめています。SNSを上手に運用できている企業では、SNSのDM経由での問い合わせから受注に至っているケースも多々見られます。

3-3-5 KPIの設定が難しい

マーケティング施策の一環としてSNSを運営する以上、KPIを設定する必要性を感じる人も多いでしょう。しかし、SNSマーケティングの場合、ほかのマーケティング施策と比べて接点をもつ時間軸が長くなるため、成果がいつ出るのか分からず、KPI を決めづらいという難点があります。広告のようにシンプルではないので、効果測定もできません。どの発言が功を奏したのかも、かなり曖昧です。

何をKPIとすればよいのか

まだSNSを始めたばかりなら、投稿数をKPIとして設定することも有効です。また、半年でフォロワー1000人を目指すというのも、管理しやすい目標となります。「フォロワー1万人」といった高い目標を設定すると、どうしても苦しくなり、相互フォローのような安易な方法を取る人が出てしまうことがあります。フォロワーの目標値を持つのであれば、500～1000人くらいにしておくと良いでしょう。

とはいえ、フォロワー数にこだわる必要はありません。フォロワー数が多くても、集客できない人もいます。そうかと思えば、フォロワー数4000人でも著書が1万部以上売れる人もいます。フォロワーの数は単なる目安であり、大切なのはその質です。SNSの運用に慣れてきたら、もう一歩踏み込んで、ハッシュタグ投稿数や社名がどれだけ出ているのかを見ていくと良いでしょう。

しかし、あくまで重要なのは**コンテンツと拡散力の掛け算**です。SNSだけでなく、拡散される価値のあるコンテンツを充実させることも忘れてはいけません。また、SNSは数あるマーケティング施策の一つにすぎません。自社のマーケティングにおけるウィークポイントを補強することがSNSの大きな目的なのです。

KPIを定めることで本来の目的を見失ってしまうようであれば、あえてSNS施策のKPIを設定しないことも、一つの選択だといえるでしょう。とはいえ、KPIを設定しないままだと取り組むことが難しいと思いますので、おすすめの設定を列挙します。

- **SNSアカウントへのお問い合わせ数または相談数**
- **SNSからのセミナーまたはウェビナー参加数**
- **求職者からの採用応募**

SNS投稿から直接来るとは限りません。問い合せであれば商談の場で「弊社をどちらで知りましたか？」、ウェビナー参加であれば「こちらのウェビナーを知った経緯は何ですか？」といった質問を投げ、流入経路を把握しましょう。

まずはルールを決める

SNS施策において、必ずしもKPIを設定しなければならないわけではありません。しかし、SNSに初めて取り組むのであれば、ある程度ルールが必要です。まずはSNSの使い方を知らなければ話になりません。なので、最初にもつべきルールは「投稿数」が良いでしょう。たとえばTwitterであれば、「1日に10ツイートする」のように、ルールを定めておきます。数をこなすことで、使い方を体で覚えていくのです。

1日10ツイートなんて大変だ…、そう思うかもしれません。しかし、オリジナルの投稿ばかりでなくても良いのです。業界のニュースをキュレーションして投稿したり、知り合いの投稿を引用リツイートしたり。これだって1投稿です。すると、10ツイートはそこまで大変ではないことに気づくでしょう。

最初の足掛かりとして、投稿数をルール化する。そのルールに従って投稿していくと、次第に

SNSの使い方に馴染んでいきます。少し慣れてきたら、SNSでどれくらいの反応があったかを見るために、リツイートのような「反応の数」を目標にしても良いでしょう。

SNSマーケティングは効果が出るまでに時間がかかる

ここまで、SNSマーケティングのKPIやルールについて説明してきましたが、SNSマーケティングは、アカウントを作ったらすぐに成果を得られるようなものではありません。そして、その成果も、例えば登壇者としてイベントに呼ばれたり、自身の書いた記事が拡散されたりと、さまざまな要素が含まれます。最終的なゴールとして売上だけを追ってしまうと、行き詰ってしまうでしょう。

しかし、SNS運営を続けていけば、大きな資産になります。SNS施策は、成果が出はじめるまでに半年程度はかかる長期的な施策なので、必要なリソースについては、目標達成までの長いスパンで検討しなければなりません。目先の費用対効果で判断するのではなく、長期的な投資として育てることが大切です。

3-3-6 社員の抵抗感

SNSは使い方次第で大きく売上に貢献してくれるプラットフォームではありますが、BtoB企業の場合、SNSを利用しないというのも、選択肢の一つです。業種や業態、企業の文化によっては、SNSでの発信がなくても充分に回ります。

もし、SNSで発信していくことに決まったら、前述したとおり、社員には業務命令として取り組ませてはいけません。SNSは、人によって向き不向きがあります。会社としてSNSを活用に踏み切ったとしても、社員がそれについてきてくれるかどうかは、また別の問題です。

SNS活用に関しては、有志で集めることをおすすめします。有志を募り、メンバーでルールを決めましょう。もし、SNS活用をトップダウンで行うのであれば、まずはトップが率先して取り組むべきです。

いかに楽しむか

最初の段階では、「いかに楽しむか」がカギになります。そのためには、有志でメンバーを集め、ゲーム感覚でチャレンジしましょう。例えば、チーム分けをして競争してみる。どのチームが一番インプレッションを伸ばせたか、「いいね」をもらえたか、リツイートされたか、など、ポイントを決めてチームで競うと、楽しく取り組むことができます。

また、メンバーの得意領域を定めてあげることも重要です。日頃の担当業務に関する情報や得意分野についての内容のほうが、情報発信のハードルは低くなります。本人の得意分野について発信してもらうような仕組みづくりが大切です。もちろん、社員の個人アカウントであれば、趣味などについての発信をしても構いませんが、「1日3投稿するなら、二つは業務に関わることにする。一つは好きなことを投稿しても構わない」など、ルールを定めておくことをおすすめします。

まずは得意分野について楽しんで発信し、SNSのプラットフォームに慣れ、その特徴を理解しましょう。

3-3-7 ダークソーシャル

ここまで、フォロワー数などが見えやすいプラットフォームにおけるSNS活用について解説してきました。しかし、外からは見えないSNSも存在します。TwitterやInstagramのタイムラインなど、誰でもアクセスできるSNSや、そのアカウントのことを「オープンソーシャル」と呼びます。このオープンソーシャルに対し、MessengerやLINE、Slackなど、外部からアクセスできないSNSや、オフラインでの会話を「ダークソーシャル」と呼びます。

このダークソーシャルは見えない部分ではありますが、商品の購買に対して非常に大きな影響を与えます。

媒体・情報ソース別の信頼度

購買決定における影響力について「家族、友人、知人からの推薦」が最も高い

購買決定における影響力順位

	日本	アメリカ	ドイツ	オーストラリア	中国
家族、友人、知人からの推薦	1	1	1	1	1
テレビ広告	2	2	2	2	4
オンラインレビュー	3	4	4	5	5
テレビ番組や映画で話題／使用	4	7	9	6	7
再販業者のウェブサイト（Amazon.jpなど）	5	5	8	10	13
会社やブランドからの電子メール	6	10	12	9	6
メーカーのウェブサイト	7	8	5	4	10
新聞広告	8	9	6	6	11
雑誌広告	9	5	7	8	2
看板・ポスター	10	13	10	13	15
オンラインでの仲間内からの推薦	10	3	2	2	3
映画館の宣伝広告	12	11	10	11	8
ラジオ広告	13	11	13	12	12
SNSで配信される広告	13	14	14	14	9
SNS／テキストメッセージ広告	15	16	17	15	19
携帯アプリ広告	16	16	17	17	14
フォローしていない人によるツイート／投稿	16	18	15	17	15
フォローしていない会社やブランドによるツイート／投稿	16	19	19	19	18
ビデオゲーム広告	19	15	15	15	15

出典：有限責任監査法人トーマツ、デロイト トーマツ コンサルティング株式会社

購買決定における影響力を調査した結果、購買における影響力は、「家族・友人・知人からの推薦」が1位でした。これは日本だけでなく、ほかの先進諸国でも同様です。BtoBであれば、同僚や上司などからの推薦がここに該当するでしょう。広告やコンテンツももちろん重要ですが、最終的に最も影響を与えるのは、**信頼している人の言葉**です。

例えば、Webサイト制作を頼みたいとします。そのとき、友人の勤める会社が理想的なWebサイトをもっていたら、その友人に「会社のWebサイトはどこがつくったの？」と聞くでしょう。そこで「A社に依頼したよ」となれば、A社のサイトを訪問し、ほかの事例などを調べ、気になったら問い合わせをする。この動きがダークソーシャルです。当人以外には知られることのない会話を、企業としてどう想像するか。そして、どう創るか。

例えば、2014年に私が立ち上げたWebマーケティングメディアの「ferret」では、4月になると急激にPVが伸びます。これは、「ferret」が無料で用意しているマーケティング講座を、多くの企業が新入社員研修の指定講座にしているためです※。ここでアクセス解析をしても、どのページが見られているかは把握できますが、どこからアクセスされたのかは不明です。このような場合、何が起こっているのかを知りたければ、ダークソーシャルを想像するしかありません。

もちろん、どこからアクセスされたのかを調べるために、問い合わせの際、「広告」「検索」など、チェックボックスでアンケートをとることもできます。しかし、このアンケートの回答は、あくまで問い合わせ直前の行動であり、最初のきっかけがそこであるとは限りません。商談が進み、場が温まってきた段階で、改めて「弊社を知ったきっかけの一番初めはどこでしたか？」と聞いてみてください。最初のきっかけはダークソーシャルであるケースが多いことに気づくでしょう。

3-3-8 UGCを作り出す

UGCとは「User Generated Content」の略で、ユーザー生成コンテンツ、つまり、**一般ユーザーによって自発的に作られたコンテンツ**のことを指します。個人のSNSの投稿、写真、ブログ、ECサイトの商品レビューなどがUGCに該当します。

※ferretに関しては私が在籍していた時点での話です。今はメディアとしてのあり方も変わっており、記述と異なる可能性があります。

UGCが出る文脈は大きく二つ

「製品・サービス文脈」と「コミュニケーション文脈」の二つに分けられれます。商材特性に合わせて、どの文脈であれば言及してもらえそうかを踏まえ、設計していきます。

製品・サービス文脈のUGC例

「○○美味しくておすすめ」
「○○便利！」
「○○すごくいい」
「○○行ってきた」

コミュニケーション文脈のUGC例

「○○のこのCM、感動した！」
「○○の動画すごい」
「○○に出てる（タレント名）カッコいい」

UGCが発生する文脈は大きく二つあります。

製品・サービス文脈

一つ目は、製品・サービスの文脈です。例えばホットリンクの場合、「ソーシャルリスニングならクチコミ@係長」「SNSマーケと言えばホットリンクだよね」といったもの。これが最も出てほしいUGCです。しかし、このようなUGCは、BtoBにおいてほとんど起こりません。

自社で使うツールを他者に紹介するメリットがなく、場合によっては、競合に知られたくないので隠しておきたいことさえあるでしょう。

コミュニケーション文脈

二つ目は、コミュニケーション文脈でのUGCです。わかりやすいところで言うと、日清食品のカップヌードル。日清では日常で話題にあがるようなCMを実施しました。人気漫画『ONE PIECE』を使ったCMです。CM内では、一切カップヌードルの味や品質について触れていません。しかし、そのストーリーに心動かされた人達がCMを次々と拡散していきました。このような、プロダクトとは直接関係のない想起のされ方もあります。

BtoBの場合、イベントやWebプロモーションなどのコミュニケーション文脈で、UGCを発生させることができるでしょう。BtoBでは製品・サービス文脈でのUGCが発生しにくいものです。しかし、コミュニケーション文脈でのUGCが大きく起こった後であれば、自然と製品・サービス文脈でのUGCも発生しやすくなります。

ホットリンクの事例（#NEWWORLD2020）

世界は変わった。私たちは変われるか。

世界は変わってしまった。それも誰も予想していなかった方向へ。変わったものはなかなか元に戻らない。私たちは今、岐路に立っている。変われるか、変われないか。古き常識は通用しなくなり、新しい発想が求められている。悪しき慣習は必要となくなり、新しい価値が求められている。だからこそ、私たちには為すべきことがある。みんなが持つ知恵とか愛とか情熱を、今使わずしていつ使うのか。さあ新しい世界へ。新しい生き方を。新しい働き方を。新しいアイデアを。新しい世界で「私たちにできること」を、語り尽くす1週間。ニューワールド2020。オンラインで開催。

#NEWWORLD

ONLINE CONFERENCE 2020 4.22(WED)~5.1(FRI)

ホットリンクでは、2020年4月、コロナ禍における初の緊急事態宣言時に、オンラインカンファレンス『#NEWWORLD2020』を開催。「世界は変わった。私たちは変われるか。」をスローガンに、各業界をリードするゲストを招き、語ってもらいました。

『#NEWWORLD2020』はSNSを中心に大きく拡散され、7日間でのべ約4500人以上が参加、UGC数は6500以上の大盛況となりました。これは、コミュニケーション文脈でのUGCが起こった結果です。学生や美容師など、ホットリンクを知らない人達までもが多数イベントに参加。その参加者が「このイベント面白いよ」と発信してくれたからこそ、幅広く情報を届けることができたのです。

コミュニケーション文脈において大きく拡散させるためには、ただやみくもに自社の情報を発信するのではなく、「参考になる」「この話が深い」と思わず伝えたくなるようなコンテンツを練って、発信する必要があります。

SNSとは、情報を広げるディストリビューションの場です。広げるためには、その源泉となる魅力的なコンテンツや企画が欠かせないのです。

3-3-9 UGCは少人数・小エリアのつながりから発生する

SNSマーケティングと聞くと、フォロワー数の多いインフルエンサーが大きなUGCを生むと思われがちです。しかし、例えばTwitterでは、ユーザーの65%が50人以下の関係で使っています。51～300人の関係性で使っている人が25%。つまり、90%もの人が300人以下の関係性でTwitterを使っているのです。

フォロワーの質を変える（地域を超えない）

北海道

ランキング	都道府県
1位	北海道
2位	青森
3位	秋田
4位	宮城
5位	福井

岩手県

ランキング	都道府県
1位	岩手
2位	青森
3位	秋田
4位	宮城
5位	山形

東京都

ランキング	都道府県
1位	東京
2位	埼玉
3位	神奈川
4位	千葉
5位	山梨

愛知県

ランキング	都道府県
1位	愛知
2位	岐阜
3位	三重
4位	静岡
5位	福井

大阪府

ランキング	都道府県
1位	大阪
2位	奈良
3位	和歌山
4位	兵庫
5位	京都

広島県

ランキング	都道府県
1位	広島
2位	山口
3位	岡山
4位	島根
5位	鳥取

※From-To分析をした結果

東京のツイートが東京圏外へ影響を与えることはほとんどないのです

SNSはプライベートで使っている人がほとんどであり、友人の広がりを考えれば、ツイートが地域を超えないことが多いです

全国にいるユーザーの集客を促すためには、全国津々浦々でツイートをしてもらうための施策が必要です

また、SNSはプライベートで使っている人が多いため、影響を与えるエリアも近県でとどまることがほとんどです。東京でツイートされた情報は、東京、埼玉、神奈川、千葉、山梨と広がっていきますが、Twitterデータを解析すると、そのうちの90%以上を東京が占めていることがわかります。東京の人は東京に友人がいることが多いからです。これは、東京に限った話ではありません。ほかの県でも、やはりその県や隣接している県を中心として情報が届きます。

SNSでの情報の伝播の仕方は、井戸端会議のようなものです。何かのイベントに参加したいと思ったら、行ったことのある知人に聞くでしょう。この行動は、オンラインでもオフラインでも、ほとんど変わりません。

人々は今、処理しきれないほどの情報を浴びています。すると、情報の信頼性が薄れていき、だからこそ、よく知っている人からの口コミが重要になるのです。これは、ダークソーシャルについても同じことが言えます。

3-3-10 拡散は巨大なインフルエンサーが作るものではない

前述のとおり、UGCは少人数・小エリアで生まれるものですが、まだまだSNSの情報伝播は1対nの視点で考えられていることが多いようです。企業アカウントに何万人のフォロワーがいれば、そのうちの何人かが読む。そこから何%かの人がリツイートして広がっていく…。このような考え方は、SNSの実態に即していません。

1対nからN対nへの発想の転換

SNSというメディア活用の視点ポイント
「SNSアカウント運用」から「UGC活用」への転換

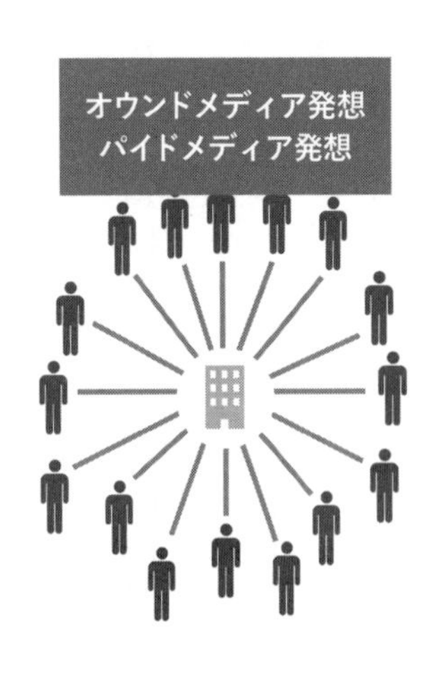

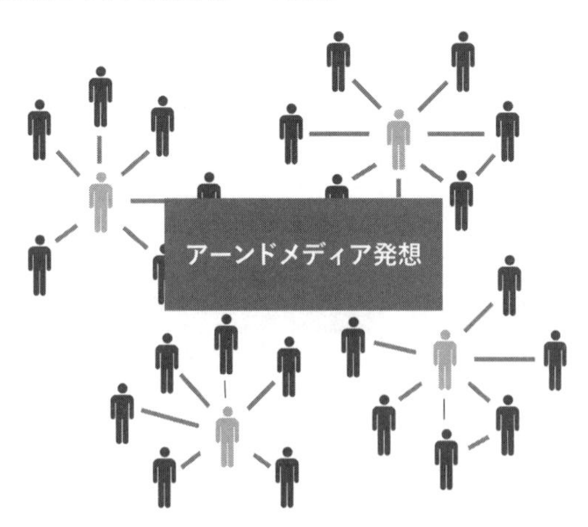

1対n での発信は、オウンドメディアやペイドメディアの発想です。SNSでは、口コミが広がることによって人を呼ぶ、n対nのアーンドメディアの発想が必要です。

SNSでは、どれだけの人が自社のことに言及しているかが重要です。これは、広告で買えるものではありません。「ホットリンクのメルマガは面白い」とSNSで話題に上がったり、イベントの参加者が自身のブログでまとめ記事をアップしてくれたり、Webメディアから取材を受けたり。このようなポイントでSNSを伸ばしていくことが重要です。

アーンドメディアがマーケティングの限界突破の鍵に

企業主体でもない、広告主体でもない
第三者の評判・言及の重要性が高まっている

アーンドメディアが活性化すると、自然発生的にクチコミが広がっていくようになるため、オーガニックで生活者の認知・興味を高められます。また他メディアの施策がアーンドメディアで話題になることで、投資効率も改善させられ、全体のマーケティングROIを改善することができます。

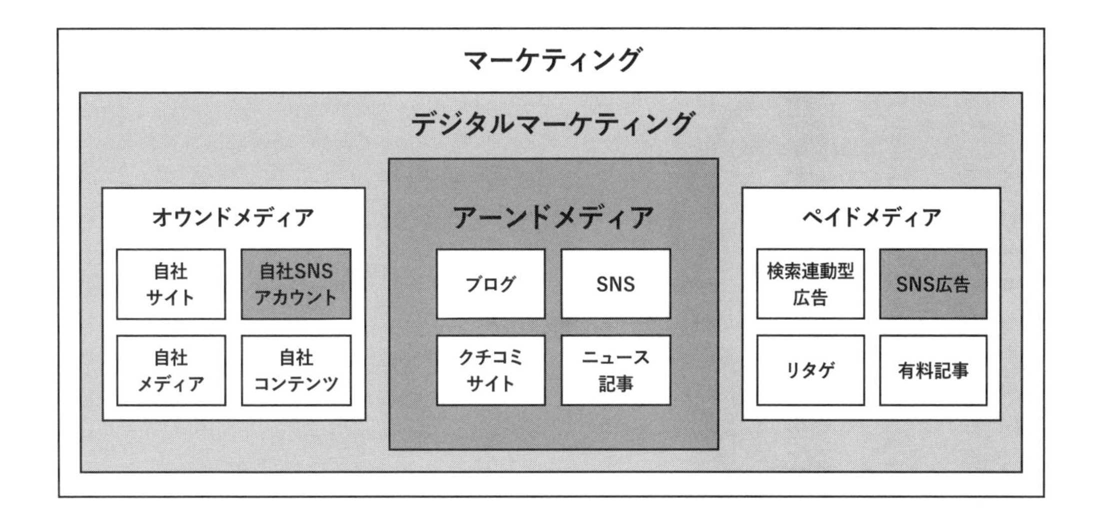

しかし、残念なことに、アーンドメディアとしてではなく、オウンドメディアに人を集めるためのツールとしてSNSを使ってしまう企業が非常に多いのが実状です。追うべき指標は、あくまでもUGC数であることを忘れないでください。

とはいえ、UGCが指名検索にどれほどのインパクトをもたらしているか、契約率に影響を与えているかについて、確実に計測することはできません。どの流入経路から来たリードが契約に至っているかを調べると、紹介や広告からが多く、SNSからの流入はほとんどないことがわかります。

しかし、紹介に至る以前に、広告をクリックする以前に、SNSが関与していることは少なくありません。契約まで至り、よい関係性を築けたクライアントがいたら、問合せをするまでの詳細についてヒアリングしてみてください。問い合わせ直前のきっかけは紹介や広告だったとしても、その紹介者がフォロワーであるとか、SNSでよく見る会社だから広告をクリックしてくれたというケースが多いことでしょう。

課題感をもって取り組んでいる企業は、ダークソーシャルから訪れることが多いものです。困っているからこそ、信頼できるリアルなつながりのある人から意見を聞くのです。

3-3-11 ULSSAS

ULSSASとは、ホットリンクが提唱するSNS時代の新・購買行動モデルです。

SNS時代の購買行動プロセス「ULSSAS」

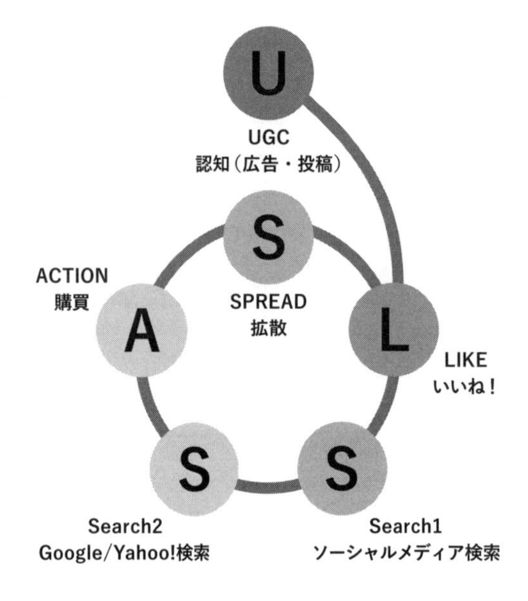

SNSが普及したことで、人々の購買行動にも変化が見られるようになりました。その結果、さまざまなプラットフォームやチャネルでUGCが発生しています。ソーシャルメディアマーケティングやSNSマーケティングと言われると、企業アカウントとフォロワーの「1対n」の関係を真っ先に想像するかもしれません。しかしより重要なのは、ユーザー同士の「N対n」の関係であり、その中で発生するUGCの活用です。

この一連のプロセスを整理し、マーケティング活動に活かせるようにしたのが、ULSSASです。ULSSASのそれぞれの頭文字の意味は下記のとおりで、ファネルの形状でなく「フライホイール（弾み車）」の構造となっています。

U：UGC（ユーザー投稿コンテンツ）
L：Like（いいね）
S：Search1（SNS検索）
S：Search2（Google/Yahoo!検索）
A：Action（購買）
S：Spread（拡散）

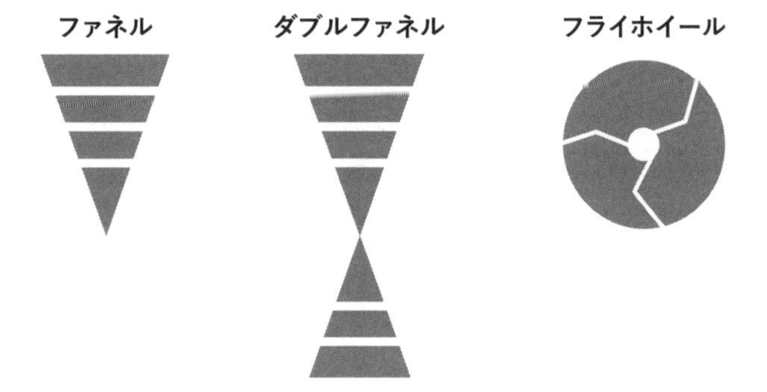

UGCを生み出す起点は、自社の投稿や広告配信です。これらにユーザーが「いいね！」を付けた後、SNS内での検索、GoogleやYahooでの検索と続き、購買、シェアと、行動が変化していきます。その行動に合わせて、UGCも次々と拡散していくのです。

このサイクルが生まれれば、UGCがUGCを生み出し、そこにまたいいねがつき、購買するユーザーが登場し、またUGCが発生し…といったように、ULSSASが自律的にぐるぐると回るようになっていきます。そうなれば、多大な広告宣伝費を投下しなくても、アテンションが継続的に自然発生するようになります。

良い商品・サービスで、ULSSASをぐるぐると回していければ、余計な広告費を投下する必要もなくなるでしょう。広告費を削減できれば、その分を原価に割くことができ、もっと良い商品・サービスを提供することにもつながります。提供価値が高まれば、それまで以上に顧客を喜ばせることができるでしょう。

従来の施策や発想にとらわれず、今の時代のユーザー行動に向き合ってマーケティング施策を遂行していくことが重要です。

3-3-12 SNS運用にあたっての注意点

SNSの運用に慣れてきた頃に陥りやすい罠があるので、ありがちな失敗について、軽く触れておきます。

過度に炎上を恐れることはない

SNS施策をするにあたって、批判や誹謗中傷が集中するいわゆる「炎上」を心配する人もいるでしょう。しかし、炎上について恐れることはありません。SNSを運営してもしなくても、炎上するリスクは変わらないからです。

何か大きな問題が起こった場合、SNSアカウントの有無にかかわらず、炎上します。大切なのは、その状況にどう対処するかです。むしろ、SNSに慣れているほうが、感度が高いため、炎上した際に素早い対応をすることができるでしょう。SNSに触れていなければ、そもそも炎上していることに気づくことができず、ボヤ程度で済むはずだった話題を大火事にしてしまいかねません。

BtoBの場合には、一般消費者の話題に上がることは滅多にないので、あまり心配する必要はないでしょう。

SNS内にばかり目を向けない

SNS施策を開始すると、どれだけ「いいね」がついたか、どれだけリツイートされたかにばかり目が向いてしまいがちです。しかし、本来の目的は、SNSで話題になることではなく、問い合わせを得ることや受注を獲得することであったはず。そこを忘れてはいけません。

SNSの中で完結するのではなく、SNS外とのつながりが重要なのです。SNSはあくまで広げるための媒体にすぎません。「SNSを使って何を広げるのか」を常に意識してください。最初はSNS内での目標設定で構いませんが、そこがクリアできるようになってきたら、SNS外のことも考えた目標設定にシフトするべきです。

オウンドメディアやnoteに記事を書いてみたり、他メディアに寄稿したり。これらのコンテンツが軸となって、またSNSが伸びていく…このように、SNS内外のつながりを考慮する必要があるでしょう。

自分を大きく見せようとしてはいけない

SNSでビジネスについて発信している若い人の中に、背伸びをしている印象を強く受けることがあります。しかし、SNSで無理をする必要はありません。むしろ、自分のありのまま、等身大であるべきです。

承認欲求を満たす場としてSNSを利用している人も多いため、自分を必要以上に大きく見せようと、「盛る」人が後を絶ちません。しかし、SNS上の印象と実際に会った際の印象がかけ離れていると、信頼を失います。企業の社員としてSNSで発信するなら、背伸びせず、かといって卑屈になることなく、自分らしい言葉を発信していきましょう。

3-3-13 SNSを成功させる組織づくり

SNS活用を成功させるためには、チームや個人にはどのような能力が必要なのでしょうか。ホットリンクでは、それらをまとめた「SNSマーケティングスキルマップ」を開発しています。

SNSマーケティングスキルマップVer1.0

SNSのトリプルメディア別活用

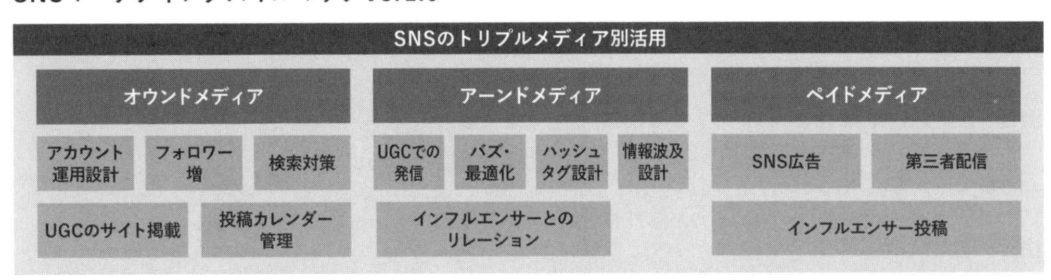

コミュニケーション

ベーススキル

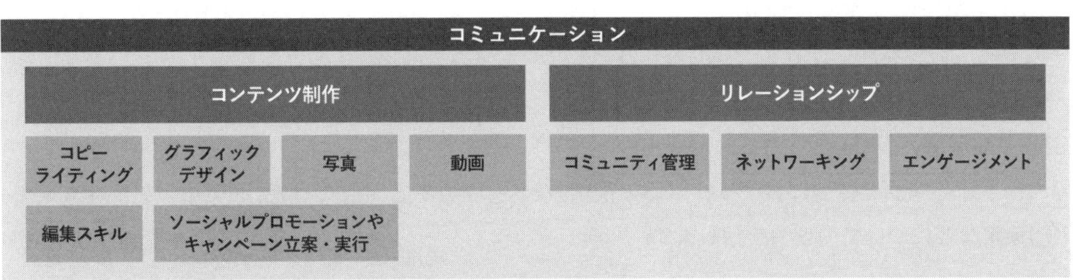

この図の見方を、「ベーススキル」「コミュニケーション」「SNSのトリプルメディア別活用」の順に解説します。

ベーススキル

ソーシャルリスニング

SNSを通じた消費者理解のことです。SNS投稿からは消費者に関するさまざまなことがわかります。SNS特有のクラスタ理解もこちらに含まれます。

炎上対策、ガイドライン整備

NGラインの整備や、万が一炎上が発生したときの対処手順を明確にしておくことで、守りを固めます。

プラットフォームの媒体特性やアルゴリズム理解

どうすればインプレッションが伸びるのか、今はどのような機能や仕組みになっているかを理解することです。SNSはアルゴリズムの変動が激しいため、キャッチアップが重要です。なお、アルゴリズムを理解しても、インプレッションを伸ばすことだけに最適化したメッセージばかりではダメです。購買意欲を刺激できなければ意味がありません。

流行・トレンド理解

世の中の流行、TwitterやInstagram特有の空気感の理解などのことです。

検証・測定技術

PDCAのCの能力です。TwitterアナリティクスやInstagramインサイトやクチコミデータなどを見ながら、仮説を検証します。SNS内外のデータや定性面も確認しておきましょう。

SNS戦略理解

マーケティング全体像における各SNSの役割設計や、注力するSNSの選定、メディアプランニング、KPI策定などについての理解を指します。

コミュニケーション

コンテンツ制作

SNSでの発信にコンテンツは必要不可欠です。昨今では動画SNSの存在感が高まっているため、テキストや写真だけでは不十分になってきました。内製できない場合には、制作会社と上手にタッグを組むときに必要なディレクション力、審美眼が求められます。

リレーションシップ

SNSは発信だけでなく、双方向のコミュニケーションや関係構築も重要です。ネットワーキングは、ネットワークを広げること。エンゲージメントはネットワークの人と深くつながることを指しています。

SNSのトリプルメディア別活用

オウンドメディア

SNSのオウンドメディア活用、いわゆる公式アカウント運用です。

アーンドメディア

UGCやPR観点での施策のことです。

ペイドメディア

SNS広告施策のことです。一般的な媒体運用としてInstagram広告やFacebook広告やTwitter広告、インフルエンサー施策などがあります。

マネージャー／メンバーのメリット

このSNSマーケティングスキルマップに沿って個々の能力を分析することで、組織の個々人の役割を明確にし、現時点で誰がどんなスキルをもっているのかが一目でわかるようになります。

マネージャーとしては、メンバーの能力の把握が容易にできるため、誰に仕事を任せるか、誰と誰を組み合わせるか、といった計画に役立てることができます。

メンバーとしては、自身に足りないスキルを把握しやすくなり、普段から学習習慣のある人なら効果的な自己学習につなげることができるでしょう。また、そうではない人にはスキルが丸裸に可視化されてしまうので、「勉強しないといけない」と危機感の醸成につなげることができます。

SNSは、BtoB企業にとって、必須のマーケティングツールではありません。しかし、その効果は計り知れず、リード獲得や売り上げ向上だけでなく、ブランド力を大きく高める要因となり得ます。短期的に結果が出るものではなく、また、その成果を数値として捉えにくいという一面はありますが、取り組むだけの価値の高い施策であることは間違いありません。

▶ 著者：安藤 健作

3-4 メールマガジン

3-4-1 BtoBに強いメールマガジン

メールマガジン（以下、メルマガ）についての話をすると「いまさらメルマガ？」という声をいただくことがあります。個人の感想としてだけではなく、さまざまなメディアなどでも「E-mail is dead.」や「これからはSNSの時代だ」とこれまで幾度となく言われてきました。しかし、実際には企業のマーケティング施策においてメルマガはいまだ欠かすことのできない存在であり、企業のメールマーケティング活動を支えるメール配信サービスの市場規模は年々増加し続けているのです。

そもそも、現在においてビジネスマンはほぼ100%個人のメールアドレスをもっています。これは、会社支給の携帯電話よりも高い普及率なのです。日本ビジネスメール協会が行った2020年の調査によると、仕事で使っている主なコミュニケーション手段の第1位は「メール」で、その割合は実に99.1%にものぼります。同調査によると、ビジネスマンが1日に行うメール送受信は、送信が平均14.06通、受信が50.12通。メールが日々いかに使用されているかが分かります。そんなビジネスマンのコミュニケーション手段の中心に、効率的にアプローチできる手段が、メルマガなのです。

また、メルマガの大きな特徴として、配信するためには受信者による事前の承諾（オプトイン）が必要であることが挙げられます。受信側の意思と無関係に配信されるプッシュ型の広告と異なり、受信側が自らの意思で承諾して受信するメルマガにおいては、配信側の企業と受信者との間には小さいながらも関係性が構築されているのです。

BtoBサービスの場合、DMU（Decision Making Unit：意思決定関与者）が複数存在するため、サービスの導入に至るまでにクリアすべき障壁が多数存在することになります。また、検討期間が長くなることで検討期間内の失注というリスクが大きくなります。

検討途中でサービス導入の熱が冷めないよう、営業メンバーは定期的に訪問したり、電話をしたりして担当者へアプローチを続けます。その際、メルマガを使って自社のもつ有益な情報を配信することで、担当者と接点を保つことができれば、他社よりも優位な立場を維持することができるでしょう。電話や訪問でのアプローチには相手側とのスケジュール調整が必要ですが、担当者のメールボックスにいつでもダイレクトにアプローチできるメルマガなら、その心配はありません。

IT業界などの一部では、メールは使わずにチャットに移行しているという話も耳にしますが、社外の人とのコミュニケーションは依然メールが主流です。例えば、展示会でチャットのIDを交換するということは、ほとんどありません。サービス導入前の情報収集において、チャットで社外の人とコミュニケーションを取ろうとすることはあまりありません。また、セキュリティに厳しい企業においてはコンプライアンスの観点からも社外の人とのチャットの利用を制限しているところもあるため、メールの代替とはなり得ないでしょう。

確かに、社内でのコミュニケーションはチャットに移行しつつありますが、社外とのコミュニケーションには、依然としてメールが有用なのです。

3-4-2 メールマガジンとメールマーケティング

これから新しくメルマガを始めようとする人に「メルマガとメールマーケティングの違い」についての質問をいただくことがありますが、メルマガを使用したマーケティング手法のことをメールマーケティングと呼びます。つまり、両者はまったくの別物ではないのです。

メルマガについて調べる人の多くは、最新の事情やテクニック、ノウハウなどについて知りたいと思っているでしょう。しかし、「メルマガ やり方」のようなキーワードで検索すると、テキストメールが主流だった時代の情報や、今となっては通用しにくい手法などが案内されているWebページが上位に表示されてしまうことがあります。これでは、なかなか知りたい情報に出会うことができません。

弊社ラクスでは、2013年にメールマーケティング専門のメディア「Mail Marketing Lab(メルラボ)」を公開しました。しかし、最近に至るまでメルマガの最新事情について弊社のメディア以外で定期的に情報発信を行っているメディアは少なく、これが検索で古い情報が目立ってしまう原因の一つとして考えられます。

また、そもそも多くの人が思い浮かべるメルマガのイメージが、一昔前のイメージのままということもあるでしょう。残念ながら、メルマガの知識のアップデートは、弊社の力だけでは難しいのです。そこで、弊社ではあえて「多くの人が思い浮かべるメルマガ」と「メールマーケティングにおけるメルマガ」を、表現上使い分けています。

例えば、区役所が区民に地域の防災情報を伝えるメルマガと、企業が売り上げ拡大のために扱うメルマガは、同じものではありません。前者では情報を広く伝えることに主眼を置いていますが、後者はメルマガを読んだ人(読者)の行動や態度に変化を与えることを目的としています。弊社では読者に情報を届けることを目的としたものを「旧来のメルマガ」、読者の態度変容を目的としたものを「メールマーケティングにおけるメルマガ」と区別しています。

	メルマガ	メールマーケティング
目的	情報を届けること	**態度変容を起こすこと**
必要なスキル	文章力・デザイン力	**分析力**
リストで重要なのは	量	**質**
得られる効果	ファン化	**売上向上**
成果が出るまでの期間	長期	**短期**

このように、メルマガとメールマーケティングではその目的が異なるため、実際にメルマガを作る担当者に求められるスキルや、重要視するポイントなども変わってきます。本項において、メルマガというワードはあくまでも「読者に態度変容を起こすためのメルマガ」についてのお話であることをご承知おきください。

3-4-3 企業におけるメールマガジンの役割

メルマガで態度変容を起こすというのは、そう単純な話ではありません。ただ配信先である見込客のリストをたくさん集め、そこに向けて購買などのアクションを促すメールを一斉送信すれば良いというわけではないのです。

マーケティング部門が獲得したリードを営業部門に渡すまでの一連の活動を「デマンドジェネレーション」と呼びます。このデマンドジェネレーションはリード（案件）を獲得する「リードジェネレーション」、リードを育成する「リードナーチャリング」、リードの質を見極める「リードクオリフィケーション」の三つに大別されます。メルマガはこの中の「リードナーチャリング」、つまりリード育成の役割を担っているのです。

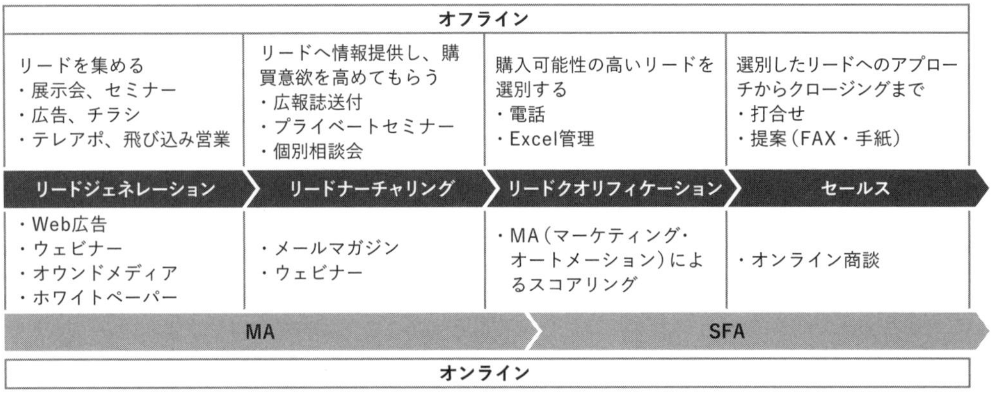

オフライン			
リードを集める ・展示会、セミナー ・広告、チラシ ・テレアポ、飛び込み営業	リードへ情報提供し、購買意欲を高めてもらう ・広報誌送付 ・プライベートセミナー ・個別相談会	購入可能性の高いリードを選別する ・電話 ・Excel管理	選別したリードへのアプローチからクロージングまで ・打合せ ・提案（FAX・手紙）
リードジェネレーション	**リードナーチャリング**	**リードクオリフィケーション**	**セールス**
・Web広告 ・ウェビナー ・オウンドメディア ・ホワイトペーパー	・メールマガジン ・ウェビナー	・MA（マーケティング・オートメーション）によるスコアリング	・オンライン商談
MA		SFA	
オンライン			

見込み客への継続的なアプローチで購買意欲を徐々に高め、商談化までつなげていくことが、リードナーチャリングです。

例えば展示会への参加者には、展示会で仕入れた情報をもとに将来的な導入を検討しようとしている、情報収集段階の方が多くいます。この人達に営業活動を行っても「まだ時期じゃないから」と断られてしまうことでしょう。そこで、サービスを導入するタイミングに差し掛かった時に真っ先に相談していただけるよう、メルマガを配信するのです。導入を検討している人に有益な情報を配信し続けることで、未来の行動を後押しする。これがメルマガの役割です。

メルマガでできること

企業がメルマガを配信する目的は、「売上向上」と「ブランディング」に二分されます。

しかし、売上向上が目的だったとしても、残念ながら、メルマガのコンテンツ（本文）内で直接資料請求などのアクションを取ってもらうことはできません。2019年頃にGmailがコンテンツ内で直接購買などのアクションができる「AMP for Gmail」という技術をリリースしましたが、導入にあたっての技術的なハードルが高く、なかなか普及していないのが現状です。メルマガでは、目的を達成するためのページ（ランディングページ）へ読者を誘導することしかできないのです。

そのため、メルマガのテクニックは、どれだけ多くの読者をランディングページへ誘導させることができるかという話が中心になります。

相手にGiveして後押しするのが基本

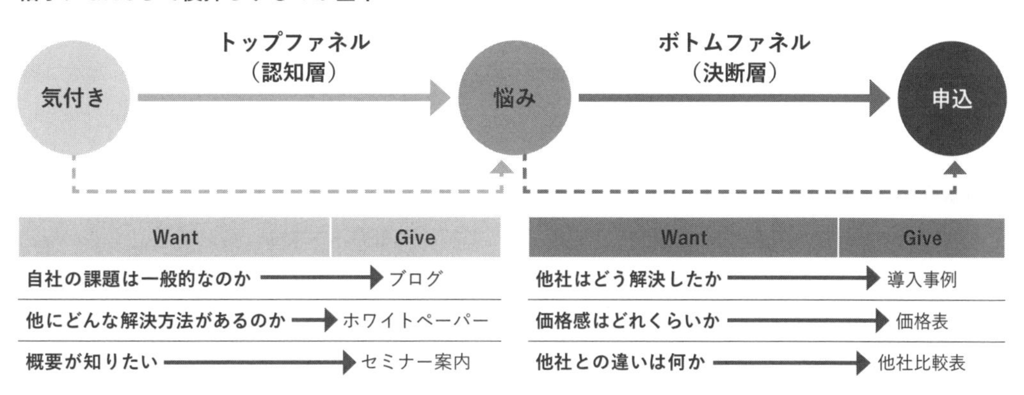

コンバージョンポイント（目的とすべきポイント）が「資料請求」である場合、一斉配信で資料請求ページへ誘導するだけでは、メルマガを活用しているとは言えません。読者が必要となる情報をコンテンツとして配信する。読者が抱える課題に対して最適な情報が載っているブログページやホワイトペーパーなどを案内する。このように、より多くの読者が資料請求ページへ到達するための工夫をすることが重要です。

また、その時にはすべての読者を一括りにして一斉配信をするのではなく、読者のサービスに対する理解度や導入の温度感などによってグループを分け、配信内容を変更することでさらなる成果を期待できるようになります。

グルーピングの仕方は様々にありますが、読者の課題感に応じたグルーピングが一般的です。例えば、マーケティング・ファネル上の入り口に近い部分にいるトップファネル層(認知層)に対しては、「自社が抱える課題は一般的な課題なのか」「どんな解決手段があるのか」というところから説明を行うことで、課題を顕在化させ、自社のサービスを導入すべき理由を与えます。

また、ファネルの出口に近いボトムファネル層(決断層)に対しては、導入事例や価格表、他社商品との比較表など、商談時によく聞かれるような内容、つまり導入に至る障壁の部分を打ち壊してあげるような内容を伝えると良いでしょう。

3-4-4 メールマガジンを配信するためのツール

メルマガ配信が効果的に実施できているかを知るためには、開封率やクリック率などの配信結果を把握する必要があります。配信結果から現状の課題を特定し、改善を重ねて行くことで、徐々にメルマガの精度を高めて効果につなげていくのです。

配信リストに対して同一文章のメルマガを一斉に配信するだけなら、メールソフトでもできなくはありません。しかし、配信リストをグルーピングしたうえで配信の成果を確認するためには、やはり専用のツールを導入する必要があります。しかし、専用のツールといっても幅広く存在し、選定は難しいものです。ここでは各種ツールの特徴と選び方について、説明します。

インストール型ソフトウェア

配信用のソフトウェアをパソコンにインストールして利用するタイプです。買い切り型がほとんどなので、最も安価に始めることができますが、配信するためのメールサーバは自社で用意する必要があります。メールサーバとして共用のレンタルサーバを利用する場合は、一回当たりの配信量に制限がかかっている場合がありますので注意が必要です。

また、仮に配信したメールが迷惑メールと判定された場合、解除のための各種問い合わせや手続きは自社で行う必要があります。さらに、そのドメイン(メールアドレスの@マークの右側/ホスト名)を使用したやり取りが全体的に迷惑メール判定とされてしまうため、通常の業務にも大きな影響を及ぼしかねません。

ショッピングカートシステムやCRMのオプション

ショッピングカートシステムやCRMに、有償・無償を問わず、オプションとしてメール配信機能が提供されている場合があります。システムのデータのもち方を利用してユーザーを抽出し、そのままメール配信を行えるのが特徴です。例えば、ショッピングカートシステムの場合、最近の購入者や購入金額など、いわゆるRFM分析に則ったメール配信を行うことが可能です。

一方で、メールマーケティングを行うための機能の網羅性はあまり高くありません。また、メールサーバの性能や制限事項も提供サービスによって大きく異なるため、自分たちが行いたいことが実現できるかどうかを、十分に見極める必要があります。

メール配信システム

メール配信に特化した専用のシステムで、メールサーバとともに提供されます。メールマーケティングを行うための機能が豊富で、配信に関する制限もほぼないため、一度に大量のメールを配信したり、添付ファイルを付けて配信したりすることも可能です。

クラウド型のシステムが主流で、価格は月額数千円から十数万円までと幅広い選択肢があります。機能的な違いが分かりにくいため、なかなか選定に苦労するかもしれませんが、一般的に機能面の違いよりもサポート体制の違いが価格差の大きな理由です。

サポート体制の違いについては、スポーツジムを想像してもらうと分かりやすいでしょう。

＜セルフサーブ型＞

メールマーケティングを行うための基本的な機能が用意されていますが、運用はすべて利用者に委ねられており、サポートは設定やトラブル対応といった部分のみ提供されます。

いわゆる24時間型のフィットネスジムのように、自分一人で運用できる方にとっては、月額数千円と手軽に利用できるサービスになっています。

＜フィットネススタジオ型＞

メールマーケティングの機能の提供に加え、運用について一人のサポートスタッフが複数のユーザーの導入や運用をサポートします。

フィットネススタジオのように、先生と生徒が1対ｎの関係なので、メールマーケティングを学びながら進めて行きたい場合に適しています。

<パーソナルジム型>

パーソナルジムのように、1社ずつに専任の担当者がつきます。運用についての相談だけではなく、メールマーケティングの代行までをカバーします。

特殊性の高いビジネスの場合、自分たちに合わせてカスタマイズしてくれるこちらのサービスを選択するとよいでしょう。パーソナルジム型のサービスは、アウトソースとしてメルマガ運用を任せることができるため、ナショナルクライアントに多く見られる運用方法です。

マーケティングオートメーション(MA)

メルマガを配信するためには、専用のメール配信システムを利用するほかに、マーケティングオートメーションツール(MA)を利用して行うことができます。MAならば過去のWeb上での行動記録をもとに、よりパーソナライズしたメールを出すことが可能になります。

また、メール配信システムとMAはデータを連携することができます。メールの開封やクリックしたデータをMAに連携させることで、よりホットな見込み客を見付けたり、スコアリング機能とリンクさせることで、あらかじめ設定したシナリオに沿ってメールを出し分けたりすることも可能です。

	インストール型	カートやCRMのオプション	メール配信システム			MA
			セルフサーブ型	フィットネス型	パーソナルジム型	
コスト	◎(数千円)	◎(無料が多い)	○(千円/月〜)	△(1万円/月〜)	×(十万円/月〜)	×(十万円/月〜)
メールサーバ	×(自分で用意)	△(無料で使えるが制限あり)	○(制限なし)	○(制限なし)	○(制限なし)	○(制限なし)
迷惑メール解除	×(自分で実施)	△(各社による)	○(運営が対応)	○(運営が対応)	○(運営が対応)	○(運営が対応)
効果測定	○	△(出来ないものも多い)	○	○	○	○
運用相談	×	×	×	△(セミナー形式が多い)	○(代行もある)	△(セミナー形式が多い)
Webとの連携	×	×	△(各社による)	△(各社による)	△(各社による)	○

MAかメール配信システムか

メール配信システムに比べると、MAのほうが、個々のユーザーの行動に沿った対応が可能になります。ユーザーがWebサイト上で取ったアクションに従ってメールを配信したり、コンテンツ内にレコメンドを埋め込んだりすることができ、そのユーザーに個別最適化した情報を届けやすくなっています。

しかし、MAはその名のとおりマーケティングを自動化（オートメーション）するものです。うまく自動化させるためには、大量のデータが必要だと言われています。多くのデータが集まりやすいBtoC企業であれば、MAは効果的に機能するでしょう。しかし、あまりデータの集まらないBtoB企業のメールマーケティングに関してMAをうまく機能させるためには、工夫が必要です。なお、株式会社才流 代表取締役社長の栗原康太氏によると、「月間の新規案件数が200件を超えるか否か」がMAを導入する基準であるとのことです。

一つ確実なことは、メールマーケティングだけが目的なのであれば、MAでは機能過多だということです。MAを導入しても、データマネジメントができなければ、その高度な機能を活かしきれません。そのような場合には、無理にMAを導入する必要はなく、メール配信サービスで充分でしょう。MAを選択肢に含めてメール配信サービスを選定するにあたり、まずはどれくらいの予算がかけられるのかを決定する必要があります。

得られる効果よりシステムの利用料の方が高かったなんてことにならないよう、まず許容される予算の算出を行う必要があります。予算が決まれば、どのようなメール配信システムが利用できるのかも、おおむね定まります。

なお、メールソフトのBCC機能を利用してのメルマガ配信は、絶対にやめましょう。なぜなら、BCCに入れるべきメールアドレスを「To」や「CC」に入れてしまったことによる顧客情報の流出が後を絶たないからです。「気を付ければ良いのでは？」と思うかもしれませんが、ヒューマンエラーは確実に起こります。顧客情報を流出させてしまった企業のほとんどが「気を付けていた」はず。顧客情報の流出による社会的な信用の失墜は、ビジネスを行ううえで致命的です。

3-4-5 メールマガジン配信者が理解すべき法律

BCC配信による顧客情報の流出以外にも、社会的信用の失墜を招かないよう、メルマガを配信するにあたっては、理解しておかなければいけない法律があります。

それは「特定電子メールの送信の適正化等に関する法律」、通称「特定電子メール法」です。

この法律に違反して指導に従わない場合、1年以下の懲役もしくは100万円以下の罰金（法人の場合は3,000万円以下の罰金）に処せられます。違反をした企業だけではなく、配信した行為者本人も罰せられますので、知らなかったでは済みません。詳細については、総務省や一般財団法人日本データ通信協会による「迷惑メール相談センター※1」のWebサイトをご覧ください。ここではポイントを三つ解説いたします。

※1…https://www.dekyo.or.jp/soudan/index.html

1. オプトイン

オプトインは「承諾」という意味で、事前に承諾を得た相手にしかメルマガを送ってはいけないということです。例えば、知り合いだからとか、以前に取引したことがあるからという理由で本人の承諾を得ずにメルマガを配信してはいけません。当然、名簿業者から個人のメールアドレスを購入して配信することも禁止されています。

2. オプトアウト

オプトアウトとは、オプトインの反対で「脱退」という意味です。承諾を取り消した人（メルマガの購読を解除した人）には、もうメルマガを送ってはいけないということ。脱退をさせたくないからと、メルマガのコンテンツ内に配信停止の導線を作らないなどは論外です。また、配信停止の導線を分かりにくくすることも、してはいけません。

メルマガは「読みたい人が受け取りたいと思っている時だけ配信する」というのが鉄則です。

3. 表示義務

最後が表示義務です。メルマガのコンテンツ中に、次の項目を表示することが義務付けられています。

- **送信者の氏名または名称**
- **送信者の住所**
- **苦情や問い合わせ先の電話番号/メールアドレス/URL**
- **オプトアウトの仕方や購読解除用のURL**

これらのポイントについては、必ず守らなければいけません。

3-4-6 メールマガジン制作のポイント

さて、ここまでメルマガを始めるにあたっての下準備についてお伝えしましたが、ここからは、実際にメルマガを配信し、成功するための法則について説明していきます。

メールマーケティングの成果は「配信リストの質」×「コンテンツ」×「タイミング」の三つの要素の掛け算で決まります。これが大前提です。どんなにテクニックを駆使しても、配信リストの質が低ければ成功しませんし、どんなに素晴らしい配信リストでも、タイミングを逃せば成功しません。この三つの要素が上手く掛け合わされることが、重要なのです。

また、残念ながら、メルマガのコンテンツ製作時間の長さは、結果に比例しません。先述したように、日本ビジネスメール協会が行った2020年の調査によると、ビジネスマンは1日に平均50通ほどのメールを受け取っています。なお、弊社の調査では、メールの受信者がメール1通あたりに使う時間はおおよそ7秒以内でした。つまり、1日にたくさんのメールを処理しなければいけない受信者は、メールを受け取ってから7秒以内で自分に有益かどうか、要不要を判断しているのです。

ちなみに、人が1秒間に読むことができる文字数は10文字程度と言われています。つまり、メール1通あたりに読者が認識する文字数は140文字ほど。たまに、配信側が読者に伝えたいことを文面にぎっしり書いてあるメルマガを見かけます。これは、最後まで読み切ってから態度変容を起こしてもらおうと意図しているのかもしれません。しかし、文章の核心に辿り着くまでに時間のかかるメールは、成果につながる前に閉じられてしまう可能性が高いのです。

忙しいビジネスのオンタイムに配信されるBtoB企業のメルマガの場合、用件と関係ない部分はすべて不要と捉えても構いません。きれいなイラストも要らなければ、時候の挨拶や編集後記なども要らないのです。読者が一目で要不要を判断でき、詳細を知りたければ当該ページへスムーズに移動できるよう導線が設計されている。これが、BtoB企業が配信するメルマガの基本です。

無駄なことを書かないという流れは、BtoB企業だけでなくBtoC企業においても見られます。例えば現在、海外のBtoC企業のメルマガの主流は、ファーストビュー（スクロールせずに閲覧できる範囲）で完結するように作られています。極端な例で言えば、コンテンツ内に1枚物の画像しかないメルマガも多く見かけます。例えばワンピースを着たモデルの写真が大きく載っていて、「Buy now」のボタンがあるだけ。このようなメルマガが多数あるのです。

一昔前のメルマガなら、同じカテゴリや関連するカテゴリの商品が多数並んでいたところです。ところが今では、そのスタイルのメルマガを海外ではほとんど見かけなくなってきました。これは、ハイブランドからファストファッションまで、ほぼ同じ流れになっています。シンプルで迷わせず、数秒で読める。このトレンド自体にBtoB企業もBtoC企業も関係ありません。人の情報取得行動自体が変化してきているのです。

なお、こうなると掲載する内容を厳選しなければいけないと考えるかもしれません。しかし、そうではなく、その分配信回数を増やせばいいのです。これまでワンピースとスニーカーをまとめて週1回のメルマガで配信していたのなら、今後は、ワンピースとスニーカーをそれぞれ別の日に1通ずつ配信すればいいのです。実はこの方が、最終的な成果（販売数）は上昇する傾向にあります。

また、すべてのメルマガが短くなければいけないというわけではありません。機能性やこだわりが支持の源となっているプロダクトや、芸能やスポーツチームのファンクラブの会報など、コンテンツ自体を楽しみたいという欲求を受信者がもっている場合には、長文のメルマガは依然有効です。しかし、長文のメルマガを読ませるためには、コンテンツのレイアウトや文章が重要です。これらは、書き手の文章力や表現力に結果が左右されるため、難易度は高くなります。

3-4-7 成功を左右する配信リストの質

次に、メールマーケティングで成果を出すために重要な要素（「配信リストの質」×「コンテンツ」×「タイミング」）の一つ目である「配信リストの質」について、解説します。ここでいう「質の高い配信リスト」とは「態度変容を起こす可能性がある人が多く含まれている配信リスト」のこと。つまり、配信リストとターゲットが一致していることを指します。

当然ながら、サービスに全く興味がない人達に対して、いくらメルマガを配信しても成果につながりません。それどころか「不要なメールを送ってくるな」とお叱りを受けるのが関の山でしょう。メールマーケティングを成功に導くためのテクニックをどれだけ駆使したとしても、配信リストの質が低ければ何も意味を成さないのです。

配信リストの質を高めるためにまず重要なのは、入口と出口の設計です。入口とはメルマガ登録への導線のこと。先ほど、メルマガの登録にはオプトインが必要であるという話をしました。オプトインを経たメルマガであっても、受信者が自ら望んで登録したメルマガと、何かと引き換えに登録せざるを得なかったメルマガとでは、成果がまったく異なります。

実は、オプトインには例外があり、名刺交換した相手から承諾を得ずにメルマガを配信しても、法律に抵触しません。名刺交換という行為自体が、オプトインとみなされるのです。しかし、そのサービスに関連するイベントなどでの名刺交換ならともかく、まったく関係のないところで名刺交換しただけでメルマガに登録されてしまうのは、受信者側の望むところではないでしょう。このような行為は、企業イメージの毀損にもつながりかねません。メルマガを登録することでどのようなメリットがあるのか、またどのような情報が提供されるのかをしっかりと明示したうえで、読者を増やす努力が必要です。

なお、顧客情報を紙に記入いただいている企業もあるかと思いますが、メールアドレスは1文字間違えるだけで利用できなくなってしまいます、「0（ゼロ）」と「O（オー）」、「1（イチ）」と「l（エル）」のように見分けが困難な文字もありますので、可能な限りWeb上でのフォーム入力へ誘導しましょう。

次に出口の設計です。出口とはオプトアウト、つまり購読解除の導線のことです。メルマガが不要になったとき、すぐに解除できる導線があることは、読者の利便性を高めるだけでなく、リストの質を維持するためにも非常に重要です。

例えば子供用品を扱う企業のメルマガの場合、子供が一定の年齢に達すると、その配信先はターゲットから外れるのが自然です。しかし、ここに購読解除の導線がない場合、配信リストに占めるターゲット外の読者の割合が年々増加していくので、見た目的にはメルマガに反応する割合がどんどん落ちているように見えてしまいます。このとき、大元である配信リストの質が低下しているのに気づかず、配信タイミングやコンテンツなどメルマガ側の改善で対処しようとしても意味がありません。

メルマガはその情報が欲しい人が欲しいときにだけ受け取れる。これが自然な状態であり、もっとも効果的なのです。

ターゲットとメッセージの合致

配信リストとひとまとめに呼称していますが、配信リストの中にはさまざまな読者が存在します。まだ広く情報収集を行っている段階で、サービスについて良く知らない読者もいれば、あとはタイミングさえくれば導入しようと思っている段階の読者もいます。それを十把一絡げにしてメルマガを配信するのは、効果的とは到底言えません。

配信リストについては、読者の興味度合いによってグループを分け、そのターゲットとなるグループごとにメッセージを変更する必要があります。これを「セグメント配信」と呼びます。当然ターゲットを細かく分類してメッセージを出し分けるほど効果は出やすくなりますが、グループを細かく分ければ分けるほど、メルマガを出す工数がかさみます。週に１～２回の配信を行うとすれば、２～３グループに分けるくらいがちょうど良いでしょう。

3-4-8 メールマガジンの目標設定

メルマガの導入目的が「売上拡大」であろうと「ブランディング」であろうと、上手くいっているかを判断するためには、具体的な目標を設定する必要があります。私がメールマーケティングの導入に立ち会う際、ただ漠然と「メルマガで商品を売りたい」と相談をされることがあります。しかし、毎月1件でも受注できればいいのか、それとも1年で100件売りたいのかによって、やるべきことは全く異なります。

メールマーケティングの目的は、「態度変容」です。メルマガの配信によって、読者の行動にどのような影響を与えたのか。ここを把握する必要があるのです。

例えば、資料請求数の増加を目的としているのであれば、一回の配信によってどれくらいの読者を資料請求用のフォームに誘導させる必要があるのか、そのためにはどれくらいの読者の開封が必要なのか、といった数値を目標として具体的に設定します。

具体的な目標が設定されて、初めて、メルマガの細かなプランニングが可能になるのです。

メールマガジン配信において意識すべき指標とその改善

目標を設定するにあたり、そもそもメールマーケティングではどのような指標（KPI）が存在するのか、またそれぞれの指標についてどのような改善アクションが取れるのかを示します。メールマーケティングにおいて、実施するにあたり最低限意識すべきKPIは、図示する五つです。

メールマーケティングにおけるKPI一覧

指標名	概要	計算式	目標値
Bounce Rate（不達率）	受信リストのうち届かなかった割合	バウンス（エラーアドレス）率／配信リスト数×100	10%以下
Open Rate（開封率）	届いたメールのうち開封された割合	開封数／配信成功数×100	15%以上
CTOR（反応率）	開封されたメールのうち文中のURLがクリックされた割合	URLクリック数／開封数×100	10%以上
CTR（クリック率）	届いたメールのうち文中のURLがクリックされた割合	URLクリック数／配信成功数×100	1.5%以上
Unsubscribe Rate（講読解除率）	届いたメールのうち、講読解除（配信停止）された割合	講読解除数／配信成功数×100	0.25%以下

この五つのKPIをチェックすることで、配信リストの質と、メールを配信してからランディングページなど目的の場所に到達するまでのプロセスに問題点がなかったかを確認できるようになります。なお、これらのKPIのうち、「Bounce Rate」と「Unsubscribe Rate」は、配信の度に改善アクションが必要なものです。また、その他の「Open Rate」と「CTOR」、「CTR」については、目標値をクリアしていればその都度の改善アクションは必ずしも必要ないものになります。

前者の数値のブレは、迷惑メール判定などの配信全般に影響するものなので、対応の優先順位が高くなります。一方、後者の数値のブレは、メルマガを配信したタイミングなど個別の事象の影響による可能性もあるので、緊急性は低くなります。

メルマガ配信は1回あたりの配信コストがとても低いうえに、配信頻度がコストに影響をほぼ与えないため、何度でも配信と改善のサイクルを回すことが可能です。

それではこれから五つの指標について解説いたします。

1. **不達率(Bounce Rate)**
2. **開封率(Open Rate)**
3. **クリック率(CTR)**
4. **反応率(CTOR)**
5. **購読解除率(Unsubscribe Rate)**

1. 不達率(Bounce Rate)

配信リストのうち、エラーとなったメールアドレスが占める割合を示す指標です。配信成功率とも言います。

エラーとは、受信者側のサーバから返ってくるバウンスメールのことを指します。バウンスメールには、「メールアドレスが存在しない」というハードバウンス(永続的なエラー)と、「相手先のサーバ何かしらの都合で受け取れなかった」というソフトバウンス(一時的なエラー)の2種類があります。

ハードバウンスが返ってきたメールアドレスには、今後も届く見込みがありません。メールアドレスのスペルに間違いがないかを確認し、間違っていれば速やかに修正、間違っていなければリストから削除してしまいましょう。

ソフトバウンスで返ってきたものは、例えば相手のメールサーバが一時的にダウンしていた、もしくはそのタイミングで相手のメールボックスがいっぱいだったなどが、主な原因です。時間が経過すればまた送信できる可能性があります。とはいえ、何度もエラーとなるようであれば、どこかのタイミングでリストから削除しましょう。

一般的にこの割合が5～10%を越えると、配信したメール全体が迷惑メールとして判定される割合が高くなります。迷惑メール判定を受けてしまうと、読者全体のメールボックスに正常に届かなくなる恐れがあるので注意が必要です。

適度に精査されている配信リストを使用している場合なら、不達率が1%を越えることすら稀です。リストについては、定期的にクリーニングをするようにしましょう。

2. 開封率（Open Rate）

配信成功数（配信リスト数からバウンスメールの数を引いたもの）のうち、メールを開封した人の割合を示す指標です。メール閲覧時にHTMLメールのコンテンツ内に挿入された計測用の画像へアクセスがされるため、そのアクセスをもって「開封した」とカウントされる仕組みになっています。つまり、画像を差し込めないテキストメールや、受信者側で画像の表示を拒否している場合などは、実際に開封されたとしてもカウントされません。

開封率の平均は15%前後と言われていますが、前述したようにHTMLメールとして受信したものしか計測できないうえに、配信元と読者との関係性によっても大きく数値が異なります。開封率が1桁台の場合は、大きく改善が必要だと言えるでしょう。

読者との関係性以外に開封率に影響するものとして、次のものが挙げられます。

配信時間

読者がメールソフトを開いたときに、メール一覧の中に含まれていることが理想的です。BtoB企業ならば通勤時間帯やお昼休みの時間、BtoC企業ならば夜の20時前後の余暇時間への配信が効果的と言われています。この辺りも企業によって異なりますので、配信タイミングに悩んだときは、GoogleAnalyticsなどで自社のサイトが一番閲覧されている時間に合わせると良いでしょう。

なお、リモートワークの普及によって、BtoB企業のメルマガの開封時間に若干の変化が起きているようです。通勤時間（朝や夕方）の開封が若干減少し、お昼前（11時台）に開封する方が増加しているようです。このように、開封時間などは読者の生活スタイルの変化に影響を受けますので、都度同じ時間に配信するのではなく、適宜時間を変更するようにしましょう。

差出人名

メールの一覧画面で最初に読者の目に入るのが差出人名（Fromアドレス）です。弊社の調査データでも、メールを開封するかどうかの判断として「差出人名を確認する」と回答した人は、32.2%。これは、２番目に多い回答でした。

差出人名を設定せずメールアドレスそのままというのは論外ですが、同じように受信者の方に馴染みのない独自の名称（例えば○○通信、メルマガ○○など）を使用するのもやめるべきです。受信者が一目でどこから配信されたメルマガなのかが分かる名称を使用しましょう。

なお、BtoB企業や高額商品を扱うBtoC企業の場合、営業担当者の名前を出すことで開封率が上昇します。これは読者が差出人名を重視していることの表れですので、ぜひお試しください。

iOS15によるメールプライバシー保護機能

2021年中ごろにリリースされたApple社のiOS15では、ユーザーが「メールプライバシー保護機能」を有効にすることで、ユーザーからの開封情報が届かなくなる（計測側にはすべて開封として通知される）という変更が行われました。Apple社によるユーザー保護の一環として行われたアップデートなのですが、これによりメールマーケティングを実践している企業の数値は大きく影響を受けることになります。

配信リスト内に多くのApple社のユーザーを抱えている企業では開封率が大きく上振れ、反対に反応率は下振れすることになります。しかし、開封率については、もともとHTMLメールとして受信したユーザーしかカウントされないなど、指標として不完全なものでした。今回新たに「iOSユーザーの開封情報は計測できない」という条件が加わったことを理解しておけば、企業のメールマーケティング活動においてはそれほど影響ないでしょう。

件名

弊社の調査データで、メールの開封判断として最も多かったのが「件名」でした。件名の表示文字数は設定により異なりますが、受信環境がパソコンの場合は25文字以内、スマートフォンの場合は15文字以内に収まるようにすると、省略されずに件名全体を表示することができます。また、一般的に人は左から右に視線を動かすので、重要なキーワードは件名の冒頭に配置すると、開封率に好影響を与えることができます。

3. クリック率（CTR）

クリック率とは、配信成功数のうち、メールコンテンツ内のリンク（画像やURL）をクリックした人の割合を示す指標です。リンク部分に計測用のパラメータを付けて配信しており、HTMLメールでもテキストメールでも計測可能です。

クリックする箇所（CTA）をメールの画面をスクロールせずとも見えるファーストビューの位置に配置することで、クリック率の向上が見込めます。また、リンクはURLの直書きよりも、ボタン画像のほうが、クリックされる割合が数倍高くなります。クリックできることが一目でわかるように、影付きのボタン画像を使用することをおすすめします。

4. 反応率（CTOR）

反応率とは、開封者のうち、メールコンテンツ内のリンク（画像やURL）をクリックした人の割合を示す指標です。クリック率と似ていますが、クリック率の分母が配信成功数なのに対して、反応率の分母は開封数になります。

反応率は、件名とコンテンツの合致度を知ることができる指標です。反応率が高い場合は、件名とコンテンツの合致度が高い、つまり、読者の期待に応えられているメルマガであるということになります。

逆に反応率が低い場合は、読者の求めているメルマガを送れていないということになります。配信リストのセグメンテーションに問題がないか、メールの件名がコンテンツとかけ離れた内容になっていなかったかなど、確認する必要があるでしょう。

5. 購読解除率（Unsubscribe Rate）

購読解除率とは、配信成功数のうち、メルマガの購読を解除した人の割合を示す指標です。購読解除用のリンクをコンテンツ内に配置し、そのリンクから購読解除をした人をカウントします。

一般的には、0.25%以内なら、まず問題ありません。もし、配信回数が増えてもこれより高く出続けるようであれば、読者が期待している内容を配信できていないということなので、メルマガのコンテンツについて根本的な見直しが必要です。

また、逆に、これまでの平均値よりも極端に低く出てしまった場合、購読解除用のリンクが挿入されていない、もしくは導線がわかりにくいなど、何かしらの問題が起きている可能性があります。速やかにチェックしましょう。

目標値から逆算する

メールマーケティングで確認すべき指標の理解が進んだところで、目標値の設定方法について解説します。もちろん、目指すべき利益がメルマガ配信システムの利用料金を下回ってはいけませんが、一方で、非現実的な数値を設定することのないようにしなければなりません。

例えば、ある企業が見込み客のリストを500件もっていたとします。この企業のメール配信から受注までのプロセスが、メール配信→URLのクリック→問い合わせフォームへの入力→商談→受注という流れだった場合、この企業が週1回の配信で1件の受注を取ることは可能でしょうか。これを調べるために、まずはこの企業のメール配信以外のプロセスの指標を出してもらう必要があります。

この企業の平均的な商談後の受注率が10%だった場合、1件の受注を目指すためには10件の商談が必要です（1 ÷ 10% = 10）。

また、問い合わせフォームに入力した人の50%が商談につながる場合、問い合わせフォームでの入力完了数は20件必要です（10 ÷ 50% = 20）。

さらに、問い合わせフォームの入力完了率が50%だった場合、問い合わせフォームへの誘導は40件必要です（20 ÷ 50% = 40）。

配信リスト	クリック数	問い合わせフォーム	商談数	受注数
		入力完了率 50%	商談率 50%	受注数 10%
500件	40件	20件	10件	1件

つまり、500件の配信リストに対して1回の配信で40件のクリックが必要になるのです。これをクリック率（CTR）に直すと40 ÷ 500で8%になります。平均的なクリック率が1.5%であることを考えると、この8%がとても高い数値であると分かります。

この目標を達成するためには、「クリック率を上げる」「配信リストを増やす」「配信頻度を増やす」など、さまざまな打ち手が考えられます。しかし、そもそもこの目標が妥当なのかというところから見返す必要があります。

メールマーケティングで見るべき指標（KPI）

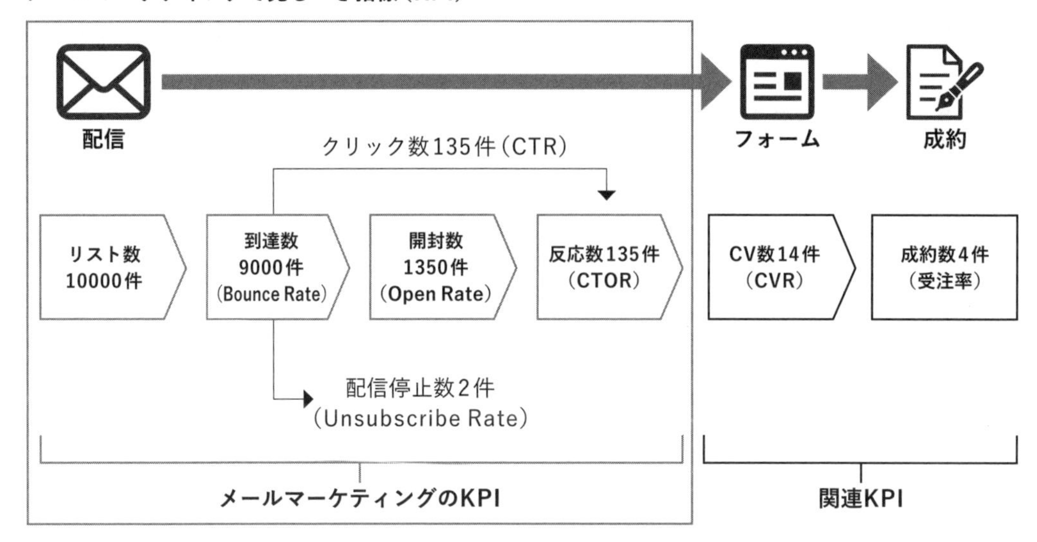

このように、設定した目標を達成するためには、目標値を各指標で割り戻し、必要なアクションを決めなければなりません。図の例は極端に単純化したモデルです。このとおりに進むことはないでしょうが、最低限このレベルで行動を管理、設定する必要があるということです。

3-4-9 メールマガジンのコンテンツ作成

目標の設定が完了したところで、次はメールマーケティングの成果の3大要素（「配信リストの質」×「コンテンツ」×「タイミング」）の一つ「コンテンツ」の解説に移ります。メルマガ配信者の共通の悩みが「ネタがない」なのではないでしょうか。

弊社とWACUL社による共同調査では、およそ7割の企業が、1回のメール配信に1時間以上の時間をかけており、その半数以上が3時間以上もの時間をかけているとのことでした。仮に週2回配信するのであれば、ほぼ丸一日をメルマガに費やしているということになります。これでは、担当者が疲弊してしまうのも無理はありません。

先述した「受信者がメール1通あたりに使う時間はおおよそ7秒以内」という調査結果を思い出してください。メルマガは7秒で確認できる分量で充分なのです。メルマガには「時候の挨拶」も「ちょっとした編集後記」も不要です。しかし、往々にして、この部分の原稿づくりに、最も時間がかかってしまうものです。

また、毎度画像を入れ込んでいるメルマガもあります。セミナーの開催案内で登壇者の顔写真を掲載するなど、コンテンツに関連する画像ならば問題ありませんが、それ以外では、まず画像は不要です。

ほかにも、コンテンツの配置などに悩むことのないよう、メルマガのフレーム自体はテンプレート化しましょう。そのテンプレートを使用することで、大幅に作業時間を削減することが可能になります。型さえできてしまえば、あとは情報を粛々と案内していくだけです。コンテンツ自体は、サービスサイトや営業資料から抜粋することもできます。営業やサポートが現場でよく聞かれることなども利用できるでしょう。

コンテンツは複数詰め込まない

メールマーケティングで成果を最大化したいなら、1メールにつき1コンテンツがおすすめです。理由は三つあります。

一つ目の理由は、何度も出ているように、メール1通に読者が使う時間は7秒ととても短いことです。

二つ目の理由は、コンテンツ内のリンクをクリックした人は再度同じメールには戻ってこないことです。これはスマートフォンでの閲覧者に顕著な傾向です。メール内のリンクをクリックして誘導先のページへ移動をした人は、移動先で行動を終えてしまいます。先ほどまで読んでいたメールに戻ってくることは、あまりありません。
また、弊社の調査では、コンテンツ内のクリック数はコンテンツの内容に関わらず、下段に行くほど半減していきました。つまり、一番上にあるリンクを20人がクリックしたとしたら、その下にあるリンクは10人、さらにその下は5人と、どんどん減少していくのです。そう考えると、二つ目以降のリンクについては別のメールのコンテンツとして再度配信した方が良いことが分かるでしょう。

三つ目の理由は、メールはタイミングがとても重要であるためです。メールの一般的な開封率は15%前後ですが、配信リストのうち、いつも決まった15%の人が開封しているのではありません。開封した人の4割以上は、前回の開封者と異なっているのです。それでも、開封率は大きく上下しません。つまり、どんなに素晴らしいメールを作ったとしても、読者とタイミングが合わなければ意味がないのです。

であれば、複数のコンテンツを1通のメールに詰め込むよりは、1メール1コンテンツにして配信回数を増やすべきでしょう。ちなみに、1通のメールに複数のコンテンツを配置し、配信の度にコンテンツの位置を入れ替えるローテーション配信というテクニックもあります。これは、読者に「同じメールが来た」と思われないような工夫が、件名とコンテンツの両方に求められる高度なテクニックです。私としては、手軽に行える1メール1コンテンツでの配信をおすすめします。

CTAはなるべく一番上に

ボタンやリンクなどのCTAはファーストビューに入れるべきだと述べましたが、さらに言うなら、押して欲しいCTAは一番上にもっていくことが重要です。これは、企業のロゴやWebサイトのグローバルナビのようなものを上部にもっていってしまうと、クリック数が分散されてしまう可能性があるためです。

また、先述したように、一度クリックした読者はもうメールに戻ってこないので、意図したリンク先でないところに誘導されてしまった場合、そのまま目的を達成せずに離脱してしまうこともあり得ます。

3-4-10 メールマガジンを配信するタイミング

さて、メールマーケティングの成果の3大要素(「配信リストの質」×「コンテンツ」×「タイミング」)の最後は「タイミング」です。弊社の調査では、受信したメールは確実に読むという人よりも「たまたま目に入ったから」「時間があったから」という理由で読む人の方が圧倒的に多くなっています。

先ほど、メルマガの配信時間については、BtoB企業なら通勤時間帯や昼休みの時間、BtoC企業なら夜の20時前後の余暇時間への配信が効果的であると述べました。これは「読者の手元にメールが読める環境(パソコンやスマートフォン)がある」と「読む時間がある」の二つの要素が絡み合った結果です。

また、メルマガの配信頻度については、最低でも週1回は配信しておきたいところです。平均的な開封率から考えると、あまりに少ない配信頻度では、メルマガの存在すら認識してもらえていない可能性があります。配信頻度を増やすと、担当者の負担も増えてしまうと思うかもしれませんが、前述したように、1メール1コンテンツであれば、1時間もかからずに作業を終えられるはずです。

また別の問題として、配信頻度を高めることで、購読解除が増えてしまうのではないかという懸念もあるでしょう。しかし、これについては心配無用です。弊社と株式会社WACULによる共同調査の結果、配信頻度と購読解除率の間に、相関関係はないことが判明しています。極端な例でいえば、毎日のように配信しても、購読解除率は高くなりません。そもそも、メールマガジンを解除するのはその情報が不要だからであり、送られてくる情報が読者のニーズと合致していれば、購読解除されることはないのです。購読解除率が高まったときには、配信頻度を見直すのではなく、読者に対して有益な情報を与えられているかを、まず疑うべきでしょう。

購読解除について

購読解除率が高くなってしまったとき、読者が求めている情報と企業が提供する情報との間にギャップがあるのではないかと考えることも重要ですが、正しい配信リストに送っているのかについても考える必要があります。

メールマーケティングで成果を出すために重要なのは、配信リストの「質」であって「量」ではありません。どんなに配信リストを集めたとしても、その中にメルマガで態度変容を起こす可能性のある人が含まれていなければ、成果が出ることはないのです。また、興味・関心度の薄い配信リストは、購読解除率が高くなることを理解しておきましょう。態度変容を起こす可能性が薄いリストにメルマガを配信し、想定以上に購読解除率が高くなったことで配信頻度を減らしてしまうのは、一番の悪手です。

メルマガの情報を要らない人は購読を解除し、情報を欲しい人が新たに加わる。このようにして、配信を重ねるごとに、リストの質は上がっていくのです。

わかりにくい購読解除

まれに、購読解除の導線をわかりづらくしているメルマガを見かけます。購読解除の導線がないことは完全に法律違反ですが、わかりづらくすることも悪質な行為です。この行為は、見かけ上の購読解除率を減らすことはできますが、それ以上に大きなしっぺ返しを食らうことになります。

購読解除の導線が見つからなかった読者は、そのメールにメールソフト上で「迷惑メールフラグ」をつけます。Gmailでいう「迷惑メールを報告」という機能です。このフラグが付けられた送信元は、Googleから大きなペナルティを受けることになり、以降のメルマガは「迷惑メール」として判定される可能性が大きく高まります。迷惑メールフィルタはさまざまな観点から迷惑メール判定をしていますが、その中でも、この「迷惑メールフラグ」はとても重視されているポイントです。送信元自体がペナルティを受けることで、報告者だけではなく、同じGmailを使っているほかの読者の通常のメールボックスにも入らず、迷惑メールフォルダへ振り分けられます。

迷惑メールとして判定されているかどうかは、送信元には通知されないため、送信側はこのことに気付くことがありません。見かけの購読解除を減らそうとして購読解除の導線をわかりにくくすると、それ以上に手痛いダメージを受けることになりますので、絶対にやめておきましょう。

3-4-11 メール配信を活用する

「配信リストの質」「コンテンツ」「タイミング」というメールマーケティングを成功させるための三つの要素について解説してきました。この三つの要素を押さえたうえでメール配信システムの機能を活用することにより、メルマガの効果をさらに向上させることができます。

ステップメール

事前に用意しておいた複数のメールを、設定した起点日をもとに、スケジュールに従って読者へ配信する機能のことを「ステップメール」と呼びます。

通常のメルマガは、読者がメルマガに登録した日にち以降のメールしか配信されません。これでは、登録したばかりの読者と長期間読み続けている読者では、受け取る情報量が異なってしまいます。しかし、ステップメールを使えば、登録したての読者に対しても、伝えたい情報を最初から順番に送ることができるようになるのです。

ステップメールを組む際のポイントは二つあります。

一つ目は、「シナリオを長くしないこと」です。シナリオとは、メールの組み合わせのこと。ステップメールを設定したら、初回の開封率などの動向を見て、その後のシナリオに修正を入れていきます。このとき、最初から長いシナリオを作ってしまうと、直す作業が大変になってしまいます。一つのシナリオあたり3～4通くらいのメールで構成しておくことをおすすめします。3～4通のメールで終わるシナリオを複数パターン作り、状況に合わせて差し替えていきます。どのシナリオが当たるか分からないので、複数のシナリオを作成し、PDCAを回していきましょう。

二つ目が、「前のメールに戻れる導線を作ること」です。作り手側としては、1通目から順番にすべてのメールに目を通してほしいと願いますが、実際には、シナリオの間に位置するメールを飛ばされてしまうことも良く起こります。ですので、読み飛ばされてしまったメールにも戻れるように、バックナンバーとして公開する。あるいは、Webサイト上に記事を用意するなどして、情報の欠落が起きないようにしましょう。

シナリオメール

ステップメールと似た機能に「シナリオメール」があります。シナリオメールでは、ステップメールを受信した読者の開封やクリックなどのアクションによって、その後に配信されるメールを変化させることが可能です。

例えば、学習塾の入塾希望者に向けたステップメールを配信したとします。そのとき、メール本文中に記載された無料体験ページへのリンクをクリックした読者は、その後、入塾テストの案内を送付するシナリオへ移行させる。クリックしなかった読者には、受験に関連する情報を提供し続ける。このような使い方ができるのです。

さらに、MAの場合は、メールに対してのアクションだけではなく、Webサイト上での行動も加味したシナリオを組むことができます。こちらもステップメール同様、入り組んだシナリオを組むためには、細かい調整が必要になります。最初のうちは、なるべく短いシナリオを組むようにして、徐々に理想の形に近づけましょう。

顧客情報との連携

ほとんどの企業では、メール配信システムにおいて、メールアドレス単体ではなく、企業名や顧客名と紐づけて管理しているはずです。つまり、配信したメルマガに対して、開封やクリックのアクションを行った人が、どの企業に所属する誰なのかを特定できるということです。

例えば、メルマガコンテンツのリンク先が、資料請求用フォームだったとします。リンク先をクリックして資料請求をした人は、フォームに情報を入力しているので、当然誰だかわかります。一方で、リンクをクリックしたけれどもフォームに入力しなかった人（つまり途中で離脱した人）についても、メール配信システム上のデータを元に、誰なのかを特定できるのです。メルマガから誘導されて資料請求フォームまでは来たけれども、何かしらの理由によって入力を完了しなかった人の情報を、営業チームに伝えることで、営業側でフォローしてもらい、取りこぼしを阻止することができます。

また、そもそもフォームへの誘導自体をやめてしまうという手もあります。例えば「資料が欲しい方はこちらをクリックしてください」というリンクがクリックされることで、クリックした人と顧客情報を突合すればいいのです。ここで、再度フォームに顧客情報を入力してもらう必要はありません。

このようにメール配信システムを賢く使うことで、より効果的なメールマーケティングが可能になります。

3-4-12 メールマガジンは継続が重要

メールマーケティングの目的は、「いかに態度変容を起こすか」にあります。しかし、態度変容を起こすレバーは読者側にあり、メルマガの役割は、その後押しをするだけであることを忘れてはいけません。2020年のコロナ禍の影響により、これまでのようにオフラインでアプローチすることが難しくなりました。近年、多くの企業がメルマガ配信を開始しています。実際に弊社も数多くのお問合せをいただいております。

しかし、メルマガを始める企業が増えるということは、ビジネスマン一人当たりが受信するメルマガの量も増えるということでもあります。これから新しく参入しようとする企業にとっては、短期的には厳しい状況となることが予想されます。

ですが、このトレンドはそう長く続かないでしょう。おそらく数年以内には、今回新しくメルマガをはじめた企業の多くがメルマガ配信を止めるものと思われます。

これは、ほとんどの企業が本項で解説したようなメールマーケティングのやり方やプロセスを理解せず、メルマガを配信することだけに目的を置いてしまっているからです。手持ちの配信リストの中にどのようなグラデーションの顧客がいるのかを吟味せず、「そのうち受注が入るだろう」といった曖昧な期待からメルマガを配信しても、その期待は裏切られるだけです。毎回何時間もかけてメルマガを作っているのにも関わらず、効果が出ているのかどうか分からない状態では、「あまり意味がなさそうだからやめようか」と、配信を止める企業が次第に増えていくでしょう。

今回、過去にメルマガを廃止した企業が、このコロナ禍でメルマガを再開したケースが多々見られました。そのような企業の担当者は、口をそろえて「メルマガを辞めずに続けていればよかった」と言っています。メルマガの配信を止めたことで、読者との関係が途切れてしまったからです。一度関係が途切れた読者に対して、再びメルマガを配信しても、すぐに元の関係に戻ることはありません。

購買などのアクションタイミングは顧客によって様々です。急ぎ必要な顧客もいれば、次回のサービスの更新のタイミングで切り替えようと思っている顧客もいます。そんな顧客との接点を欠かさないためにも、メルマガは継続が重要なのです。

計測値を気にしすぎない

メルマガを開くかどうかは、タイミングによるところが大きいため、数値は上下するものだと認識して取り組む必要があります。

例えば、あるタイミングで、開封率18%だったものが15%へと3ポイント下降したとき、その原因を解明するのは、とても困難でしょう。目標値との間に大きく乖離が出てしまったときは、当然チェックすべきですが、それ以外の場合には、あまり細かく意識し過ぎないようにしましょう。

メールマーケティングの成果は、「配信リストの質」×「コンテンツ」×「タイミング」の三つの要素の掛け算で決まります。どれか一つが優れていたとしても、その他の項目の優劣によって成果が大きく変わってしまいます。

配信を始めたら、開封率やクリック率で一喜一憂しないことです。「この数字を上げるためにはここをこう改善して…」と多くの労力をかけるぐらいなら、ほかのマーケティング施策に時間を使ったほうが良いでしょう。

それよりも、継続して配信をし続けること、さらには、配信頻度を今よりも増やすことに注力するほうが、よっぽど成果につながります。

3-4-13 BtoB企業のメルマガの今後

最後に、今後のメルマガの行く末について、私の予想を記述します。

HTMLメール形式での配信が主流に

すでにBtoC企業の大半は、表現力の高いHTMLメール形式でメルマガ配信をしていますが、今後は、BtoB企業であってもHTMLメール形式への対応が主流となるでしょう。

テキストメール形式でメルマガを送付する理由として、相手先企業がHTMLメール形式に対応していないという話もあるでしょう。しかし現在、多くの企業で、外出先でもメールが確認できるように、Webメール（メールソフトではなくブラウザ上で閲覧するメールソフト）を利用しています。そのWebメールは、HTMLメール形式でのメールの送受信が、デフォルトの設定となっているのです。

弊社では、業種別に受信環境の調査を行いましたが、9割方の企業において、メールをHTMLメール形式で受信していました。テキストメール形式でメールを受け取っている企業は、わずか1割しかいなかったのです。受信者側の企業がHTMLメール形式に対応しているのであれば、一目で情報を伝えやすく成果につながりやすい方法で出すべきです。

先述したように、HTMLメール形式のボタン画像とテキストメールのURL直書きでは、リンクのクリック数には大きな差があります。実に8倍もの差がついているのです。ちなみに、HTMLメール形式でメルマガを配信するからといって、画像やレイアウトにこだわる必要はありません。

BtoB企業の場合、基本的には、綺麗な画像などは不要です。BtoB企業でHTMLメール形式を使うのは、ビジュアライズするためではなく、見出しや文字にメリハリをつけ、リンクをボタン化して認識させやすくするためです。そういった意味では、リッチテキスト形式で、つまり文字だけでの配信でも全く問題ありません。文字サイズを14～16pt、行間を1.3行にするだけで、テキストメール形式よりも段違いに読みやすい文面ができ上がります。

あとは、誘導したいページへのリンクだけ、ボタン画像を用意しておきましょう。BtoB企業のメルマガなら、それで充分です。

動画の活用

メールマーケティングで成果を出すためには、ファーストビューでコンテンツの概要を掴めるようにレイアウトすることが大切です。しかし、どうしても伝えたい内容が一つに絞り込めない場合もあるでしょう。そんなときに活躍するのが、GIF動画です。GIF動画とは、画像をアニメーションのように連続して表示することができるものです。

ファーストビューに位置する画像をGIF動画に切り替えることで、一つのレイアウトで複数の訴求が可能になります。こちらはすでに、海外のBtoC企業が配信するメルマガでは非常にメジャーな手法となっており、多くの企業に取り入れられています。

GIF動画を使うことで、まったく異なる訴求を行うだけでなく、色違いの商品を紹介したり、角度を変えて紹介したりすることもできます。BtoB企業においては、ダウンロードできる資料を数枚チラ見せしたり、サービスの使い方を見せたりといった利用方法があります。

現在、メルマガ内での動画はアニメーション表示のGIF動画が主流ですが、今後は、YouTubeのようなムービー動画についても流行する可能性があります。ただ、動画のサイズがあまり大きくなると、表示に時間がかかったり、Gmailでは本文の一部が省略されてしまったりするので、メールのサイズは全体で90KB以内に収まるように調整しましょう。

セキュリティ認証の強化

メルマガの歴史は、迷惑メールとの闘いの歴史と言っても過言ではありません。インターネットテクノロジーの中でも比較的長期に渡って使用されているメールという技術を悪用する輩は、後を絶ちません。ISPなど各社の並々ならぬ努力によって、いまでは、多くの迷惑メールが、読者の目に入る前に迷惑メールフォルダへ隔離されるようになりました。

しかし、いまだに大きな問題となっているのが、送信元を偽って配信する「なりすましメール」です。宅急便の不在通知や大手通販会社などのサポートセンターを装ってメールを配信し、巧妙に作られた偽のサイトに誘導して個人情報を入力させるフィッシングメールについて、ニュースで目にした方も多いのではないでしょうか。

このように送信元を詐称する迷惑メールを排除するため、メルマガの送信元は、SPFやDKIM、DMARCといった正規の送信元から配信されていることを証明するための、各種認証技術を設定することが求められています。これらの設定が不十分なメールについては、スパムフィルターによって迷惑メールの可能性があると判定され、通常のメールボックスから隔離されることもあります。

これらの設定は少し複雑なので、後回しにしてしまう気持ちは分かります。しかし、せっかく配信したメルマガが迷惑メールフォルダに振り分けられてしまい、読者の目に入っていないのであれば、何の意味もありません。

迷惑メールを配信する業者は、今後も新しい手口を生み出していくことが予想されます。メールのセキュリティを担保する認証技術についても、より進化していくことは確実です。メルマガを正しく届けるためにも、最新の情報を見逃さないようにしましょう。

メールは時代遅れのツールなのか

総務省による調査では、2001年以降職場におけるインターネットの利用率は、ほぼ100%になっています。今後、この数値が減少に転じることは考えにくく、ほとんどの業種において、今よりさらにIT化が進んでいくものと思われます。現在は、入社と同時に個人のメールアドレスを付与されることが一般的です。これまで業務にインターネットを使っていなかった層が、仕事でインターネットを利用するようになることで、よりメールアドレスの発行数は増加していくでしょう。

また、BtoB企業においては、社内でのコミュニケーションツールはチャットなどのメッセージアプリに置き換わっていったとしても、社外のコミュニケーションは、メールが主流の時代がもうしばらく続くと思われます。

BtoC企業においても、SNSを使った消費者とのコミュニケーションが流行っていますが、SNSはそのSNSを利用している人としかつながることができません。しかし、メールアドレスはインターネットを利用するほぼ全員がもっているため、広くアプローチするという点では依然優位のままなのです。また、SNSのようにプラットフォーム側の仕様をさほど気にする必要がないのも、メルマガの大きな利点です。どのようなレイアウトで送るのか、どれくらいの頻度で送るのかなどは、送信元の自由に行えます。

何より、メルマガはとても手軽なマーケティング手法です。月額数万円で数千人、数万人のリードにアプローチできます。ここまで費用対効果の高い手段は、ほかにはほとんどありません。メルマガは、その歴史の長さから、価値を低く見積もられてしまいがちです。しかし、個人がメールアドレスを持つようになったのはほんの20年ほど前からであり、企業がメルマガをメールマーケティングとして科学し始めたのは、さらに最近なのです。

今後メールに代わるコミュニケーション手段が生まれる可能性はありますが、現在において、メールが有益なマーケティング手法であることは、揺るぎありません。メールマーケティングを正しく理解し、活用することは、事業拡大の大きな助けとなるでしょう。

▶ 著者：室谷 良平

3-5 ウェビナー

3-5-1 ウェビナーとは

ウェビナー（Webinar）は、セミナー(Seminar)をウェブ(Web)で行うことを表す造語です。国土の広いアメリカで広まったものの、これまで日本ではあまり浸透してはいませんでした。それが、コロナ禍において頻繁に開催されるようになったのです。セミナーや展示会など、多くの人が集まる場を提供できなくなったため、その代替策として、ウェビナーの開催が一気に増えました。見込み客に我々の顔を見せる場、会社の実績、商品説明、課題解決のための情報提供の場として、広く利用されています。

ウェビナーが一般化することで、開催の閾値は一気に下がりました。それまではカメラや三脚などの機材を揃えて撮影、配信していましたが、今ではパソコンの内蔵カメラで開催されることも増えています。リモートワークが浸透していったように、コストをかけない気軽なウェビナー開催も受け入れられつつあります。以前は、ウェビナーと聞くと、一般イベントのグレードダウン版のような印象がありました。会場で開催されているセミナーの一部が安価で動画でも見られる、といった趣旨でのウェビナーが多かったのです。

しかし、今では、ウェビナーの価値が以前よりずっと高まりました。その高い利便性から、「会場でのセミナーよりもウェビナーの方がいい」という声まで出てきています。これは、普通のセミナーが開催できなくなった際、その分のリソースをつぎ込み、クオリティの高いウェビナーが多数開催されたためだといえるでしょう。

メリットとデメリット

セミナー、ウェビナーともに、メリットとデメリットがあります。

	メリット	デメリット
セミナー	・リアルで会える ・セミナー後の商談がスムーズ ・デモなどで体験が可能	・会場設営が大変 ・コストがかかる ・参加者の時間を大きく奪う
ウェビナー	・低コスト ・場所と時間を選ばない ・気軽に参加できる	・参加者のコミットメントが低い ・商談につながりにくい

これらを踏まえたうえで、ウェビナーとセミナーの根本的な違いを分類すると、大きく「拘束性」「デジタル化」「アクセス容易性」「運営コスト」「商談率」の五つになります。

①拘束性

ウェビナーは、セミナーと違って場所に拘束されません。しかし、その自由度が「抜けやすさ」にもつながっています。参加が気軽な分、退出も気軽なのです。したがって、つまらないと感じたら退室したり、聞き流しながら他の仕事をする、いわゆる「内職」をしたりという、厳しい視聴態度になっています。参加者のこのような視聴態度を前提に、飽きさせない演出や事前の期待値を上げるための工夫が必要です。

会場でのセミナーであれば、グループワークなどで参加者同士のコミュニケーションを促してアイスブレイクをもたせるといった、聞きやすくするための空気作りができました。しかし、ウェビナーでは関係性が1対多となるため、参加者同士の連帯感が生まれにくくなっています。また、セミナーでは質疑応答などで、ほかの参加者がどのようなことを課題に感じているのかを知ることができました。しかし、ウェビナーでは、講師からの課題提示以外、参加者同士の課題の発見がなくなっています。

そこで、疑問に思ったことをチャットに書きこんでもらい、その質問を講師が読み上げて回答していくような、課題や疑問を共有する工夫が大切になります。

②デジタル化

ウェビナーの大きなメリットは、既にデジタル化されていることです。レコーディングが非常に楽で、ボタンをクリックするだけで録画ができます。ウェビナーの録画データは、メールマガジンの登録者に配布したり、社員の研修資料として使用したりといった二次利用が可能です。

③アクセス容易性

会場でのセミナーの場合、東京開催は首都圏、大阪開催は関西圏など、ある程度の商圏がありました。しかし、ウェビナーになった途端、その商圏がなくなり、どこからでも参加してもらえる一方、どこの企業も競合となりました。

また、時間の制限もなくなりました。これまでは、開催時間に予定のある人は、たとえ興味があっても参加することはできませんでした。会場までの移動も含めて時間を確保しなければならず、参加のハードルが高かったのです。しかし、ウェビナーであれば、会場を押さえる必要がなく、同じ講演を別の時間に再度開催することも、コスト的に容易になります。また、後日、動画で配信することも可能です。

④運営コスト

ウェビナーは、運用コストが格段に下がります。セミナーの場合、自社のオフィスが小さいと、会場を借りる必要がありました。しかし、ウェビナーなら会場はいりません。したがって、会場費がかからず、会場設営の時間や人手もかかりません。受付もいりません。このように、運営側のコストが下がり、参加者側も移動にかかる時間や交通費といったコストが下がります。

⑤商談率

セミナーの場合、会場設営などの開催準備が大変だというデメリットがある一方、リアルな場で会えるという大きなメリットがあります。実際に会っているからこそ、セミナー後、軽い商談に進んだり、SaaSのサービスを提供している会社であれば、デモアカウントを使って操作性を確認してもらったりすることもできます。

もちろん、これらのことはウェビナーにおいても実施可能ではあるものの、リアルな場を共有しないウェビナーの場合、なかなかそこまでは進みにくいものです。セミナーをウェビナーに切り替えると、基本的に、参加者は大きく増えます。しかし、「参加者が増えたのに、なかなか商談につながらない」との声をよく聞きます。気軽に受講できるため、「ちょっと聞いてみようかな」という軽い気持ちの参加者が増え、リードとしての濃度が薄まっているのが実状です。

ホットリンクでは、一時期、ほぼ毎日1回ウェビナーを開催していたことがあります。セミナーの場合だと、開催できるのは最大で月4回。どんなに集めても1開催あたり100人が限界でした。しかし、ウェビナーであれば20営業日開催することも不可能ではありません。参加人数についても、Zoomなどのオンライン配信サービスのプランによっては、1000人での開催が可能です。各回100人集まったとすると、20営業日で2000人。非常に多くのリードを集められます。

これは、時間と場所を選ばないので、ウェビナー参加へのハードルが非常に低いという点が効いています。リード獲得の視点で見ると、ウェビナー参加者は以前に比べて圧倒的に増えています。ところが、その商談率が下がっていることが多いのです。

セミナーの場合、参加者は移動も含めた時間を確保し、わざわざ足を運んで学ぼうとしています。その点、ウェビナーは気軽です。また、ウェビナーはテレビのようなザッピングが可能です。14時から17時までのウェビナーに参加しながらも、15時から16時までは別のウェビナーを視聴するなど、自分の都合で出入りができてしまいます。

人を集めやすい分、その後の接点をもつのがより難しいという問題もあります。セミナーの場合、終了後に懇親会やほかの参加者たちとの意見交換などの時間を設けることができます。その場に社員が入ることで、名刺交換や会話をするなど、関係構築も可能です。しかし、ウェビナーでは、プログラム後に親交を図ることが難しくなります。プログラム終了後、クリック一つで退場できるため、参加者が抜けやすいのです。もちろん、ウェビナーでも懇親会の場を設けることはできますが、リアルな懇親会に比べると盛り上がりに欠けてしまいます。

このように、ウェビナーでは多くのリードを獲得できるものの、関係構築がしづらく、なかなか商談に進まなかったり、契約に至らなかったりします。とはいえ、成約率が下がったとしても、リードが多いので、最終的な契約数が向上していれば、施策としては成功であると言えるでしょう。すぐに商談化はしなくても、リード情報は取れています。ナーチャリングを手厚くすることで、そのリードを中長期的に顧客化させることは可能です。

これまでセミナーで獲得してきたリードとは質と量が違うことを認識し、ノイズの増えたリードに対してどのようなアプローチを取っていくのかを、再検討すべきです。

3-5-2 ウェビナーで獲得できるリードとは

ウェビナーでは大量のリード獲得が可能だと書きましたが、手放しでウェビナーの普及を喜べるわけではありません。実際、ウェビナーが一般化された一方で、主催者側はリアルなセミナーのありがたみを実感しはじめています。リアルな場でのセミナーは、リード獲得だけでなく、ナーチャリングの第一歩まで含まれているため、その後のマーケティング施策やセールスへのつながりがスムーズです。

しかし、ウェビナーでは、ナーチャリングまでは届かず、純粋なリード獲得で終わってしまう傾向にあります。ウェビナーを視聴したからといって、購買意欲がすぐに高まるわけではないため、リードナーチャリング対象としてどのように対応していくかを考える必要があります。

リードとのミスマッチを防ぐ

ウェビナー参加者を次のステップに導くために、ウェビナー最後のアンケート案内で、「ご回答いただければ、それを元にご提案が可能です」とアナウンスするのも良いでしょう。また、「ご相談があれば、"相談したい"にチェックをつけてください。担当者よりご連絡いたします」と、アナウンスするのも効果的です。すぐに商談のアポイントを取ろうとするのではなく、「まずはご相談ベースで話を伺います」というスタンスが効果的です。

このとき、業態や商材によっては、間口をどこまで広げるかが変わります。多くのアポイントを取るべき会社と、アポイント数はあまりなくても良いので成約可能性の高いアポイントを取る必要のある会社と、さまざまです。後者の場合、予算や規模、納期などの概要をあらかじめ伝えておくことで、ミスマッチを防ぐことができます。

ただし、低価格でも高価格でも対応可能なサービスを提供している場合、予算を伝えることによるデメリットが生じることもあります。「100万円から受けることができます」と伝えることで、本来なら1000万円はかかるような案件であっても、「安く受けてもらえそうだ」と期待されてしまう。あるいは逆に、1000万円ぐらいで発注しようとしている企業が「100万円から受けるということは、仕事が低品質なのではないか」と懸念されてしまう。このようなリスクもあります。

一概に予算や規模感を伝えれば良いというわけではありませんが、ターゲット設定が明確な場合には、はっきり伝えることで、お互いの無駄を省くことができます。

「とりあえず会いましょう」をやめる

今まで、多くの企業が「とりあえず打ち合わせしましょう」とアポイントを取ってきました。これは、お互いの時間を無駄にしています。「これ以上の金額でなければ受注できない」というラインが決まっているのであれば、きちんと伝えるべきです。それがまた、会社のブランド価値を保つことにもつながります。

BtoB企業のインサイドセールス部門は、アポイント数を目標にしているケースが多々見られます。すると、アポイントを取るために「30分でもいいのでお時間いただけますか」と、見込みの低いリードにもアポイントを入れてしまいます。ウェビナーなど、オンライン施策にシフトしていくと、熱量の低いリードが多く集まるようになります。このとき、無駄なアポイントを取っていたのでは、とても手が回りません。

実施内容としては、ウェビナーはセミナーをオンラインにしたものですが、そこで得られるリードの質が大きく異なります。セミナーをウェビナーに切り替える際には、その後のセールス・マーケティングの工程を見直すことが重要です。

KPIとKGIをどこに設定するか

オンラインマーケティング施策としてウェビナーを開催する場合、KPIとKGIをどこに設定するか、これが一つの大きなポイントです。イベント施策によって、いつでも顧客と接点が取れるようにリストを増やすことが目的ならば、KGIはセミナーで獲得できたリード数になります。短期的な受注数が目的ならば、KGIはセミナーで獲得できたアポイント数です。なお、ホットリンクでは、ABM(アカウント・ベースド・マーケティング）を行っているため、ターゲットとしている企業群に属するリードやアポイントであるかも、指標として管理しています。

KPIを参加者の数に置いてしまうと、「100人集めなければ」と焦り、どうしても窓口を広げてしまいます。しかし、商材によっては、たとえ参加者が5人だけだったとしても、その5人にしっかり話が届き、興味を持ってもらえたら、それで充分ということもあるのです。

例えばホットリンクの場合、サービスを提供する際、年間で数千万円かかることも珍しくありません。たとえウェビナーに多数の参加者が集まったとしても、これだけの予算が組めるリードが入っていなければ、マーケティングという意味ではあまり効果がないのです。窓口を広くとってなるべく多くのリードを集めるのか、それとも、窓口をあえて狭めて出会いたい顧客に的を絞ったウェビナーにするのか、吟味する必要があります。

なるべく多くのリードを取りたい場合には、KPIにはイベントページのPV数や、セミナー告知のメルマガ配信数などを設定するのも一つの方法です。セミナー参加によるナーチャリング効果を測定する際には、アンケート回収数や最後まで視聴している人の数をKPIに設定するのも良いでしょう。

3-5-3 ウェビナー開催のポイント

先述のとおり、ウェビナー開催のハードルは、ここ数年で一気に下がりました。その手軽さもあり、1日にどれだけの数が開催されているのか把握できない程、あちこちで乱立するようになりました。その中で、いかに自社のウェビナーを選んでもらうか、最後まで視聴してもらうか、仕掛けを工夫する必要があります。

ウェビナー企画の選定

ウェビナーは、ただ開催すれば良いというものではありません。企画を立てる際には、目的から逆算することが重要です。ウェビナーもBtoBマーケティング戦術の１手段であるという前提に立って、リード獲得や商談における課題を確認することで、自ずと提供すべきテーマが絞られていきます。リード獲得が必要であれば、獲得したいターゲット層が個人情報を入力してでも参加したくなるような企画にする必要があります。

また一方で、ナーチャリングが課題なのであれば、ハウスリスト（既存のリード）の検討フェーズに応じた内容にしなければなりません。情報収集フェーズであれば最新情報や市場分析などが良いでしょうし、課題が見えてきた段階であれば、解決策や事例紹介が良いでしょう。

どのターゲットにどういった変化をもたらせたいのかを見据えて、企画を立てることが重要です。また、ウェビナーの開催が目的達成の手段として効率が良いのかも検討する必要があります。例えばナーチャリングであれば、個別相談会やメルマガによる情報提供などの手段もあります。ほかにも良い手段があれば、そちらを実施するべきです。効果や効率という観点から優先順位をつけ、実施するか否かを判断しましょう。

ウェビナーを始める準備

ウェビナーを開催するにあたって、用意すべきものは**パソコン**と**通信環境**、**資料**と**話し手**です。最低限、この四つさえ揃っていればウェビナーを開催できます。

以前のように会場開催のセミナーをWebでも配信するスタイルと違い、テレワークが当たり前になった今、ウェビナーは非常にシンプルで気軽なものになっています。自宅から1人で、パソコン1台でウェビナーが開催できるのです。むしろ、あまり人員をかけすぎないことが大事になります。運営スタッフとしては、視聴URLの未達などについて、問い合わせが入ることがあるので、それに対応する人員を１人用意すれば充分でしょう。

基本的にウェビナーは１：nの配信となるため、参加人数が増えたとしても運営側の労力はそこまで変わりません。1000人程度のカンファレンスであればサポート体制も2名ほどで対応可能です。

ウェビナーの集客

展示会の代替としてウェビナーを開催する企業もあるでしょう。展示会では、RX Japan株式会社のような企画会社が集客を担ってくれますが、自主開催のウェビナーでは、当然、自分たちで集客する必要がでてきます。ある程度のリードを保有している企業でなければ、集客に不安が残るでしょう。集客のアプローチ先としては、ハウスリスト内とハウスリスト外の二つに分かれます。

ハウスリスト内とは、既存リードのことです。個人情報を把握している既存のリードに対しては、メールマガジンなどで直接案内を送ることができます。また、どうしても参加してほしい人には、電話やメールで個別にアプローチしてもよいでしょう。

ハウスリスト外への告知は、Facebook広告やプレスリリースなどで行います。また、社員のTwitterなど、SNSで発信するのも効果的です。SNSではリーチできる層が固定化してしまう懸念があるものの、初期の拡散基盤として活用できます。また、Facebookでセミナー情報がシェアされる、メディア関係者によってウェビナー情報に掲載される、代理店からおすすめウェビナーとして紹介されるなど、二次波及も起こります。ウェビナー情報を集約して発信する人に対しての情報提供という役割も、担っているのです。

また、これはセミナーにも共通することですが、誰が登壇するかによって集客力が変わります。登壇者が有名人であれば、それだけ集客力は上がります。登壇者が無名の場合には、顔の知れているゲストを招くことも有効です。また、有名企業との共催や、有名企業の人をゲストに招いての対談なども、集客につながります。もちろん、登壇者の影響力を借りる以前の問題として、ユーザーにとって興味関心の高いコンテンツを用意することが重要です。

期待を高める

これは、ウェビナーでもセミナーでも共通することですが、参加しなければ良さがわからないものに対しては、いかに期待値を形成するかが重要です。「いい話を聞けそうだな」という期待感を高めるために、刺さるタイトルにするとか、こだわったアイキャッチにするといった、思わず参加したくなるような工夫が必要になります。

日時の設定

また、ターゲットの参加しやすい曜日や日時に開催することも重要です。月初、月末は忙しいところが多いでしょう。また、朝早くだと参加しづらいので午後にするなど、ターゲットが耳を傾けてくれそうな時間帯に設定します。就業時間中に開催したほうが喜ばれることもあれば、夜の開催のほうが都合をつけやすい人もいます。忙しい人だと日中は会議で埋まっていて、夕方以降でなければスケジュールが空いていないこともあるのです。

ウェビナーに適した日時については、ターゲットの業界や役職によって異なるため、リサーチが必要です。とはいえ、最初からベストなタイミングを見つけることは難しいので、まずは一度開催してみて、反応を見ながら探っていくと良いでしょう。

アンケート回答率の低下

ウェビナーでは、リアルなセミナーに比べ、アンケート回収数は如実に下がります。BtoBの場合、通常のセミナーであれば60%以上のアンケート回収率が望めるところですが、ウェビナーになった途端、15～20%あたりまでアンケート回収率が下がります。セミナーでは、紙をテーブルに置き「セミナー後、アンケートを回収します」とアナウンスして書く時間を設けておけば、大抵の人は何かしら回答してくれました。「アンケートをお願いします」と呼びかける担当者の横を素通りして退室することは、心理的になかなかできないものです。しかし、ウェビナーの場合、クリックするだけですぐに退出できてしまいます。

アンケートの回収率を上げるためには、工夫が必要です。例えば「ウェビナー参加のURLはこちらです。終了後、このアンケートにご回答ください」と、1通のメールで送った場合、アンケートの回答率が下がる傾向にあります。そうではなく、ウェビナーがスタートしてから10分程たったタイミングで、チャットに「本日のアンケートはこちらです。ご回答ください」と書いておくと、回答率が上がります。さらに、登壇者が話の途中で「アンケートフォームのURLを先ほどチャットに入れたので、ぜひご回答ください」とアナウンスすると良いでしょう。冒頭で伝えるだけでは、途中から参加した人には伝わりません。どのタイミングが適切かは判断の難しいところですが、セミナー開始時に伝え、あとは参加者の人数を見ながら、ある程度増えてきたタイミングで「最初から入っていただいている方にはご案内しましたが…」といった形で、途中でも伝えると良いでしょう。セミナー終了時に伝えることも忘れてはいけません。

また、アンケート項目について、事前に聞けるものは申込み時に聞いてしまうという手もあります。もちろん、ウェビナーの感想などは、ウェビナー後でなければ答えようがありませんが、予算感や目的などについては、参加登録フォームに入力項目を設けることが可能です。シンプルな工夫ではありますが、これを実施するのとしないのとでは、全く結果が異なります。

申込みは締め切りを設ける

ウェビナーの参加者を募集する際には、募集期限を定めて必ず参加申込みを締め切りましょう。これは、申込みした人に対して、参加URLを送らなければならないためです。会場開催のセミナーの場合、その時間に会場のビルまで行けば、案内板が表示されていたり、人の流れがあったりと、フロアや会議室番号などの詳細が分からなくても、何とかなるものです。しかし、ウェビナーの場合、参加リンクがなければ、ウェビナーを見ることができません。

それにも関わらず、セミナーに申し込んだのに参加のリンクが届かないという事態は、頻繁に起こります。メールの配信ミスなのか、受信側の問題なのかはわかりませんが、参加リンクをきちんと届けること、問い合わせに対応することが必要です。そのためにも、開催間際まで申し込みを受け付けるのではなく、申し込み期限を設けておくようにしましょう。

また、人数の上限を設けることも大切です。リアルなセミナーと違い、会場のキャパシティを考慮せずに募集できるのがウェビナーのメリットの一つです。しかし、だからといって際限なく申し込みを受け付けて良いというわけではありません。人数を絞ることで希少性を演出することができ、参加者への対応も楽になります。また、制限なく受け付けていたのでは、競合他社が紛れ込みやすいという問題も出てきます。申込み期限と参加人数の上限を設けることで、ウェビナーのオペレーションが格段に楽になります。

3-5-4 ウェビナー実施における注意点

ウェビナー開催時のリスクとしては、どのような人が参加しているのかを把握しづらいことが挙げられます。コロナ流行時の緊急事態宣言中、海外においてはロックダウン中に「Zoom爆撃」と呼ばれる迷惑行為が起こりました。Zoom会議に乱入した人が共有画面に落書きをしたり、ショッキングな画像を表示したりして会議を荒らしたのです。コロナショックの直後、多くの企業がウェビナーを始めようかと検討していた矢先のことでしたが、このZoom爆撃によって、開催を躊躇した企業も多数あったようです。現状、Zoomでは仕様変更によって対策が取られています。

Zoomを使ってウェビナーを開催する場合には、ミーティング機能ではなくウェビナー機能を利用するようにしましょう。ミーティングではすべての参加者が発話したり画面共有したりできてしまいますが、ウェビナー機能を使うことで、発話や画面共有を主催者側がコントロール可能になります。ウェビナー機能を利用して、一般参加者が場を荒らすことのないようにしておくことが大切です。

オフレコの話題が出にくい

クローズドなイベントの場合、「このイベントだけのオフレコで…」と、秘匿性の高い情報を伝えることがあります。しかし、ウェビナーではそうもいきません。オンラインの場合、録画や録音が非常に簡単なため、「ここだけの話」が通用しないのです。もちろん、リアルなセミナーであっても、こっそり写真を撮ったり録音したり、不正が全くされないわけではありません。しかし、そのハードルの高さが違います。リスク排除の観点からみると、競合他社が参加しないように申し込みフォームに注意書きを入れる、オープニングトークで録画や録音不可であることを伝えるなど、良心のある人が思い留まるように注意喚起することが大切です。

視聴者が見えない

ウェビナーの場合、登壇者は画面に向かって話すため、参加者の反応を把握できません。内容がきちんと伝わっているのか、理解されているのか不安なまま話を進めることになります。そうならないよう、通常のセミナー以上に工夫が必要です。

例えば、「内容が分からない場合にはZoomの挙手ボタンを押してください」とアナウンスすることで、反応を見ることができます。ウェビナーの場合、参加しながら全く異なる仕事をすることも可能です。もちろん、セミナーであってもノートパソコンを使って他の作業をしている人はいますが、比較的やりにくいし、中抜けすることも難しい環境になっています。

しかし、ウェビナーでは、ほかの作業をすることはもちろん、途中退出も簡単にできてしまいます。「ながら視聴」ができることを前提として参加している人も多く、急ぎのメールが入ったら、そちらを優先的に処理するような状態です。セミナーとウェビナーでは、その辺りの拘束性が全く違います。

ただ一方的に話し続けるのではなく、合間に「質問があればチャットに書き込んでください」とアナウンスしてウェビナー内で回答するとか、問いかけるような質問を投げるといった、参加者を飽きさせない仕組みが必要です。これはもちろん、リアルなセミナーでも大事なポイントですが、ウェビナーでは参加者の受講態度がセミナーとは明らかに異なります。参加者一人のもつ価値が、セミナーとウェビナーでは違うと言えるでしょう。

参加者を意識する

ウェビナーでは、参加者の顔を見ることができないため、誰に向かって話しているのかを見失いそうになることもあるでしょう。同じ内容のウェビナーを何度も開催していると、いつものスライドにいつものトーク内容、まるで自分が自動再生するロボットのような感じになり、感覚が麻痺してしまうことがあります。

そうならないためにも、具体的なペルソナをイメージして語りかけるようにしたり、合間にQ&Aコーナーを設けたりすることをおすすめします。具体的なペルソナを設定する際は、実在する取引先の人などでも構いません。リアルであればあるほど、独りよがりな話になることを回避できます。また、通常は最後に質疑応答をするものですが、あえて話の合間に入れることで、一方的な話ではなく、対話をしているのだと改めて意識することができます。また、参加者リストに事前に目を通しておくことも、非常に効果的です。参加者にA社の営業部長がいる、B社のマーケティング担当者がいる、と把握することで、聞き手を意識した話し方ができるようになります。

配信環境

ウェビナーにとって、配信環境は非常に大切です。最も重要なのは通信環境です。配信の途中で通信が途絶えたのでは話になりません。通信環境は最低限の土台として整えておきましょう。

次に重要なのは、音声の品質。そして3番目が映像の品質です。ウェビナーに関しては、ながら視聴されることも多いため、耳から入る情報がメインと考えて良いでしょう。もちろん、資料を見ることもありますが、映画のような美しい画質は求められていません。高価なカメラを揃えるよりは、質の高いマイクに投資すべきです。画質の悪いウェビナーよりも、音割れしたウェビナーのほうが、視聴者にストレスを与えてしまいます。せっかく質の高いウェビナーであっても、余計なストレスを与えると、途中退出されかねません。音声品質を保ったうえで余力があれば映像にこだわっても構いませんが、綺麗な映像にするよりも、図解やスライドなど、理解を促すためのビジュアル化に注力すべきです。

規模感と期待値

展示会の代替となるような大規模なウェビナーの場合には、映像での演出も重要になります。大規模イベントでは、オープニングムービーを作る、登壇者のタイムスケジュールを作るなど、参加者の期待値を上げるための工夫が必要です。一方、小規模でお互い知っている間柄でのウェビナーの場合、派手な演出ではなく、登壇者の信頼やテーマの選定といった、然るべきところでの期待値を作ることが大切です。

3-5-5 ウェビナーのトレンド

コロナウイルス流行の影響により、ここ数年でウェビナーは急速に一般化し、なじみ深いものになりました。では、コロナ禍が収束した後、ウェビナーはどうなっていくのでしょうか。今後予測されるウェビナーのトレンドと、未来に向けたウェビナーの活用法について解説します。

今後、ウェビナーは同質化していく

今後、ウェビナーのコンテンツは横並びになり、同質化の戦いとなっていくでしょう。これは、数が増えていく中で避けられない現象です。差別化を図るためには、コンテンツを高品質化すること、あるいは内容を細分化してターゲットに狭く深く刺さるようにすること、そして、希少性を高めることが重要です。

ありきたりなウェビナーが陳腐化する一方で、会場で開催するリアルなセミナーの希少価値は高まっていきます。これからのリアルセミナーは、希少で価値が高く、限られた人しかアクセスできない場となっていくでしょう。

ウェビナーをストック化する

ウェビナーを開催したら、それをストック化するためにも動画コンテンツを作っておくことをおすすめします。ウェビナーは、コンテンツマーケティングの施策として二次利用しやすいので、必ず録画しましょう。これは、コンテンツとして提供するだけでなく、社内の勉強材料としても利用可能です。副次的に利用することで経営効率が高まります。

注目を集めやすい直近の問題ばかりを扱うのではなく、賞味期限の長い普遍的なテーマを扱うこと

で、数年後、ウェビナーの録画データが会社の資産となります。ウェビナーを開催したばかりの頃は、参加者はなかなか集まらないかもしれませんが、目先の数字に捉われず、中長期的に継続することが大切です。

ウェビナーの2次活用

ウェビナーを事後利用する際には、大きく三つの活用方法があります。

一つ目は、セミナーのアーカイブ動画をダウンロードコンテンツとして使うこと。「過去のセミナー動画を視聴するには、こちらのフォームからお申込みください」という形でリードを獲得することができます。

二つ目は、ナーチャリングです。過去に開催したウェビナーの内容を必要としているリードに動画のリンクを送ることで、情報を提供することができます。

三つ目が、社内教育です。社員に録画を見てもらうことで、商品に対する知識や理解を深めたり、セールストークを学んだり、また、セミナーの進行自体を学ぶなど、さまざまな切り口で教材として活用できます。

ナーチャリングとしてのウェビナー

セミナーやウェビナーは「リード獲得のための施策」という認識をされることが多々ありますが、リード獲得だけでなく、既存リードのナーチャリング目的でも開催する価値があります。「二次活用してナーチャリングに使える」と前述しましたが、ナーチャリングを第一の目的としたウェビナー開催も充分あり得るのです。

無形商材の場合、その商材の良さを一目で理解することはできません。商材の良し悪しを知るために、ある程度の勉強が必要になります。記事コンテンツの場合、読んでもらえるのはせいぜい数千字。時間にすると数分間です。それが、セミナーやウェビナーだと、30分、60分と長時間にわたって、大量に情報を届けることができます。その分、無形商材であっても欲しい気持ちを高めてもらうチャンスがあるのです。

少人数勉強会として

これはウェビナーの価値が高まった側面の一つですが、少人数勉強会として使うことができます。例えば、大手企業にアプローチしたいと思ったとき、すぐ商談にはつなげられなくても、担当者と課題形成をしておきたいということがあります。そのような場合に、個別勉強会を気楽に開催することができるのです。わざわざ相手先まで伺って話していたのではコストがかさんでしまいますが、ウェビナーであれば、低コストで対応可能です。このように、企業ごとに個別のアプローチ、ナーチャリングがしやすくなります。

コロナ収束後、ウェビナーはどうなっていくか

コロナ禍という特殊な状況によって一気に浸透したウェビナーですが、事態が収束した後も、おそらくウェビナーは残っていくでしょう。多少業界が限られてはいるものの、リモートワークがある程度浸透し、中にはオフィスを撤退して完全リモートに切り替える企業まで出ています。移動に時間とお金をかけず、気軽に参加できるウェビナーを経験した者にとって、オフラインのセミナー参加への心理的なハードルは、高まってしまいました。交流会のような、直接会うことに価値を置いた集まりであれば参加する意義を感じるでしょうが、ただ情報を得るだけならウェビナーで良い。そのように価値観がシフトしていくでしょう。

その分、オフラインのセミナーの希少価値は高まります。有名ゲストを招待しての基調講演など、「生で見たい」と思わせる企画が有効です。セミナーもウェビナーも、その特徴を活かし、すみ分けされた形で残っていくでしょう。

ウェビナーはセミナーの代替手段なのか

コロナ禍によりセミナーや展示会が開催できなくなった際、その代替手段としてウェビナーが乱立しました。しかし、ここにきて「ウェビナーは本当にセミナーの代替手段なのだろうか」という疑問が浮上しています。セミナーとウェビナーではあまりにフォーマットが異なるのです。今後、ウェビナーと競合するのは、セミナーではなく、むしろ、動画コンテンツになってくるでしょう。

ウェビナーの競争激化

「ウェビナー乱立時代」などと言われますが、そもそも、以前からセミナーは乱立していました。それが、オンラインシフトによってウェビナーに流れ込んで来ただけ。ウェビナーが増えたからといって、慌てることはありません。参加者の役に立つ内容であること、ウェビナーの存在を認知させること、ほかのウェビナーよりも高い期待を感じてもらうこと。ウェビナーを開催するうえで大切なこれらのポイントは、何も変わりません。

もともとセミナーが乱立していたのですから、真っ当な価値を提供し、その情報を届けるだけなのです。

▶ 著者：桝谷 力

3-6 Webサイト

今の時代、Webサイトはビジネスに大きな影響を与えます。このことにBtoCとBtoBで差異はありません。とくにSaaSのようなITビジネスでWebサイトを使わず事業を成り立たせるのはほぼ不可能でしょう。しかし、その一方で「Webサイトに力を入れても仕方がない」と考えるBtoB企業もいまだ存在します。

売上の9割以上が既存顧客の継続取引、営業力さえあれば案件を獲得できるBtoB企業において、Webサイトは確かに取り組むべき喫緊の課題にはならないかもしれません。そして「うちの顧客はWebサイトなんか見ない」と経営陣が判断すれば、Webサイトのための予算が組まれることもなくなります。

しかし、その判断は果たして妥当でしょうか。新規顧客と出会うため、場所と時間の制約なく情報を届けられるWebサイトの力を借りる必要はないのでしょうか。「うちの顧客はWebサイトなんか見ない」のはWebサイトが充実していないからで、しっかり整備すれば活用されるのではないでしょうか。

BtoB商材は顧客側で入手できる情報が少なく、公式サイトだけが唯一の情報源になることも珍しくありません。それを裏付けるように、トライベック・ブランド戦略研究所の『BtoBサイト調査 2021』では、BtoBにおける製品・サービスの情報源のトップが企業のWebサイト（66.7%）となっています。

仕事上の製品・サービスの情報源（2020年、複数回答）

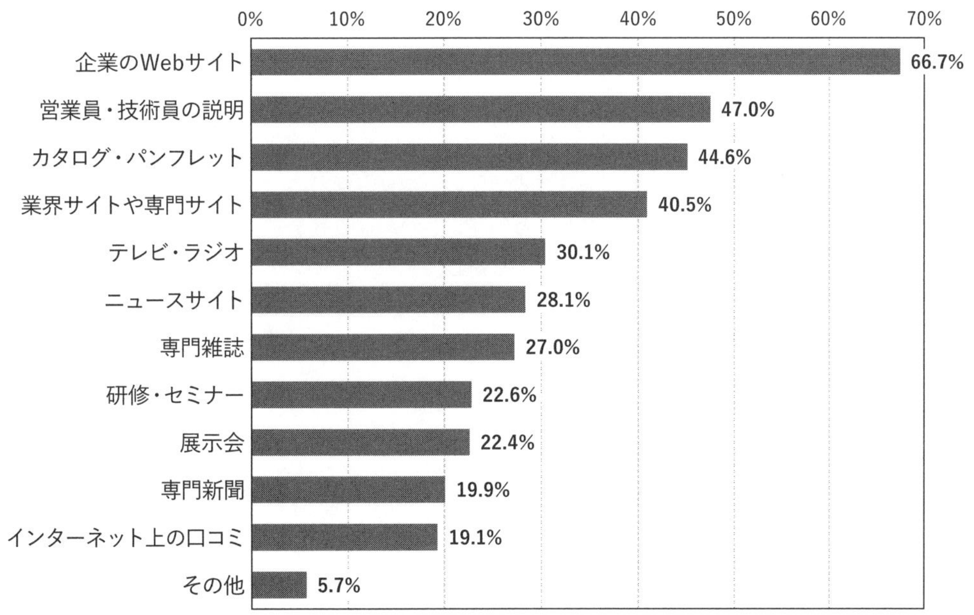

出典：トラフィック・ブランド戦略研究所「BtoBサイト調査 2021」 https://brand.tribeck.jp/research_service/websitevalue/bb/bb2021/

BtoBにおけるWebサイトの重要性は、対面での営業は難しくなったコロナ禍にさらに加速しました。同じアンケートを今実施したなら、この数字はさらに上昇するはずです。

このような条件を踏まえると、BtoBこそ自社Webサイトを充実させるべきであり、これまで本格的に取り組んでこなかった企業にとっては、大きな伸びしろがある領域と捉えることもできます。

3-6-1 プロジェクトの土台を作る

Webサイトの改善／改修／リニューアルが決まると、複数のWeb制作会社に声をかけ、各社の見積書を見比べながら予算を決めていく企業が多いです。しかしプロジェクトを有意義にするために、いきなり制作を始めるのではなく、まずは次のことを整理して、必要であれば関係者に共有することから始めましょう。

(1) マーケティング全体を理解している人を責任者にする

Webサイトの改善／改修／リニューアルの窓口となる部署は、企業やWebサイトによって異なります。事業部が窓口になることもあれば、Web担当者、広報部、人事部、情報システム部が窓口になることもあります。どれが正解という話ではなく、その企業がWebサイトの主目的を何とするかによって、プロジェクトの担当や窓口が変わります。

本書の主な読者はマーケティング関係の仕事をしている方だと思いますが、リード獲得などのマーケティング活用がWebサイトの主目的なら、原則的には、マーケティングの責任者がWebサイトの責任者になるべきでしょう。

マーケティング目的のWebサイトが失敗する要因の一つに、ほかのマーケティング施策とWebサイトがリンクせずに独立運用されてしまう、ということがあげられます。Webサイトでは訪問数やコンバージョン数を計測することもできます。しかし、マーケティング計画の全体像の中でWebサイトのような役割を担い、これらの数字がどのような意味をもつか分からなければ、数字の妥当性を判断することはできません。これが可能になるのは、マーケティング戦略全体を見通せている人だけです。

そのため、実務担当者を別に任命するのは問題ないとしても、Webサイトの総責任者はCMOクラスの人物であることが望ましいでしょう。

(2)関係部署を巻き込んでおく

製品サイトやサービスサイトなど、その事業に特化したWebサイトの場合、事業部やマーケティング部だけでWebサイトの検討を進めてもいいでしょう。しかしコーポレートサイトの場合、話は異なります。

商材が企業名で認知されている場合、コーポレートサイトをマーケティングに活用することが正攻法です。一方で、コーポレートサイトは複数のステークホルダーをターゲットとするため、事業部やマーケティング部だけでは判断できないカテゴリが必ず出てきます。例えば採用情報、IR情報、CSR情報などがこれに相当します。またCMSの更改も行われる場合には情報システム部の管轄、コーポレート情報を発信する機能が実装される場合には広報部の管轄となります。

そのため、顧客獲得を最大の目的とする場合は、マーケティング部を中心にプロジェクトを編成しつつ、Webサイトに関わる各部門の人員も参加してもらうようにしましょう。このようにすることで、公開前後の認識違いやトラブルを最小限に防ぐことができます。

(3)予算上限をあらかじめ決めておく

Web制作会社の見積もりを取ってから予算を決めようと考える企業も多く見られます。しかし、見積基準がWeb制作会社によってバラバラであるため、妥当なコストであるかどうかを判断するのは非常に困難です。その結果、一番安い見積もりと一番高い見積もりの中央値付近を予算として決めてしまいかねません。そのことによって不十分なWebサイトに仕上がったり、価格で選んだばかりに、相性の悪いWeb制作会社と付き合って疲弊したり、ということが頻繁に起こっています。

予算化が難しい理由の一つに、Webサイトの投資対効果が計測しにくいことがあげられます。コスト削減目的の場合は、比較的投資対効果が導き出しやすいですが、マーケティング目的の場合、Webサイトは前工程となるマーケティング施策の影響を受けるため、効果を簡潔に掴み取ることが難しくなる傾向にあります。

そのため、マーケティング予算や広告予算などから、先にWebサイトリニューアルの予算を決めてしまい、その中でできること、それが実現できるWeb制作会社、といったプロセスでWeb制作会社を選ぶことをおすすめします。

予算の基準は一概には言えませんが、参考程度の目安を下表にまとめます。

ARR※	獲得匿名コンタクト数
1億円～5億円	500万円～1000万円
ARR5億円～10億円	1000万円～1500万円
ARR10億円～50億円	1500万円～2000万円
ARR50億円～100億円	2000万円～2500万円
ARR100億円以上	2500万円以上

※Annual Recurring Revenue（年間経常収益）

なお、安くすればするほど、制作に特化した会社になる傾向があります。発注側でマーケティング的な要件をすべて決められるのであれば、金額を優先して制作に特化したWeb制作会社を選んでも構いません。しかし、もしマーケティング的な要件整理もWeb制作会社に求める場合、最低でも上記か、それ以上の金額を想定しておきましょう。

（4）計画を早めに立てて動いておく

Web制作会社は多数存在しますが、それでもまだ需要の方が大きい状態が続いています。実力のあるWeb制作会社ほど引き合いが多く、直近数ヵ月の予定は埋まっている傾向にあります。そのため、「明日からお願いしたい」「来月には着手したい」と急にプロジェクトを動かそうとすると、必然的に引き合いが少なく、予定に空きのあるWeb制作会社が選択肢となってしまいます。一概には言えませんが、そのようなWeb制作会社には、実力や経験の不足が懸念されます。

Web制作会社にはできるだけ早い段階でアプローチした方がいいでしょう。目安として、プロジェクト開始予定日の3ヵ月前には、Web制作会社に声をかけ始めておくと良いでしょう。

（5）正しい選定基準を持ってWeb制作会社を選ぶ

多くの企業が、「マーケティングに精通しているWeb制作会社」を探しています。しかし、そのWeb制作会社が本当にマーケティングを理解しているのかを見極めるには、工夫が必要です。

というのも、マーケティングスキルは自社サイトなどの外面的な情報だけで証明することは難しく、書籍などを数冊読めば、具体的な言及を避けながら、専門用語を並べてそれらしいセールスコピーが書けてしまうからです。つまり、「マーケティングに詳しそうに振舞う」ことは、容易にできてしまうのです。

明らかにクリエイティブ寄りのWeb制作会社であるのに、「戦略提案」「マーケティング戦略立案」「ビジネスに貢献」などと謳っていることもよくあります。

本当にマーケティングのスキルがあるかを確かめるには、Webサイト上の情報から実際に会ったときのヒアリングまでを通じて、次のポイントで精査すると良いでしょう。

- **ネット上で積極的に情報発信をしている**
- **自社サイト内に抽象的ではなく、具体的で詳細な説明が掲載されている**
- **自社のマーケティングの取り組みについて内容と成果を語れる**
- **クライアント向けの取り組みについて具体的な説明ができる**
- **具体的なアウトプットを見せてもらえる**
- **口頭でいいので、今のマーケティング上の課題に関する指摘をもらえる**
- **面談時に話している内容に具体性があり、スキルの裏付けがある**
- **若いスタッフばかりでなく、経験のあるベテランが存在する**
- **マーケティングがテーマのイベント登壇や書籍執筆などがある**

これらに多くのチェックが入るようであれば、その会社のマーケティングスキルは高いレベルにあると判断できます。ほとんどチェックが入らない場合は、クリエイティブ寄りのWeb制作会社である可能性が高くなります。そのような会社にマーケティング課題の相談をするのは厳しいでしょう。

また、もう一つWeb制作会社を選ぶ際の大事な視点があります。それは、Web制作会社のコミュニケーション能力。Web制作会社に対する不満の主原因になるのは、スキルや技術力ではなく、コミュニケーションであることが圧倒的に多いのです。

Web制作会社のコミュニケーション能力を知りたいときは、次のような観点でチェックしてみてください。該当する項目が多い場合には、コミュニケーション能力（およびマネジメント力）が怪しいといえるでしょう。

- **メールなどの返信が遅れることが多い**
- **要領を得ないメールが多く、やり取りが多い**
- **メールで済む話なのに、すぐ電話をかけてくる**
- **担当者によって対応にばらつきがある**
- **的を外れた返事、機械的な回答が多い**
- **やたらと至急で対応する（計画性がない）**
- **メールが深夜や休日に送られてくる（時間管理がされていない）**

- プロジェクト管理のための仕組みやワークフローがない
- スケジュールを、ガントチャート専用ツールではなく、Excelで作っている
- ドキュメントが雑で統一されていない
- よく確認せずに先走って行動する傾向がある
- 何においても気が利かない

また、会ったときの印象も重要です。コミュニケーションが噛み合うかどうかは、相性によっても左右されます。上記のチェックに照らし合わせるだけでなく、「コミュニケーションのスタイルやペースが自社の社風と合いそうか」という点についても確認しておきましょう。

3-6-2 制作に入る前に検討しておくべきこと

目的や役割が曖昧なままWebサイトを作った結果、「Webサイトをリニューアルしたけど効果がよく分からない」と悩んでいる企業によく出会います。このようなWebサイトのことを弊社では「戦略不在のWebサイト」と呼んでいます。

インターネットという仮想空間上に作られるWebサイトは、物理的制約を受けないため、やろうと思えば何でもできます。しかし、なんでもできてしまうからこそ、成果とつながらないことにまで時間とお金を費やしてしまいがちです。それを回避するためにも「何のためのWebサイトを作るのか？」「誰のためのWebサイトなのか？」といった目的や役割を、作る前に明確にしておく必要があります。

弊社では、このようなWebサイトの目的や役割を確認するための期間を「戦略フェーズ」と呼んでいます。約2ヵ月かけて戦略フェーズを実施し、Webサイトに関係するマーケティング上の条件を整理します。

「今すぐWebサイトをどうにかしたい」と考える企業にとって、2ヵ月という期間は長く感じるかもしれません。しかし通常3〜5年はWebサイトを使うことを考えると、2ヵ月を惜しんで急いで作るより、情報を整理して方向性を見定めてから作るべきです。決して安くはない投資に見合った効果を、中長期的に得られる確率が高まります。

戦略フェーズでは、以下の15の項目について、一つずつ内容を明確にしていきます。これらの項目を埋めるために、ユーザーテストやアクセス解析、競合分析なども行います。

問いの繰り返し	Web戦略シートの項目
そもそも事業が目指すことは？	(1) 事業目標
その上で何がマーケティング上の課題？	(2) マーケティング課題
課題解決のためにどの市場を目指す？	(3) 市場定義
その市場はどんなサブカテゴリを含む？	(4) カテゴリ定義
その市場にはどんな競合がいる？	(5) 競合定義
その市場にはどんな顧客市場がいる？	(6) 顧客企業定義
その市場にはどんな顧客がいる？	(7) 顧客定義
その顧客はどんな行動をする？	(8) 行動定義
その顧客にどんな価値を提供する？	(9) 商材定義
その商材にはどんなブランドイメージがある？	(10) ブランド定義
マーケティング全体はどんな構造になってる？	(11) ファネル定義
その中でWebサイトはどんな役割を果たす？	(12) Webサイト戦略定義
本来の役割に対して今のWebサイトの課題は？	(13) 現Webサイトの課題抽出
新しいWebサイトに求めることは？	(14) 要求リスト
新しいWebサイトはどんな構成になる？	(15) サイトストラクチャ

議論のブレイクダウン・詳細化
戦略（(1)〜(10)）
戦術（(11)〜(13)）
設計（(14)〜(15)）

各項目について、もう少し詳しく解説しましょう。

(1)事業目標

Webサイトを経営や事業に活用するからには、検討のスタート地点も、経営や事業でなければなりません。弊社の戦略フェーズも、経営と事業への基本的な理解から検討を始めています。具体的には、Webサイトの検討の最初の段階で、以下のことを明確にしていきます。

- **経営ミッション**
- **経営目標**
- **経営課題**
- **事業構造**
- **事業の優先順位(複数事業を扱う時)**
- **各事業のミッション**
- **各事業の目標**
- **各事業の課題**
- **Webリニューアルの目的**
- **各事業がWebに期待すること**
- **各事業の売上／案件単価／受注数／商談数／リード数など**

このような情報を整理した上で、Webサイトリニューアルにおける経営上／事業上の目的を把握します。そして、各種数字をブレイクダウンし、Webサイトの数値目標をある程度現実的なものにしていきます。

なお、事業が複数存在し、それぞれターゲットが全く異なる場合には、事業ごとに、以降すべての検討を行うことが理想です。しかし、実際には時間と予算の制約が発生するため、あくまでWebサイトのリニューアル／公開を目標として、重要な事業やWeb戦略と関係が深い事業だけに絞って検討することが現実的です。

以降の説明は、特定事業に絞った上での検討を前提としています。

(2) マーケティング課題

経営課題や事業課題のアウトラインを把握したら、続いてマーケティング課題の概要を把握します。弊社では、『コトラー&ケラーのマーケティング・マネジメント(フィリップ・コトラー、ケビン・レーン・ケラー 著/恩藏 直人 監/月谷 真紀 訳/丸善出版/2014)』で紹介されている「強み／弱み分析のためのチェックリスト」を、企業や商材特性に合わせてカスタマイズして用いることが多いです。このシートを使えば、マーケティングのどの領域がボトルネックで、何を優先的に解決しなければならないのかが明確になります。ここから、「重要度の高いボトルネックを解消するために、Webサイトが使えないか」という発想になり、Webサイトの大きな目的が決まっていきます。

	現状					重要度		
	非常に強い	やや強い	中間	やや弱い	非常に弱い	高	中	低
① サービスの評判	○	○	○	○	○	○	○	○
② 市場シェア	○	○	○	○	○	○	○	○
③ 顧客満足	○	○	○	○	○	○	○	○
④ 顧客維持	○	○	○	○	○	○	○	○
⑤ 納品物の品質	○	○	○	○	○	○	○	○
⑥ サービスの優位性	○	○	○	○	○	○	○	○
⑦ サービスの独自性	○	○	○	○	○	○	○	○
⑧ 価格優位性	○	○	○	○	○	○	○	○
⑨ 流通優位性	○	○	○	○	○	○	○	○
⑩ 販促力	○	○	○	○	○	○	○	○
⑪ 営業力	○	○	○	○	○	○	○	○
⑫ 革新性	○	○	○	○	○	○	○	○
⑬ 話題性	○	○	○	○	○	○	○	○
⑭ 地域カバレッジ	○	○	○	○	○	○	○	○

(3)市場定義

認識しているマーケティング課題がある程度明確になったら、改めてマーケティングの基本的な要件を整理していきます。

市場定義とは、本来、事業や製品／サービスを打ち出す時点である程度決まっているものです。しかし、案外、この市場定義が曖昧なまま個別のマーケティング施策を考えていることも少なくありません。市場定義が曖昧なままでは、当然、Webサイトのコンテンツ戦略にも影響を与えてしまいます。ここが不明瞭な場合には、明確にしていく必要があります。

市場定義に決まった定め方はなく、「正解」と断言できるようなものもありません。いくつかの視点から市場戦略の現状を整理し、社内やプロジェクトチームで共有すると良いでしょう。

例えば、既存ビジネスに対してWebサイトで打ち出したい事業や商材がどのような位置付けになるかを整理するには、アンゾフ・マトリクスが便利です。

	既存市場	新規市場
既存商材	**市場浸透戦略** 既存商材を使い 既存市場内でのシェアを拡大する **【Webサイトの主な方向性】** 既存商材の価値を既存市場に対して より精度高く伝えていく	**市場開拓戦略** 既存商材を使い 新規市場を開拓する **【Webサイトの主な方向性】** 既存商材の価値を新規市場に対して 啓蒙も含めて基本から伝えていく
新規商材	**製品開発戦略** 新規商材を開発し 既存市場に向けて販売する **【Webサイトの主な方向性】** 新規商材の価値を既存顧客に対して、 啓蒙も含めて基本から伝えていく	**多角化戦略** 新規商材を開発し 新規市場も開拓する **【Webサイトの主な方向性】** 新規商材の価値を新規顧客に伝えていく 挑戦的で試行錯誤を伴う

市場浸透戦略の中で、現状どの段階にあり、この先どのような展開を目指しているのかを整理するには、次図のような市場戦略シナリオを用いて議論すると良いでしょう。

選択的専門化戦略
M1 M2 M3
P1
P2
P3

単一セグメント戦略
M1 M2 M3
P1
P2
P3

製品専門化戦略
M1 M2 M3
P1
P2
P3

フルカバレッジ戦略
M1 M2 M3
P1
P2
P3

市場専門化戦略
M1 M2 M3
P1
P2
P3

課題領域を固定して業種は特化せずに横軸に広げるのか、特定の業種に特化して課題領域を縦軸に広げるのかを明確にするには、ホリゾンタル型とバーティカル型の議論が有効です。

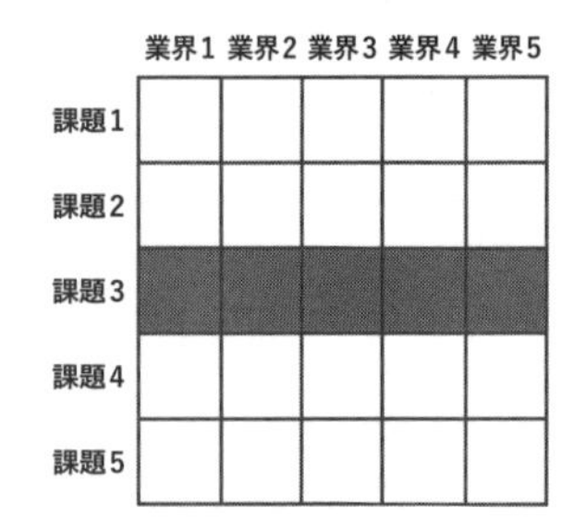

ホリゾンタル型（課題特化／業界不問）

・業界に依存せず、横断するタイプの商材
・どの業界でも顧客化の可能性がある
・そのためリード数は比較的多く獲得できる
・業界が様々なのでペルソナやジャーニー化が難しい
・業界とは関係ない共通ニーズやインサイトを見つける
・顧客数のアップサイドは大きい
・幅広い市場の中での新規顧客獲得を目指す

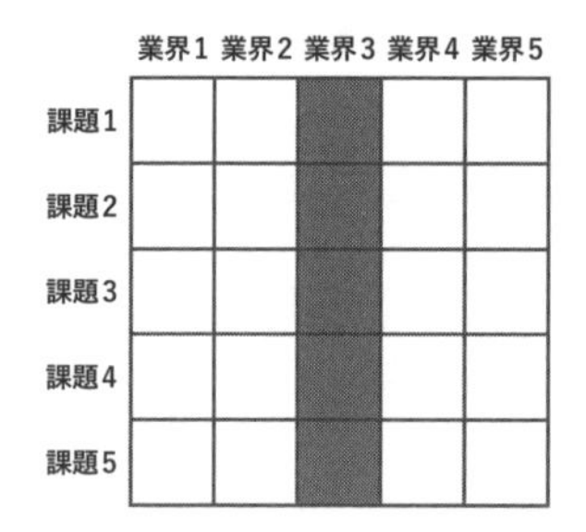

ヴァーティカル型（業界特化／課題特化）

・特定業界に特化し、課題を垂直に広げるタイプの詳細
・特定の業界しか顧客にならない
・そのため、リード数は少数もしくは限られている
・業界特有のペルソナやジャーニーで深堀しやすい
・業界特有のピンポイントな課題を先鋭化していく
・顧客数のアップサイドは限られている
・限られた市場の中でのLTV向上を目指す

資料戦略を決める上では、事業の成長フェーズから考えていく方法もあります。例えばプロダクトライフサイクルを活用すると、次図のような一般的な傾向があります。「事業は今どのフェーズにいて、この一般論がどのくらい当てはまるか」「その上でどういった市場を狙うべきか」という議論も、有益なものになるでしょう。

導入期	成長期	成熟期	衰退期
・先行投資をしながら市場性を見極めている ・高速トライ&エラーし、PMFを目指していく ・成長期に移行した時のための先行者優位性を蓄積する ・新規参入障壁をできるだけ構築していく（規模の経済、ネットワーク効果、スイッチハードルの構築、先行者ブランド）	・市場が自然と拡大しているため、競争の重要性は低い（競合をあまり意識しなくていい） ・価値に選択肢がない場合、品質が低くても顧客獲得できる（成熟期に入る前に改善） ・成長カテゴリとの関連付けと、徹底的な認知の拡大 ・認知と同時に、拡大する需要に対応できる組織編成、人員確保	・市場が鈍化しはじめ、競合とのシェアの奪い合いが始まる ・サービスやマーケティングを磨き、競争優位性を高める ・得意分野と苦手分野を見極め、投資を最適化していく ・機能での差別化が難しくなり、強いブランドがあるほど有利になる ・口コミによる認知など、効率の良い新規開拓の土台を作る	・撤退分野と継続分野を見極める ・資産を活かしたピボットなどで別市場を狙う ・あるいは残存者利益を狙う戦略に舵を切る

このような議論を踏まえた上で、標的市場を図式化していきます。先ほども述べたように、市場定義に正解はなく、また事業を営みながら調整していくことが現実的です。明確に図式化することは、関係者全員の目線を合わせることに役立ちます。また、Webサイトのコンテンツを考えるときなど、施策の詳細を検討するなかで「そもそも論」に立ち戻れるようにするためにも、市場定義を端的に図式化していくことは有用です。

市場をセグメンテーションする方法は千差万別ですが、多くの場合、次図のようなパターンを活用して標的市場を表現することで、比較的うまく収まります。

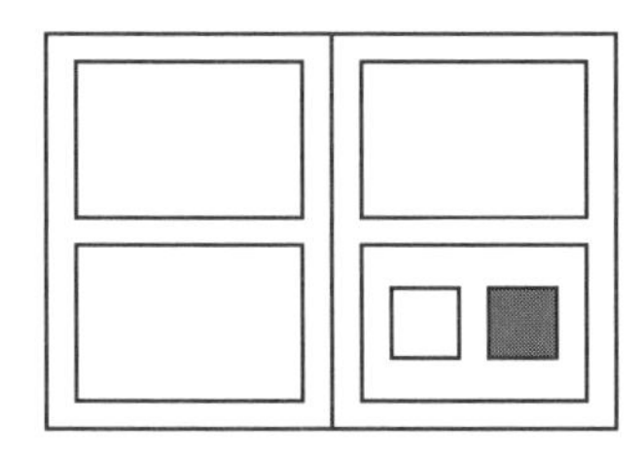

親子構造型

市場をカテゴリ別に構造化・細分化した上で、どの市場で戦うかを決めていきます。

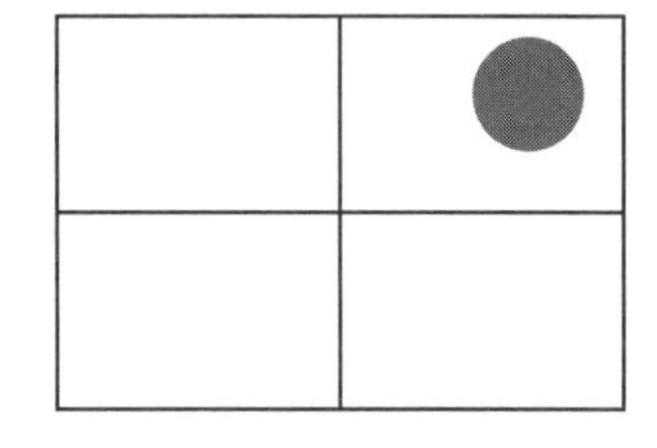

象限型

二つの軸から、4象限や6象限、9象限などを作り、どのエリアで戦うかを決めていきます。

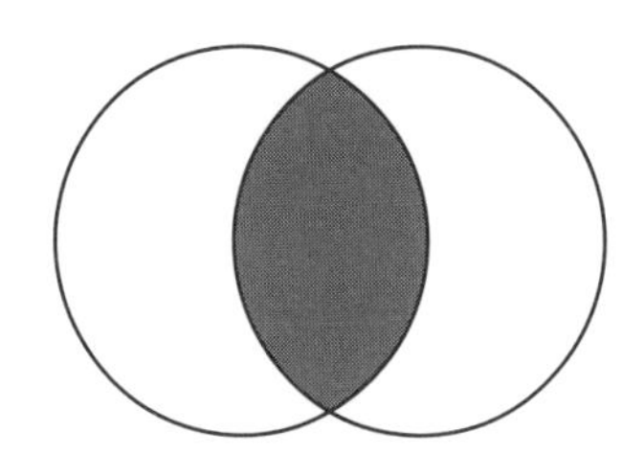

ベン図型

二つ以上の市場やテーマの重なりで、自分たちが戦うべき市場を表現していきます。

また、こうした単一の図式で表現するのではなく、複数の図を用いた段階的なセグメンテーションが有効な場合もあります。例えば弊社では、一つ目の市場定義で、デジタルマーケティング市場をセグメントしたWeb制作市場にフォーカスする。二つ目の市場定義でBtoCとBtoCに分類したときのBtoBにフォーカスする。さらには、その中でもコンサル的性質が強く高価格というマトリクスでフォーカスする。この3段階のセグメンテーションを行って、市場を定義しています。

このように市場を定義したら、該当市場の中で、現在どのくらいのシェアを獲得できているかを明確にしましょう。詳細な市場調査を行って把握することが理想ですが、それが難しい場合は、まずはフェルミ推定でも構いません。

そのとき、単に顧客のシェアだけではなく、**市場におけるリード獲得数**、**リード化していない認知**や**カテゴリ認知**の割合についても、確認しておきましょう。これらの状況が、Webサイトの戦略的方針にも影響を与えることがあるためです。

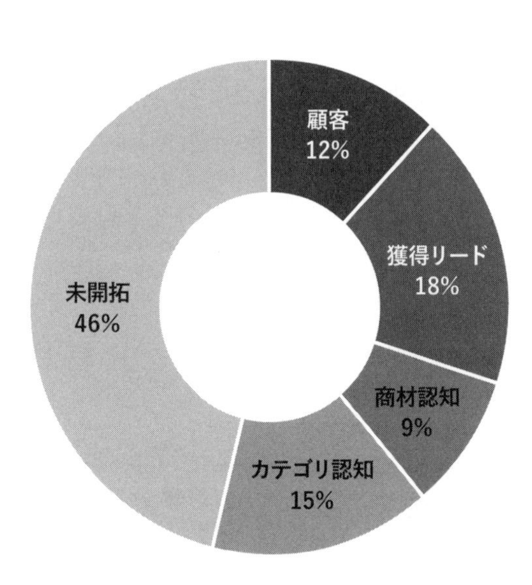

顧客
市場シェアが高く、顧客数が十分な場合は、既存顧客へのクロスセル、リピート率の向上が事業の主目的となります。

獲得リード
獲得リード数が多いがあまり顧客化できていない場合、保有するハウリストをベースにしたマーケティング施策（リードナーチャリング系施策）の優先度が高まります。

商材認知
商材は認知されているのに、獲得リード数や顧客数が伸びない場合には、商材の理解を促すようなマーケティングが必要になります。

カテゴリ認知
市場の中でカテゴリ自体は認知されている場合、競合商材に対する優位性やブランドイメージの確立が必要になってきます。

未開拓
市場の中でカテゴリ認知すらしていない層が多い場合には、カテゴリの存在や価値を示すなど、市場を啓蒙・活性化する活動が必要になります。

（4）カテゴリ定義

カテゴリ定義とは、市場定義をさらに細分化したものであるとも言えます。市場定義の場合には、市場をセグメントした上で、その中からセグメントを選択するという発想で行います。一方、カテゴリ定義は、選択した市場の中で、「いかに多くの接点を持つか」という観点で決定されます。

GEの伝説的経営者であるジャック・ウェルチが提唱した「選択と集中」は、「事業を絞る」と誤解されたまま、経営の基本原則として広く知られるところとなりました。しかし、実際には、事業を絞り過ぎれば可能性を失ってしまうこともあるでしょう。過度の絞り込みは事業の成長や拡張性に支障をきたします。

それとは逆に、ここで行うカテゴリ定義は「焦点を明確にした市場の中で、いかに多くのカテゴリと接続するか」という考えに基づいて行われます。これは、バイロン・シャープ、ジェニー・ロマニウク著の『ブランディングの科学［新市場開拓篇］エビデンスに基づいたブランド成長の新法則（バイロン・シャープ、ジェニー・ロマニウク 著/加藤 巧 監/前平 謙二 訳/朝日新聞出版/2020）』※に出てくる、カテゴリーエントリーポイントにも近い考え方です。

その市場の中で内包するカテゴリでできるだけ多く接続した方が、事業を有利に進めることができるようになります。接点をもつカテゴリの洗い出しも重要になります。

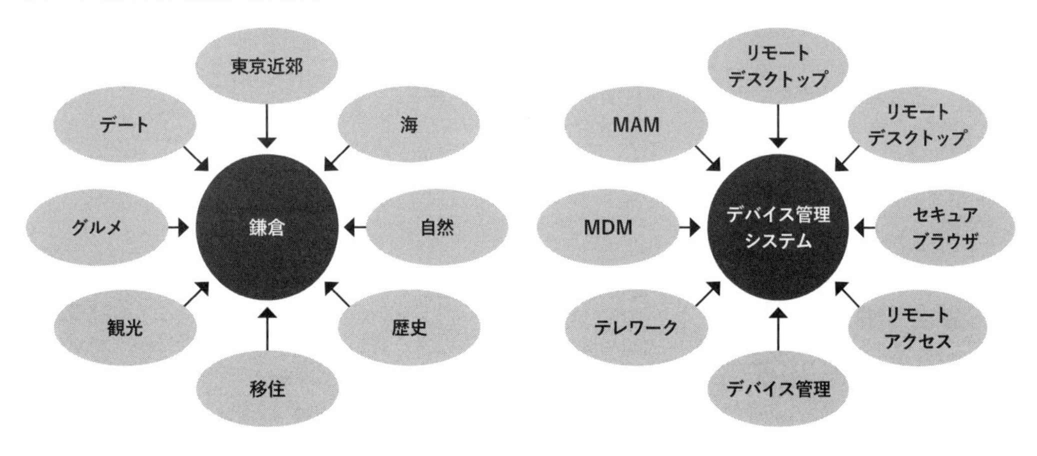

原著に書かれたカテゴリーエントリーポイントは脳内での想起の話です。脳内で想起したカテゴリについてインターネット検索をした際の受け皿として、Webサイトも同様に対応しておきましょう。広告と違い、Webサイトの場合、掲載し続けるためのコストが非常に安価です。ニーズの低いカテゴリも含め、網羅的に接点を持っておくことで、Webサイト全体での費用対効果では、リターンが上回ってくることが見込まれます。

※カテゴリーエントリーポイントについては、第4章に詳しく書かれています。

カテゴリ定義をWebサイトのSEO戦略に組み込むことで、想定する検索キーワードと掲載するコンテンツの方向性に影響を与えます。カテゴリ定義をされるカテゴリは二つや三つではなく、できるだけ多く、可能なら10以上はリストアップしておきたいところです。

なお、リストアップされたカテゴリはすべて同列に扱うのではなく、長期・中期・短期の観点で分類し、実施の優先順位を決めていきます。

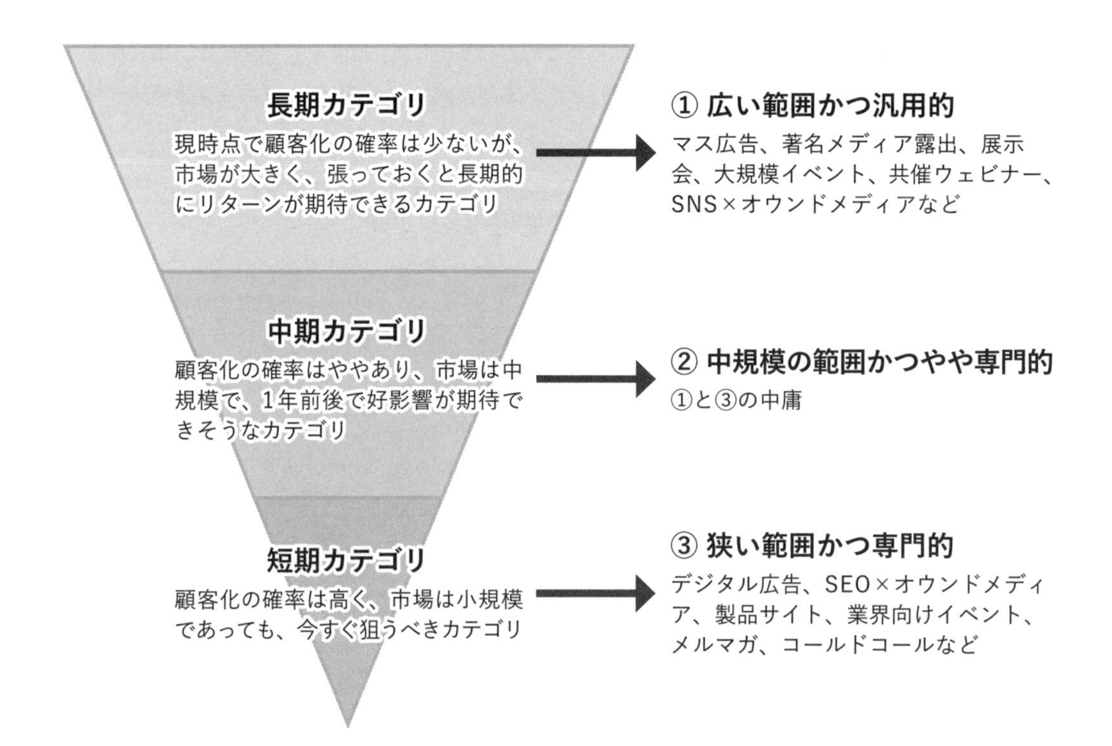

(5)競合定義

競合といえば、通常は業種業態がバッティングする直接競合を指しますが、ここでは間接競合や代替品、新規参入者を含めて、顧客獲得の脅威となりうるすべての存在を取り扱います。

弊社でWeb戦略を検討する際は、マイケル・ポーターが『競争の戦略(マイケル・ポーター 著/土岐 坤、服部 照夫、中辻 万治 訳/ダイヤモンド社/1995)』で提唱したファイブフォースのフレームワークをカスタマイズした競合シートを参考に、クライアントとディスカッションをします。

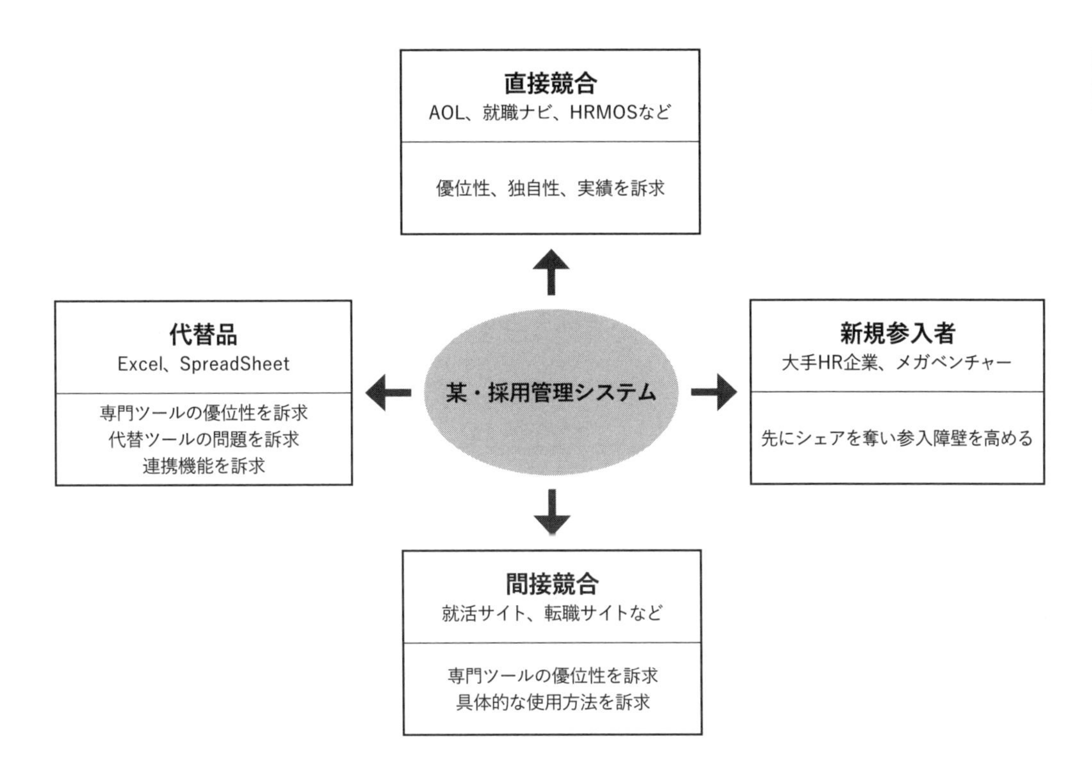

とくに競合と比較検討されることが多い商材については、競合に対する優位性・独自性を明確に言語化してWebサイトに掲載することで、事業上有利になります。そのため、競合定義で決定した内容から、Webサイトに掲載できるコンテンツやメッセージの要件を導き出すことができないか、検討します。

(6)顧客企業定義

BtoBの契約対象は企業となりますが、顧客企業の中で実際に情報収集や意思決定をしているのは「人」です。その人物の行動原理やインサイトについても、ある程度想像しておく必要があります。顧客定義を「顧客企業定義」と「顧客人物定義」に分けて検討を行うと良いでしょう。

弊社で顧客企業定義を行う場合、まず以下の「顧客企業属性表」を用いて、市場の中でも特に顧客化しやすい企業、あるいは重点的にアプローチすべき企業の共通する基本属性を整理します。

大カテゴリ	小カテゴリ	内容
デモグラフィック	業種	どの業界・業種が対象か？
	業態	どういう業態が対象か？
	企業規模	どのくらいの規模の企業が対象か？
	所在地	どのような技術を使っている企業か？　持っている企業か？
オペレーティング	テクノロジー	ヘビーユーザー、ミドルユーザー、ライトユーザー、非ユーザーのいずれかが対象か？
	ユーザーの状態	サービスを理解する能力がある企業か？　あるいは困難な企業か？
	リテラシー	購買部門が一つもしくは集権か？　分権か？
購買アプローチ	購買部の有無	御社と関係が強い企業に提供するか？　関係ゼロの企業を対象にしないといけないか？
	窓口の部署	リースを好む、サブスクリプションを好む、買取を好む、入札を好む、など
	リレーションシップ	品質、サービス内容、仕様、価格のどれを重視する企業か？
	購買基準	どの部門が購買の意思決定をしている企業か？（購買部、事業部、技術部など）
意思決定変数	社内の権力構造	最終的な意思決定は誰がする企業か？（社長、役員、事業部長、担当者など）
	最高意思決定者の役職	最終的な購買意思決定者の役職は？
	担当者の権限	直接商談をする担当者がどのくらいの意思決定の力をもつ企業か？
	情報提供者の存在	意思決定に直接は関与しない「社内の情報通」などが影響する企業か？
	意思決定プロセス	意思決定がどのようなプロセスで、どのような人が関わる企業か？
	意思決定にかかる時間	意思決定にどのくらいの時間がかかる企業か？
状況要因	緊急性	サービスに迅速な対応を求める、最短のサービス提供を求める企業か？
	ソリューションの指定	特定のアプリケーションを使っている企業か？　あるいは特定しないか？
	注文規模	大口注文をする企業か？　小口注文をする企業か？
組織パーソナリティ	類似性	経営者や従業員の価値観や社風は御社と似ている企業か？
	リスク態度	リスクを受け入れる企業か？　リスク回避を重視する企業か？
	ロイヤリティ	御社に対してロイヤルティ（忠誠心・好意・関心）が高い企業か？

もちろんこの中には、購買に関与する属性と、直接は関係しない属性が含まれます。顧客を知る営業担当の話を交えたり、顧客に実際にインタビューを行ったりしながら、抑えるべき特性を抽出していきましょう。

またBtoBの場合、顧客がSMBか、エンタープライズ（大企業）かによってマーケティング戦略が変わり、その影響下にあるWebサイトの方針も変わることがあります。

SMB型ユーザー	エンタープライズ型ユーザー
・Webでの情報収集に積極的（マーケティング重視） ・担当が少数もしくは兼務（忙しい＆リテラシー低い） ・役割が不明瞭（全般的なサポートを望む） ・意思決定が速い ・リスク回避<メリット享受（大企業と比べて） ・低価格／低LTV／多数（大企業と比べて） ・オンラインだけのコミュニケーションに寛容 ・Webでの集客→リード化が有効（オンライン完結）	・Webでの情報収集に消極的（出入業者の情報に依存） ・担当が組織化・選任 ・役割が明確（決められた領域のみアウトソース） ・意思決定に時間がかかる ・リスク回避>メリット享受（中小企業と比べて） ・高価格／高LTV／少数（中小企業と比べて） ・オンラインだけのコミュニケーションに寛容 ・展示会／ウェビナー／ホワイトペーパー／オウンドメディアで集客→メルマガ配信→Web誘導が有効（オフラインtoオンライン）

図のような一般的傾向を参考にした上で、自分たちの事業やWebサイトが対象とする顧客企業像を明確にしていきます。

（7）顧客定義

BtoBにおける顧客定義は、BtoCの顧客定義と視点が異なります。BtoBの登場人物にも個性や性格的特性は存在しますが、趣味趣向で購入するわけではありません。組織の中で与えられた役割に基づいて購買するため、個人の美意識やライフスタイルを定義することには、ほとんど意味がないのです。

心理としてはリスク回避の傾向が強く働きます。しかし、立場によって何をリスクだと思うかは異なり、そこが顧客定義における重要な議論ポイントになるでしょう。ただし、これは人物ではなく社風の影響も受けます。また、組織購買となるため、一個人の判断だけで購買することはなく、その経済合理性を集団で判断しながら意思決定していきます。

この顧客定義に、近年はペルソナが用いられることが多くなっています。

<table>
<tr><td></td><td colspan="2">基本情報
名前：鈴木かおり　出身：東京都あきる野市　学歴：都内4年生大学　商学部
年齢：28歳　居住：神奈川県川崎市　社歴：5年目（新卒入社）
性別：女性　職業：会社員　役職：チームリーダー</td></tr>
<tr><td colspan="2">企業属性（所属企業の情報）
・企業名：株式会社千代田キャリア
・事業内容：就職支援
・社風：権限移譲、チャレンジ精神、スタートアップ気質、成果主義
・顧客特性：若手に任せる傾向、ただし数字などの妥当性は厳しく追求</td><td>仕事の基本パターン（所属企業の情報）
・社内で企画会議・チーム編成
・事業KGIは役員および管理者で決定
・若手は指示を受け情報収集、管理者が意思決定して役員にエスカレーション
・若手は20代後半のリーダー職と20代前半のアシスタントの2名体制</td></tr>
<tr><td colspan="2">仕事の価値観
・会社の期待に応えて、成果を出したい
・困難なことがあっても後ろ向きなことを言わず、とにかく行動
・曲がったこと、矛盾することは嫌い、いつもフェアでいたい</td><td>得意・不得意
・行動力、勢いはあり、モチベーションは高い
・交渉したり、上司など人を動かしたりするのは比較的得意
・細かく計画を立てるより、勢いで動いてしまうところがある
・数字を見る仕事だが、分析や情報収集はそれほど好きではない</td></tr>
<tr><td colspan="2">リテラシー
・転職歴はないがずっと似た仕事をしており、特にSEM領域の知見は豊富
・基本的な技術知識は習熟しているが、テクニカルすぎると分からない
・テクノロジーよりはマーケティングに視点がいく
・主に使うツールはOffice、分析や運用系ツールはダッシュボードを見る程度</td><td>取引業者への期待
・こちらの言いなりではなく、専門家の知見を活かして提案してくれる
・契約範囲だけでなく、関連する領域もカバーしてくれる
・仕事の仕方が洗練されており、キチンとしている
・多少話下手であっても、真面目で知識豊富な人・社会がいい</td></tr>
</table>

何のためにペルソナを作るのかを考えなければ、無意味な検討に時間を費やすことになってしまいます。ペルソナの最大のメリットは、**多人数間での認識共有**にあります。多くの組織を横断してWebサイトの検討を行う場合、ペルソナのような仮想人物を定義しておくことは、後々に効果を発揮するでしょう。

しかし、少人数あるいはトップダウンでWebサイトのプロジェクトを進められるようであれば、ペルソナに固執せず、「必要な共通属性だけを定義する」という検討方法も十分に考えられます。また、解像度の高い人物定義から具体的なアイデアを抽出したいのであれば、実存する具体的なある特定の人物（n=1）を深堀する手法もあります。

ペルソナを完全否定するわけではありません。手法に囚われずに、顧客人物を定義していきたいものです。

この顧客定義においてもっとも重要なのは、ニーズとインサイトを捉えることです。

顧客理解で大事なのは、属性を把握することではなく、心の内を把握することです。とくに、心の奥底にあり、購買のスイッチとなりうる「インサイト」を見つけることが何よりも重要です。

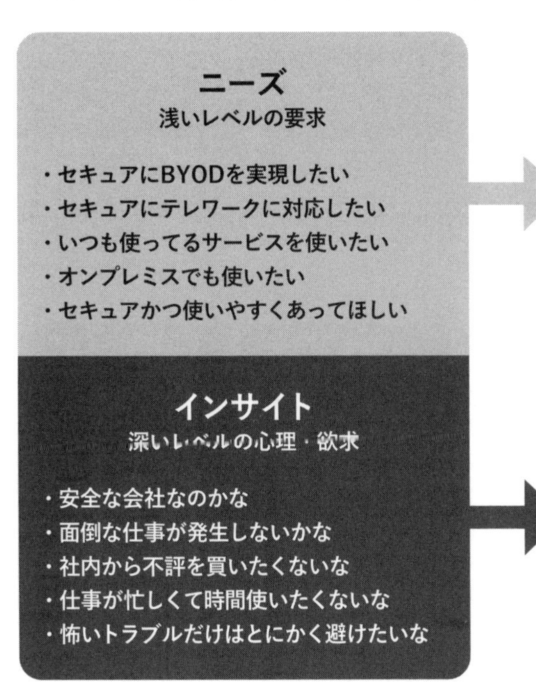

希望する機能があるか知りたい

CEPとニーズを紐づけて、それぞれに合わせた認知経路を設置しつつ、Webサイトではこれらの情報が統合・整理された状態を作り、商談につなげていく。

不安を解消したい

主にコンテンツおよびコピーライティングにおいて、不安を前提にしたクリエイティブを制作する。長期市場向けのコンテンツも、不安に訴える内容ほど広まりやすいと考えられる。

また、セールスフォース社の営業研修で用いられる「四つの不」という概念も、顧客の心理を考察して具体的なアイデアを導く上で有効なツールとなりえます。

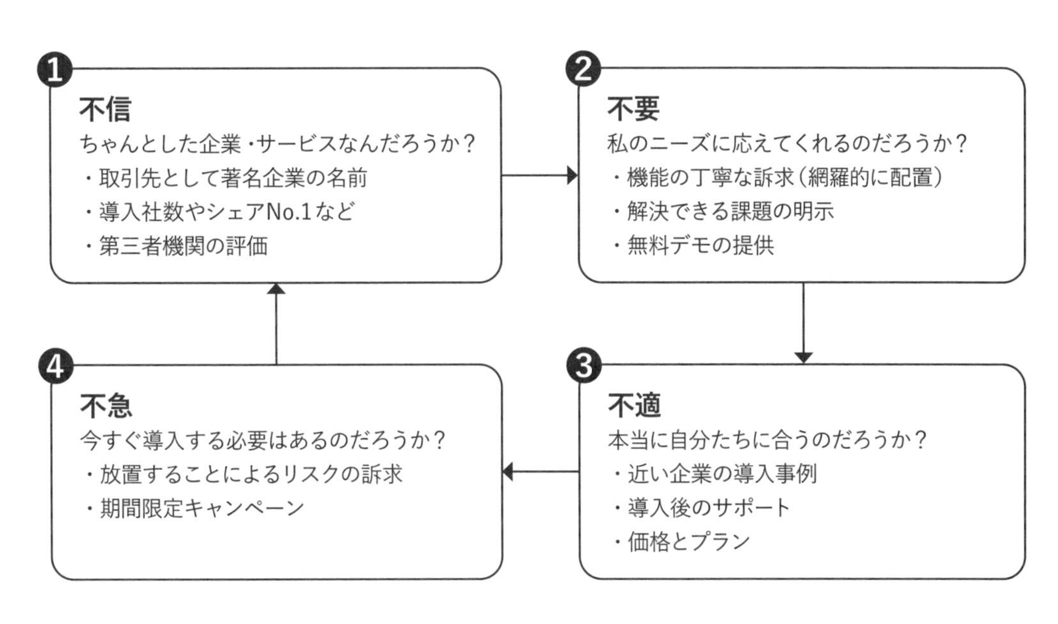

このように顧客定義をペルソナ化して満足するのではなく、その人物がどんなニーズやインサイトをもち、どんな「不」をもっているかを考えた上で、Webサイトに掲載すべきメッセージやコンテンツを考えることが、本質的に重要です。

(8)行動定義

顧客のイメージがある程度固まったら、次にその顧客がどのような購買行動をとるのかを明確にしていきます。ここで用いるツールが、カスタマージャーニーです。

	1. 課題化前	2. 情報収集	3. 比較検討	4. 最終決定
ステータス	SNS運用もしくは運用広告に問題を抱えているが、課題意識がない	SNSをアウトソーシングできそうな候補企業を見つけてくる	候補企業について詳しく知り、さらに条件を絞り込む	面談し、提案や見積りなど必要情報を入手し、最終的な意思決定をする
ゴール	課題化	候補企業リスト作成(5〜10社)	候補企業リストの絞り込み(2〜3社)	意思決定
上長	・日常的な情報収集	・課題を感じる ・担当者に情報収集指示	・候補企業を確認 ・担当者に選定基準などを指示 ・担当者の相談に乗る	・面談同席 ・担当者と社内検討 ・基本的に投資対効果を確認
砂田さん	※リテラシーや関心が高くなく、SNSを積極的にやっていないため、リーチはやや難しいと予想	・指示を受けて情報収集開始 ・Googleで検索 ・めぼしいサイトに訪問 ・候補企業リストに登録 ・必要な資料を入手(DL) ほぼユーザーテストのような行動	・選定基準に合わせて再調査 ・詳細の再確認 ・上長と相談 ・Webサイトから問い合わせ ・面談日程調整(メール/電話)	・面談設定 ・見積、提案依頼 ・上長と社内検討 ・発注意向の連絡
サイト要件	・SNS運用に関することを発信する ・広告運用に関することを発信する(主にブログやSNSアカウント、セミナーの役割)	・SERPに露出(SEO/SEM) ・LPからサービス詳細 ・導入事例で自分事化 ・企業情報で信頼確定 ・SNS運用、選び方などを啓蒙	・基本的には2の延長だが、上長への説得材料としての情報収集 ・導入までの具体的なプロセスなど ・投資対効果の計算 ・炎上リスクについて ・ハードルの低いお問い合わせ(CTA/チャット?)	・基本的にはない
ジャーニーを進めるポイント	SNS運用に関する常識、固定観念を覆し、課題意識をもたせる	リテラシーが低い担当者の信頼を獲得する	担当者が上司を説得しやすい情報を与える	

カスタマージャーニーはマーケティングやUXデザインで用いられている一般的なツールです。弊社では、このカスタマージャーニーを、BtoBならではの特性を考慮した上で活用しています。

BtoBの場合、顧客の絶対数が少ないため、大量のユーザー調査からカスタマージャーニーを作ることは、ほぼ不可能です。また、特定の用途に専門特化した商材であり、高額でもあるため、BtoBでは購買のトリガーがどこで発生するか分かりにくくなっています。そのため、顧客行動の「正確な描写」に固執すると、どうまとめたら良いのか、分かりにくくなってしまいます。

そこで発想を転換し、「カスタマージャーニーは顧客行動の正確な描写ではなく、典型的な購買行動のモデル化である」と捉えると良いでしょう。つまり、購買に至るプロセスを大きく三つや四つに分解し、それぞれの課題、ゴール、行動、情報ニーズなどを整理していくために用いるということです。

これはある程度抽象化したものになるため、現実的にはケースバイケースになるでしょう。しかしそれでも、モデル化して条件を整理することが大切です。これにより、認知が課題なのにWebサイトの改修に投資したり、短期的なリード獲得を目指すのにパーパス型のオウンドメディアを作ったりといった、ユーザー行動と噛み合わない取り組みを避けることができます。

これらの前提条件をユーザー行動視点で整理し、関係者に合意を取ることで、プロジェクトをスムーズに推進させることができるようになります。これこそが、カスタマージャーニーを作る一番のメリットです。

また、弊社のカスタマージャーニーは、BtoBならではの購買プロセスを考慮した作り方をしています。BtoBの購買は組織購買であり、単独の人物では完結しないことがほとんどです。このような購買意思決定関与者はDMU（Decision Making Unit）という考え方にもまとめられています。

BtoBは複数人で協議して検討する傾向があります。そのため、カスタマージャーニーも、複数人での協議を前提に構成する必要があります。

また、カスタマージャーニーの登場人物が、DMUでどれにあたるかを意識しておくと、より整理されるでしょう。

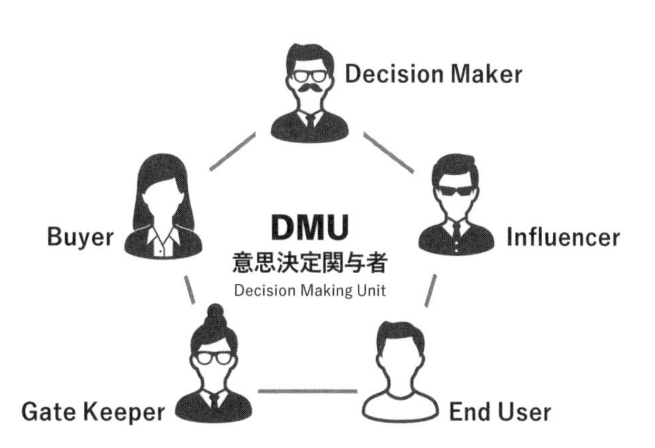

あくまでWebサイトの検討に限定するなら、DMUのすべてのプレイヤーの行動をモデル化する必要はありません。しかし、Webサイトを訪問するであろう担当者だけでなく、その報告を受ける立場である周辺関与者の行動や心理もモデルに組み込んでおくと、新しいコンテンツのアイデアにつながることがあります。

（9）商材定義

市場や顧客がある程度見えてきたら、次に、その顧客に届ける価値の源泉である商材にフォーカスし、Webサイトに反映できる前提がないかを洗い出していきます。

この商材定義の中で決めていくのは、主に次の三つです。

1. **サービス体系**
2. **KBF（Key Buying Factor）**
3. **コアストーリー**

それぞれについて詳しく説明しましょう。

サービス体系

ワンプロダクト／ワンサービスの場合、サービス体系を協議する必要はほとんどありません。しかし、複数のプロダクト／サービスを提供している、あるいは、階層化されたサービスメニューとなっている場合には、明確な定義が必要になります。

本来、サービス体系とは、Webサイトの検討以前、事業戦略やマーケティング戦略を考える時点で決まっているはずのものです。それができている場合には、Webサイトのリニューアルにあたって改めて検討する必要はありません。

しかし現実には、場当たり的に事業が多角化していった結果、プロダクト／サービスが整理されていないまま、Webサイトの検討を始めているという企業は、非常に多いです。複数商材の関係が整理されていない状態でWebサイトを制作すると、分かりにくい構造やコンテンツに仕上がってしまうリスクが高まります。

そこでWebサイトのリニューアルをきっかけとして、事業や商材を改めて整理してみることをおすすめします。

サービスの体系化に、決まったメソッドはありません。しかし、論理的な情報設計力とクリエイティビティを必要とし、プロセスを言語化しにくい領域でもあります。

例えば、かつて弊社が担当したクラスメソッドのサイトリニューアルの戦略立案では、以下のようなサービスの体系化を行いました。

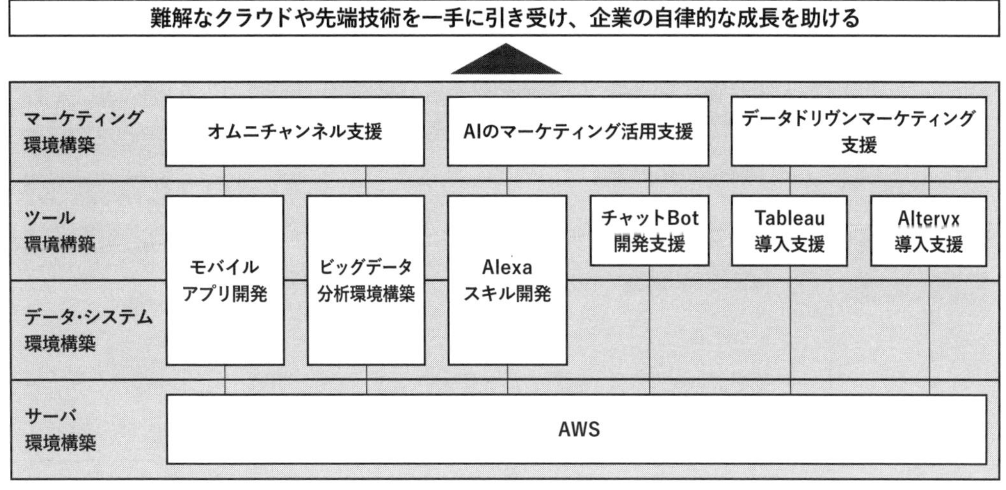

※現在のサービス体系はこれと異なります。

同時期にリニューアルを担当したホットリンク社のサイトリニューアルにあたっても、以下のようなサービスの体系化を行いました。

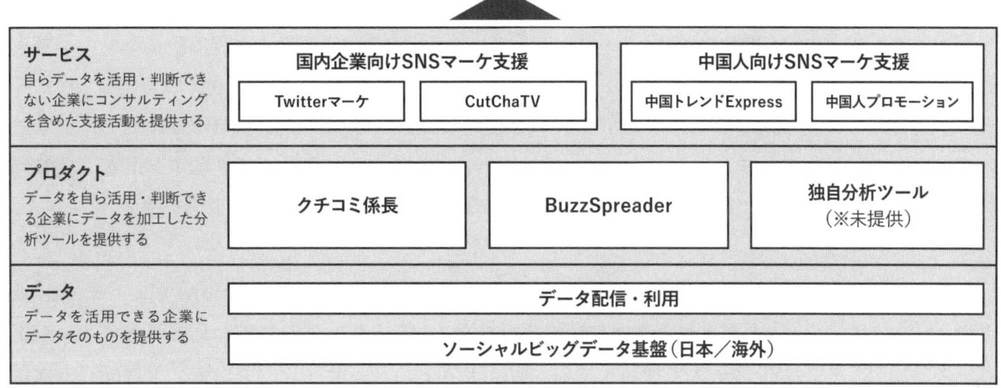

※現在のサービス体系はこれと異なります。

あるデジタルマーケティング企業の提案に際しては、以下のようなサービスの整理をしたことがあります。

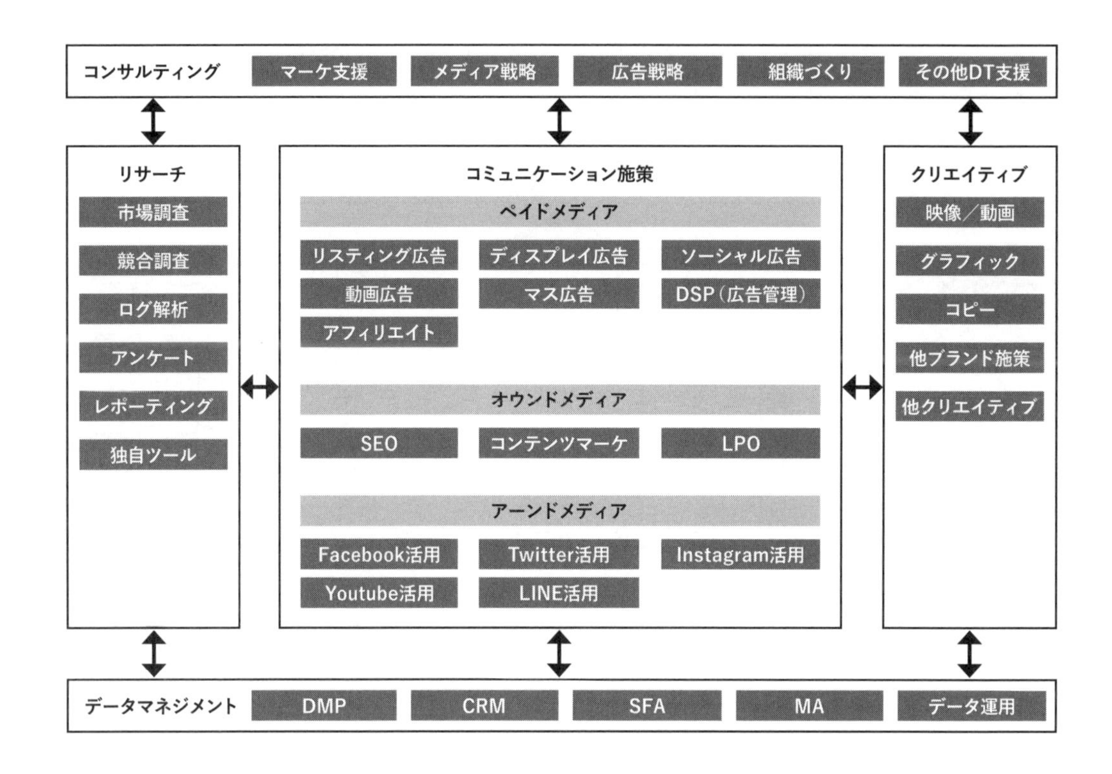

事業の構造や関係性を整理することが、Webサイトの構造やコンテンツの分かりやすさに直結します。定型化したフォーマットはありませんが、丁寧に検討していきたいところです。

KBF

KBFとはKey Buying Factorの略で、直訳すると「重要購買因子」です。その名のとおり、購買を決定する重要な因子のことを指します。商材の特長とKBFが連動していれば、「売れる商材」になりえます。一方でいくら商材のセールスポイントを連呼しても、それが顧客のKBFと連動していなければ、その商材は一向に売れないでしょう。Webサイトに掲載する商材の訴求ポイントを、企業側の思い込みで作ってはいけません。それを避けるためにも、KBFという概念は重宝します。

なお、KBFと似たような意味合いの用語に、USP（Unique Selling Proposition）があります。「独自のセールスポイント」と訳され、やはり商材の訴求ポイントを考える時に使われる概念です。KBFベースで検討してもUSPベースで検討しても、Webサイトのメッセージやコンテンツは同じ方向に収束することがあります。ただ、USPは独自性や差別化といった対競合視点が強く、企業が打ち出したいことが重視されています。USPでは顧客視点を見失いやすいため、商材の特長を整理するなら、KBFベースで考えたほうが良いでしょう。

KBFとしてよく使われるのは、次のような要素や組み合わせです。

- **価格**
- **納期**
- **効果**
- **機能や仕様**
- **安全性・安定性**
- **外部連携など**
- **カスタマイズ性**
- **デザイン性**
- **サービス内容（より具体的に）**
- **アフターサービス**
- **企業規模**
- **企業の知名度**
- **過去の取引履歴**
- **実績**
- **評判**
- **営業担当の人柄**
- **会社の風土**
- **社会的意義　　など**

KBFの決定にあたっては、顧客調査などの裏付けを取るべきです。BtoCでは、KBFを洗い出すために数ヵ月の消費者調査を実施することも珍しくありません。それに対してBtoBの場合には、対象となる顧客数が少ないため、顧客／見込み顧客に対するインタビューでKBFを掘り起こすケースも多く見られます。ただしBtoBでは、商材特性や販売チャネルの問題で、エンドユーザーに直接話を聞くのが難しいこともあります。その場合はエンドユーザーを一番よく知る人物、例えば営業などのヒアリングを元に、KBFを明らかにしていきます。

繰り返しますが、KBFを定義する上での注意点は、「自分たちの言いたいこと」に流されないことです。企業が強みだと思っていることと、顧客が求めていることがズレている、というのは頻繁に起こります。自己認識が誤っているかもしれないという視点に立ち、顧客目線を見失わずに、KBFを考えることが、何より重要です。

また、実効性のあるKBF設定のためには、表面的なニーズではなく、組織を動かしている**組織インサイト**に目を向ける必要があります。インタビューをすると、購買理由に「価格が安い」「品質がいい」などといった回答が返ってくることがありますが、これが真のKBFでないことも多いです。「人が自己認識しているのは全体の5%に過ぎず、95%は潜在意識に眠っている」という話もあります。表面的な言葉に惑わされずに、これまでに定義してきた顧客や顧客行動も鑑みながら、インサイトを掴んでいきましょう。

KBFの表現には、決まった書式はありません。弊社でもプロジェクトによってKBFの表現はまちまちです。例えばあるSaaSのKBF設定では、以下のように四つの影響因子を導き出し、必須要素と付加価値要素に分類するような設定の仕方をしています。

より重要

必須要素

1
堅牢なセキュリティ
あらゆるリスクに対応できる
ゼロトラスト前提の堅牢セキュリティ

・端末や通信経路にデータを保存しない設計
・SAMLなどのシングルサインオンに標準対応
・OAuthなどの強固な認証サービスに標準対応
・MDMと併用可能（社給端末の安全性向上）
・アプリケーションをサンドボックス化
・標的型攻撃メールを無害化
・国産サービス&国内サーバの開発環境
・利用時間を制限で労規に準拠した働き方実現

2
優れたユーザビリティ
業務生産性を落とさない
シンプルで軽快な操作性

・直感的に操作できるシンプルUI設計
・独自開発のネイティブアプリだから、通信効率も良くサクサク動く
・社内のWebシステムやファイルサーバにも簡単アクセス
・つないだらすぐ使える簡単設定

付加価値要素

3
多彩なアプリケーション連携
自分スタイルの仕事が実現できる
多彩なサービス連携

・1つのアプリえクラウドも社内システムも連携
・マルチデバイス、マルチOSをサポート
・テレワークで使うアプリが標準搭載
・MicrosoftやGoogleなどの人気サービス30種類移譲に全部つながる
・API連携による高い効率性とセキュリティ

4
圧倒的なコストパフォーマンス
低コスト&簡単導入による
端末管理・運用コストの大幅削減

・VPN装置や端末証明書等のコストや手間削減
・使用端末が使え、端末コストを大幅削減
・メール／チャット／050連携の導入コスト削減
・利用時間などの詳細設定で管理職の負担軽減

また、ある法人向けの貸し会議室サービスでは、KBFをユーザーの意思決定プロセスに合わせてモデル化し、Webサイトでの行動を加えて表現しています。

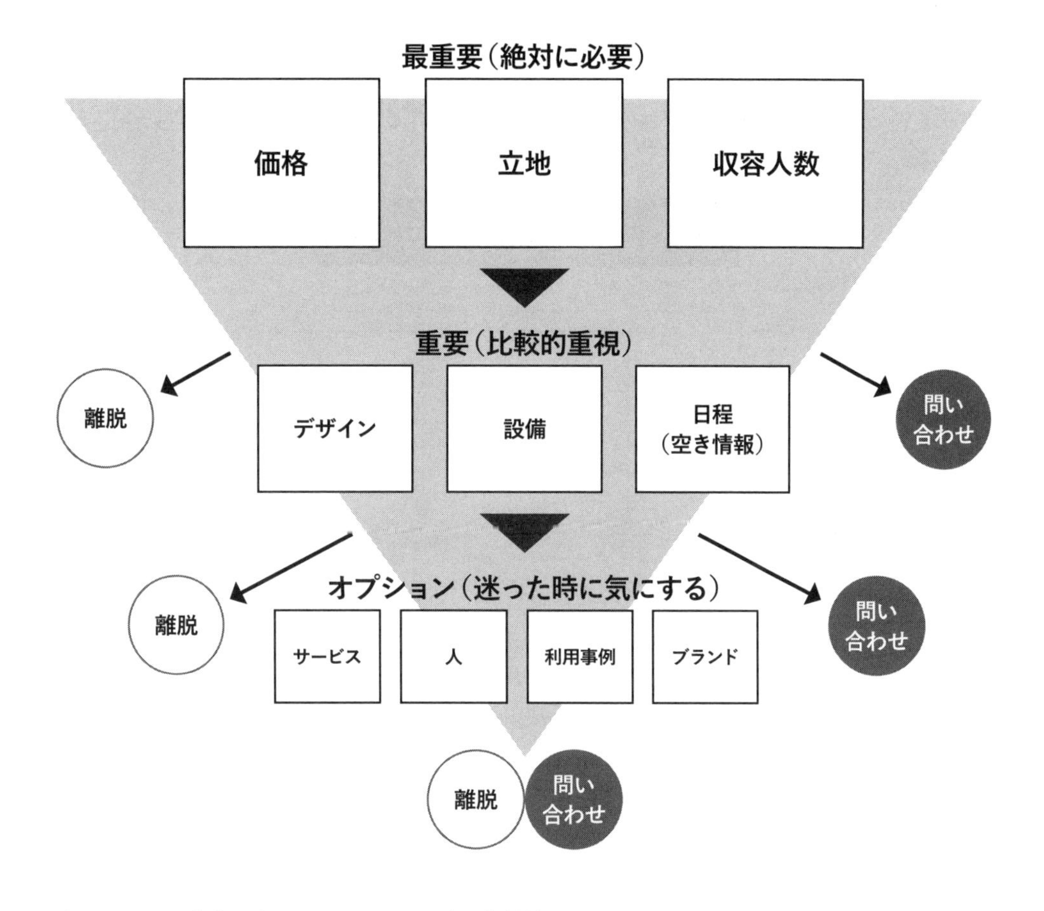

重要なのは、企業の独りよがりにならず、実効性を伴うこと。そして、社内の関係者およびWebサイトの制作を担当するクリエイター間で認識の共有が行われ、有用なコンテンツを導き出す議論につながることです。その観点から、自由な発想でKBFを整理するようにしましょう。

コアストーリー

サービス体系やKBFを定義したら、ユーザーに対してそれらをどう伝えるべきかを検討します。その中心となるのが、弊社がコアストーリーと呼んでいるものです。

コアストーリーは、Webサイトのためだけに使うものではありません。顧客は購買を決めるまでにさまざまなタッチポイントでその商材の情報に触れます。その際、タッチポイントによって訴求内容が異なっていると、商材の特長や魅力がきちんと伝わりません。そこで、Webサイト、LP、広告、ホワイトペーパー、メルマガ、営業資料などで一貫して使える「私たちの売りを伝えるための共通ストーリー」が必要になるのです。

商材の強みの出し方はテーマや施策によって変わりますが、それによってメッセージがぶれてしまう可能性もあります。そのためまず核となる「コアストーリー」を定義し、テーマや施策によってコアストーリーをカスタマイズして、コンテンツ化／メッセージ化していけば、ブレにくい一貫性があるコミュニケーションが可能になると考えます。

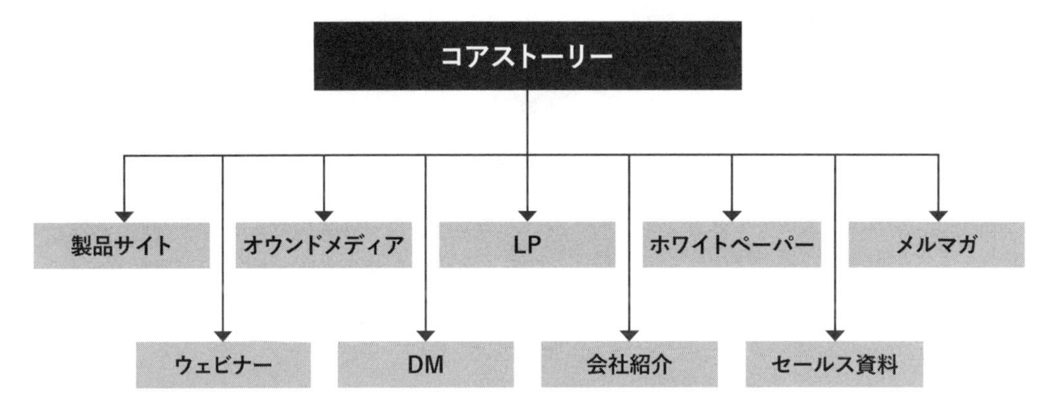

コアストーリーの骨子として、弊社では、ダイレクトマーケティングで用いられるセオリーを流用しています。これもPASONAの法則、QUESTの法則、BEAFの法則など、いくつか存在しますが、弊社では、問題提起→結果→証明→信頼→安心 の手順で検討していきます。

コアストーリーは、ダイレクトマーケティングなどで用いられる以下の基本構成をベースにすると、アクションにつながるストーリーに仕上げることができると考えられます。

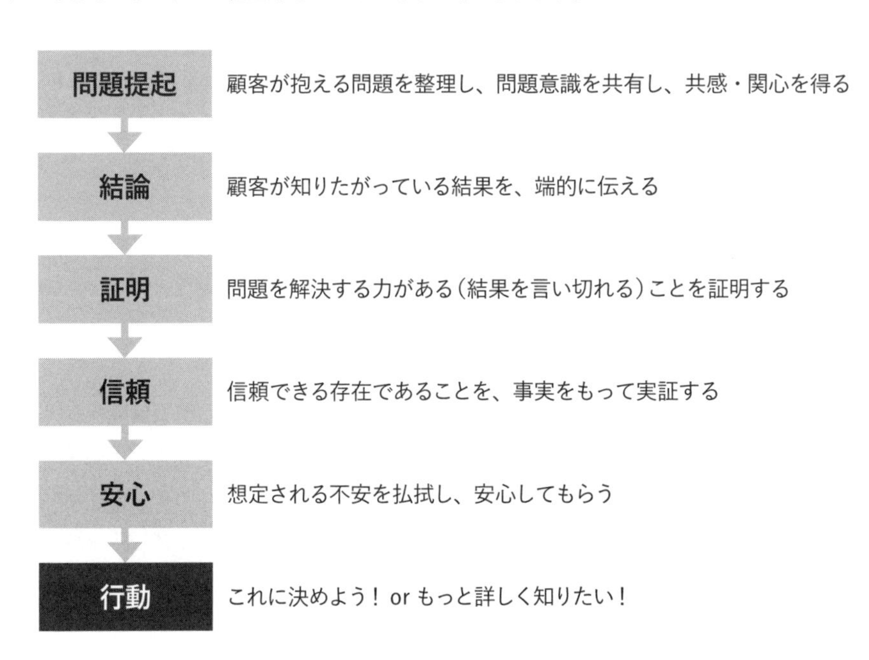

問題提起

「問題提起」とは、顧客の関心や共感を促す、顧客が直面している問題を提示することです。これは、顧客がもともと認識していることもあれば、提示されて初めて「なるほど、そうか」と気づくこともあります。顧客の印象に強く残り、専門家として見てもらえるようになるのは、当然、後者のパターンです。また、BtoBの場合、ほとんどは問題解決型の商材であるため、問題提起はペインの提示であり、「ホラーストーリーを伴った方が、購買のスイッチが入りやすい」と言われています。

結果

「結果」とは、商材を購入・導入することで相手が獲得できる結果、結論です。「売上が○%上がる」、「コストが○%下がる」、「○ヵ月で社員がスキルアップする」など、顧客が抱えている問題に対し、この商材がどのような良い「結果」をもたらすのかを言語化したパートです。

実証

「実証」とは、「結果」がなぜ得られるのか？　を証明するパートです。「結果」だけであれば誰でも言えてしまう可能性が高いため、具体的かつ論理的に「結果」が高確率でもたらされる理由を述べていく必要があります。Webサイトでは機能説明やサービスの詳細など、深掘りすればするほど多くのコンテンツを必要とするパートといえます。

信頼

「信頼」は、顧客を信頼させるパートです。いかに優れた問題提起がなされ、良い「結果」と、それをもたらす仕組みが「実証」されていても、その企業や商材に対する十分な信頼を感じることができなければ、その提案を受け入れることは難しくなるでしょう。具体的には、実績、取引先、企業規模、歴史、第三者評価などを提示することで、信頼感を醸成していきます。

安心

「安心」は「信頼」と似ていますが、こちらは懐疑的な姿勢である意思決定者の考えを払拭するためのパートです。信頼できる相手による魅力的な提案であったとしても、「果たして自分に合うだろうか？」「難易度が高そうだが、失敗しないだろうか？」という不安がよぎるのは、自然な心理です。それに対して、導入後の顧客満足度のデータ、顧客の声、サポート体制などを提示し、不安をできる限り払拭します。

この「問題提起・結果・実証・信頼・安心」のロジックを使って、コアストーリーを定義していきます。

コアストーリーが完成したら、その内容を組み合わせながら、各施策でのコンテンツやメッセージに反映していきます。

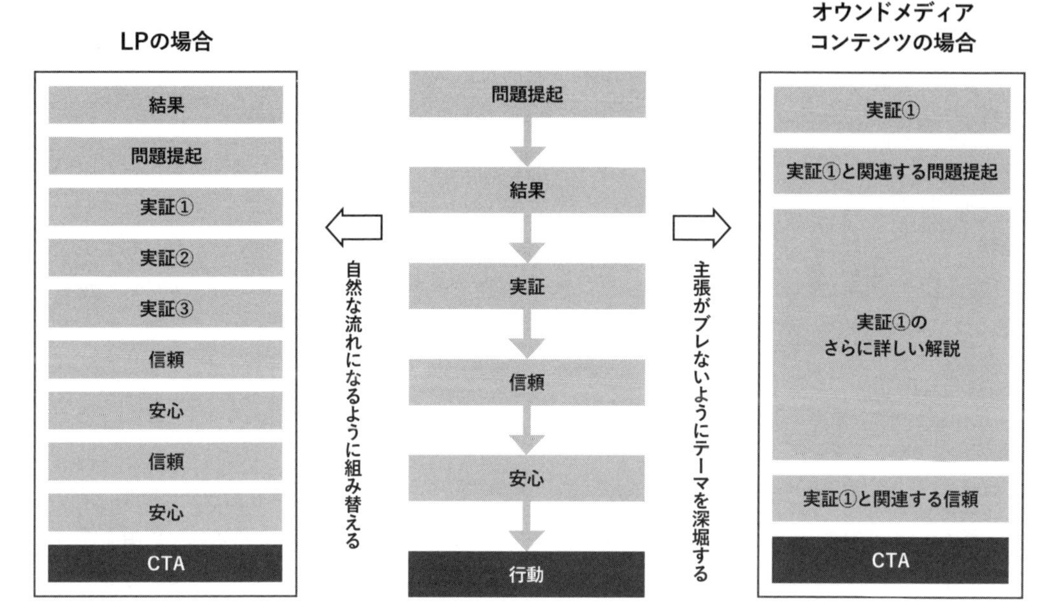

※具体的なLPや広告、コンテンツを作る場合、該当テーマで契約した顧客にインタビューを実施し、フィードバックを受けるとさらに強化されます。

このコアストーリーは、Webサイトのためだけに使うものではありません。商材のエッセンスを詰め込まれているため、あらゆるタッチポイントにおいて用いることが可能です。Webサイトの検討だけに留めず、LP、広告、営業資料、オウンドメディアの記事、メールマガジンなど、あらゆるメディアのメッセージでこのコアストーリーを活用してください。メッセージに一貫性が生まれ、より強固なブランドイメージを築くことが可能になるでしょう。

(10) ブランド定義

ブランディングを「見た目を美しく整えて高級感を出すこと」と捉えていると、BtoC特有の検討事項のように思えるでしょう。しかしそれは、ブランディングやブランドのもつ一面に過ぎません。ブランド／ブランディングに、世界共通の定義はありません。しかし、「マーケティングに作用する人の記憶と想起に関する領域がブランド／ブランディングである」と考えれば、すべてのBtoB商材にとってブランド／ブランディングは必要不可欠な概念になります。当然、Webサイトを検討する際にも、顧客やユーザーの頭の中にあるブランドを完全に無視することはできません。

ただし、意図的にブランドを作り上げるブランディングという活動が、Webサイト構築時の重要テーマになり得るかは、その企業／商材／市場の成長ステージや競合との関係性によって変わります。

市場が急速に拡大している場面では、認知と組織作りが事業の最重要課題となり、競合に対するイメージ面での差別化はそれほど重要になりません。それよりも認知（ブランド認知）を獲得し、標的市場とのレレバンスを作り、想起集合に確実に入っていき、できることなら第一想起化を狙うことが優先課題になるでしょう。これは、いわゆる"ブランディング"と呼ばれる活動の中で行われるというよりは、認知と顧客を獲得するためのマーケティングを強力に押し進めていくことで、自然に実践されていくものです。

このようなフェーズにある商材のWebサイトを作るとき、ブランド要件としては、共通のルック＆フィールやトーン＆マナーの定義に留めておきます。マーケティング要件を優先してWebサイト作りを進めましょう。

一方で、事業の急速な成長が終わって踊り場を迎えている。あるいは、市場が飽和状態となって競合との顧客獲得が熾烈になり、ともすれば価格競争を強いられるような状況に陥っている。このような場合には、ビジュアルやメッセージを含めたイメージ戦略が重要になります。ここにおいては、いわゆる"ブランディング"の検討が、事業の重要課題になりえます。この段階にある商材のWebサイトでは、コンテンツおよびビジュアルにおいて、より緻密なブランド戦略が必要です。

これまでブランドのことをあまり考えたことがないBtoB商材であれば、Webサイトの検討と並行して、ブランドを定義するプロジェクトを動かす必要も出てくるでしょう。これらのブランド定義をどのように進めていくべきかは、[2-6 ブランドをつくる]をご覧ください。

(11) ファネル定義

ここまでは、マーケティングの前提条件を洗い出すようなタスクが続きました。いよいよここからは、マーケティング施策の全体像を明らかにしていきます。

マーケティングの施策整理にも決まった手法があるわけではありませんが、弊社ではマーケティングファネルを用いることが多いです。ここではマーケティングファネルを使った整理術をご紹介します。

マーケティングファネルの全体は、課題形成前からクローズまでを3～4のステージに分けて構成します。これは(8) **顧客行動定義**で用いたジャーニーマップのステージと一致させます。

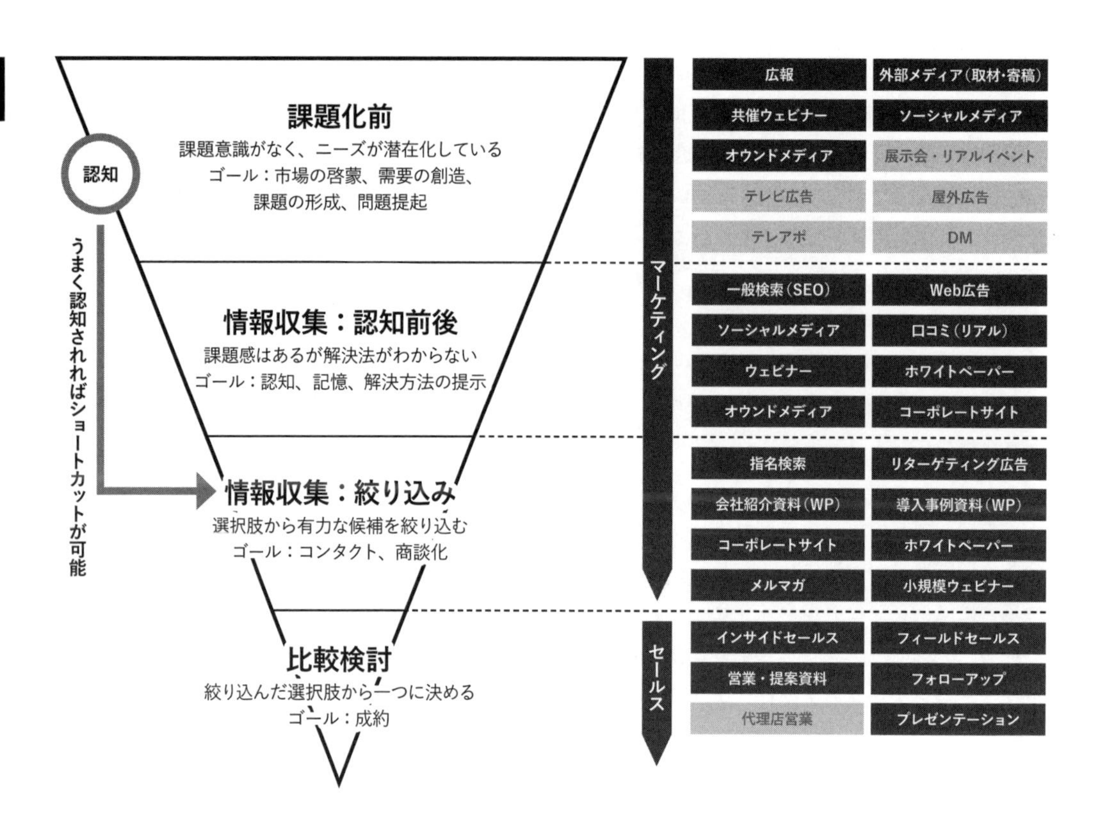

この図は、ある企業におけるファネル設計の例です。ここでは、Webサイトの役割がリードジェレネーションであると想定して、ファネルのボトム（下端）をクローズに設定しています。もし、Webサイトの役割としてカスタマーサクセスまで検討する必要があり、ジャーニーマップのステージ構成もそうなっているなら、このファネルもそれに合わせます。

プロジェクトの目的がWebサイトの公開であったとしても、リアルも含めたすべてのマーケティング施策を列挙して全体像を明らかにすることが重要です。というのも、Webサイトは単体では成果が出にくく、ほかの施策と連動してこそシナジーが生まれる施策だからです。「Web以外にどのような施策が実行されるのか」「その前提であるならばWebサイトにはどのようなコンテンツや動線の工夫が必要か」という発想は、マーケティングの全体像が見えていなければ生まれません。Webサイトをリニューアルしたのに成果が出ない。あるいは成果がよく分からないという事態は、検討段階でほかのマーケティング施策とWebサイトとの関係性を整理していないことによって起こりがちです。

Webサイトのことしか考えていない、という視野狭窄の状態で検討を進めてしまわないためにも、必ずWebサイトを取り巻くマーケティングの全体像は明らかにしておくようにしましょう。

(12)Webサイト戦略定義

ファネルを使ったマーケティングの全体像が整理できたら、いよいよWebサイトの役割を明確にしていきます。

ここについてはこれまで以上に決まったやり方がなく、案件特性に合わせて独自の定義をしていることも多いです。ここではファネル定義で用いた、ある案件でのWeb戦略を例としてご紹介しましょう。この案件では、マーケティングファネルをステージごとに分解し、各ステージにおけるWebサイトの流入と出口に影響を与える施策やチャネルを整理しました。

まず、ファネルの最上部である「課題形成前」であれば、日常生活の中でWebサイトに接する可能性が高いため、このステージにおけるWebサイトの戦略を、以下のように図式化しています。

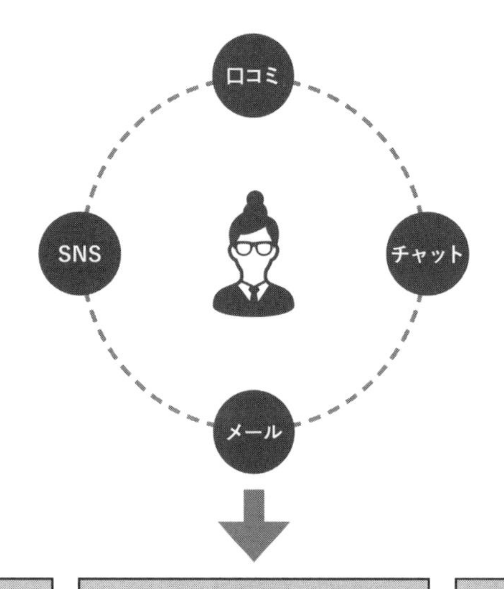

オウンドメディア	ウェビナー(オープン)	外部メディア(取材・寄稿)
業界内で話題性がある、あるいは○○に関係する立場の人なら共感できるコンテンツで認知を高め、市場を拡げる。	○○に関係する人を助ける目的の公開型のウェビナーを企画し、認知を高める。他社との共催も効果的。	外部の取材など、SNSやオウンドメディアの反響が増えると増加してくる。機会があれが活用する。

ファネルの上から2番目にあたる「情報収集:認知前後」フェーズでは、課題が顕在化しているけれど商材認知はまだしていないという情報収集中の人に対する戦略です。この案件では、まず、一般ワードに対するSEOや広告などを打ち出し、つながりのない見込み顧客に見つけてもらえる状態を整えました。その上で、Webサイトへどのように誘導するのか、経路を設計します。

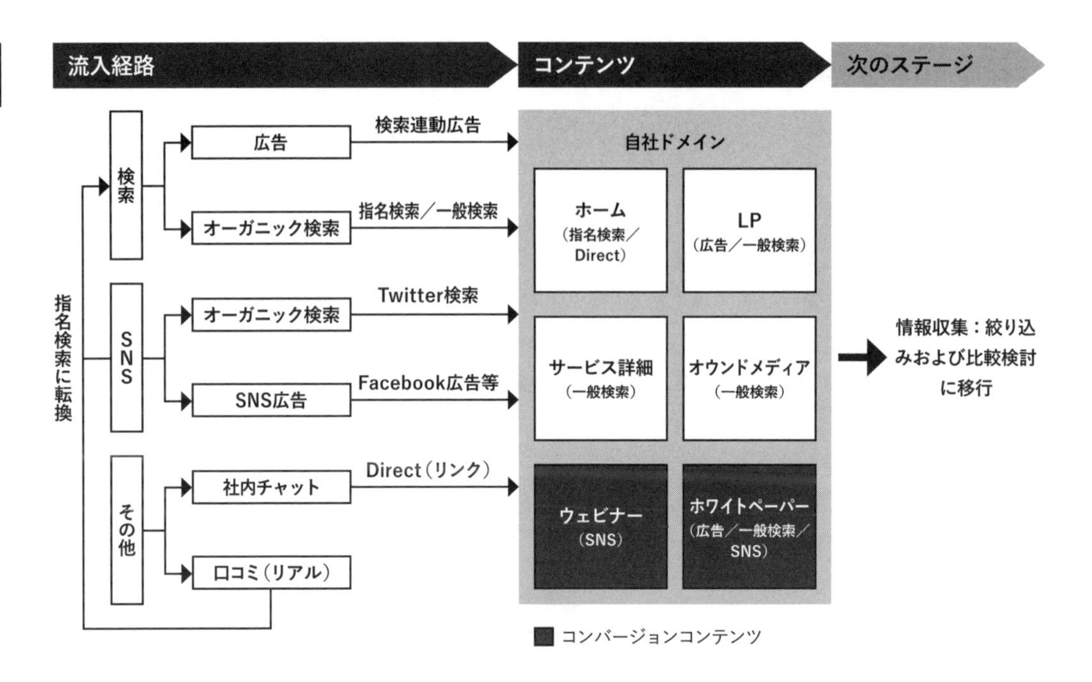

その次のステージ「情報収取：絞り込み」では、企業や商材を認知した上で、問い合わせもしくは最終確認をする人が、どのようにWebサイトを用いるかを定義しています。

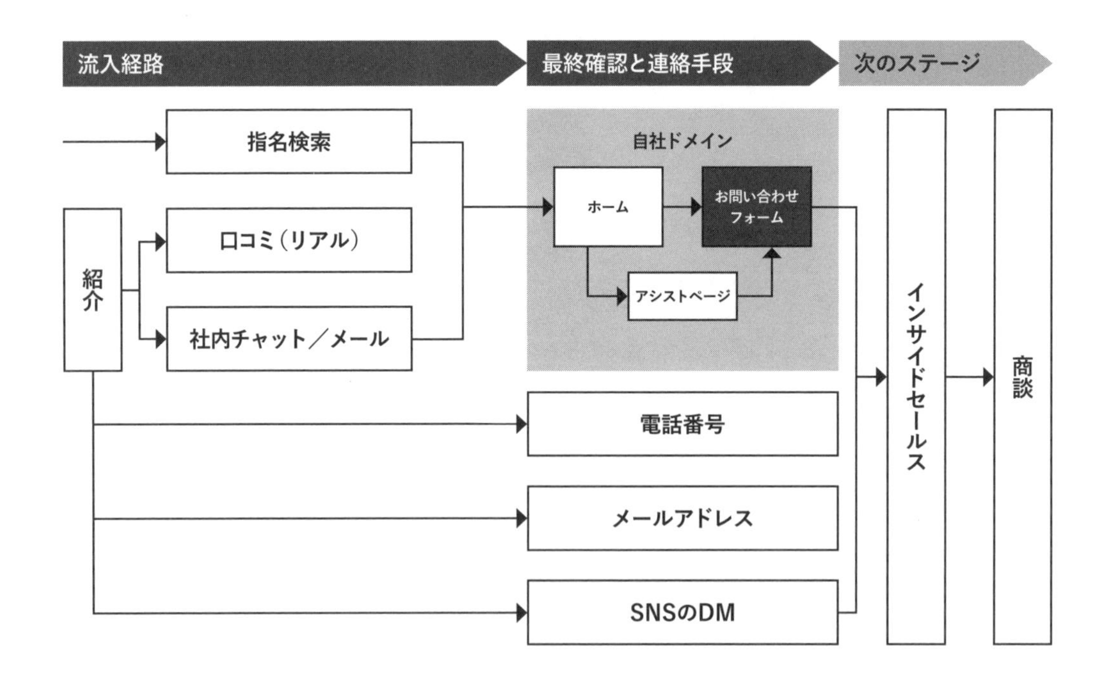

問い合わせ前の最後のステージである「比較検討」では、Webサイトの役割はほとんどなくなります。ただし、営業パーソンの属人的なスキルに依存しないよう、営業の工程において有効活用できるコンテンツを検討し、配置します。

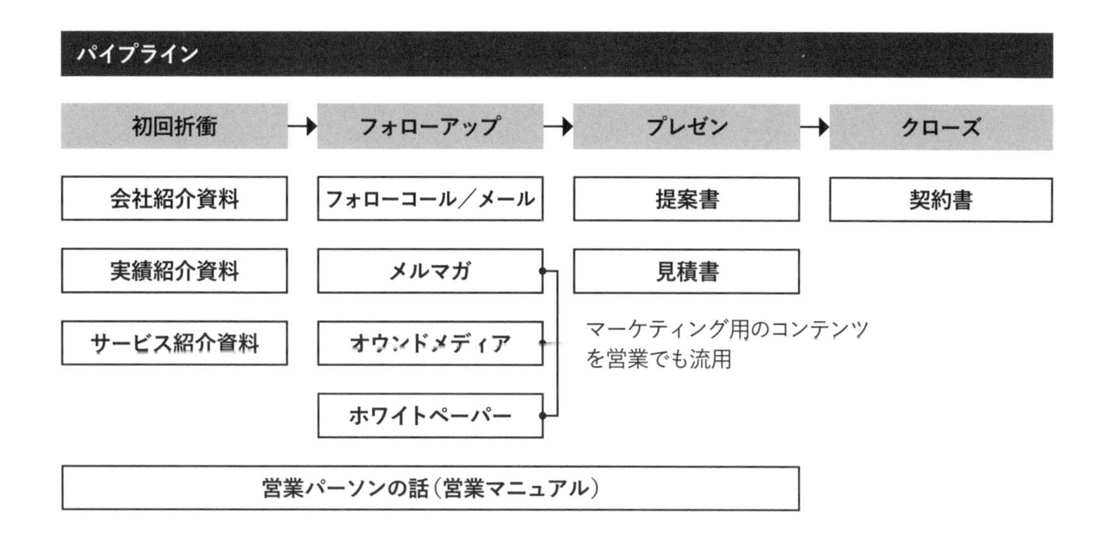

このように、ステージごとのWebサイトの役割を定義することで、Webサイト全体としてどのようなコンテンツを用意し、どのように設計していくべきか、大きな方向性を決めていきます。

(13)現Webサイトの課題抽出

Webサイトの理想像がある程度描けた段階で、理想像と比べた時の現状サイトの課題と改善箇所を洗い出していきます。具体的には、次のような手法で課題抽出を行います。

- **アクセス解析**
- **ヒートマップ**
- **ユーザーテスト**
- **ヒューリスティック評価**

ただし実際には、この段階より前に調査や検討と並行して実施されることが多くなります。とくにユーザーテストは、通常、顧客定義のタイミングと合わせてかなり早い段階で実施されます。また、アクセス解析やヒートマップなどは、過剰に行っても有意な結論が得られないことも多い。そのため、ここまでの調査や定義された前提を確認するための仮説検証として、限られた箇所のみ実施します。なお、現サイトが分析をしてもあまり意味がない場合、この工程を割愛することもあります。

(14)要求リスト

要求リストとは、Webサイトに対する要求を列挙したリストのことです。これは、この段階で突然作られるものではなく、(1)～(13)までの検討を行いながら、その都度「だからWebサイトはどうあるべきなのか」「そのためにはWebサイトにはどんなコンテンツが必要なのか」という議論を通して更新されていくものです。

これこそがWebサイトの設計における基礎であり、ここまでの検討は、この要求リストを作り上げるために存在するといっても過言ではありません。

アイデア	種類	対象	広告事業	Webチーム事業	事業目標	マーケティング課題	市場	カテゴリ	競合	顧客企業	顧客	行動	商材	ブランド	ファネル	Web戦略	備考・理由など
①高単価顧客を確保するための専門性の高いコンテンツ	コンテンツ	特徴・サービス詳細	●		●	●											ページによってメッセージやデザインが変わらない、など
②誰のための、どんな課題を解決するサービスか明確に記載する	コンテンツ	サービス詳細		●	●	●							●				
③デジタル広告市場は成熟市場で競合が多いため、Webサイトの差別化を図ることで結果的に市場シェアの拡大を目標とする	コンテンツ	全体	●			●											
④既存顧客を維持しつつ、今後狙いたい高単価・高リテラシー顧客に合わせたWebサイトにしていく	コンテンツ	全体	●			●											
⑤SEO・広告を駆使して集客するため、ユーザーがサービス詳細ページに来訪しても1ページで発注ができる情報量を掲載する(企業・サービス・特徴など)	コンテンツ	全体	●			●											
⑥発注から依頼後のイメージが湧くようにする	コンテンツ・デザイン	サービス詳細	●			●					●						具体的な提案資料・日々のやりとり方針を伝える
⑦Webチームは初見だと、対応領域が分かりづらいため、サービスが対応できる領域・カテゴリについての詳細な説明をする	コンテンツ	サービス詳細		●		●											
⑧サービス概要・ユーザー課題・Webチームの特徴など、コンテンツ面の充実が課題	コンテンツ	サービス詳細		●		●											
⑨広告・SEOによる集客を想定しているため、サブカテゴリのワードを多めにコンテンツを書く	コンテンツ	全体・サービス		●		●					●	●					
⑩営業で商談化率・成約率が高かった説明をWeb上で行う	コンテンツ	特徴・サービス詳細・導入まで		●		●							●				
⑪営業の説明とWebサイトの説明に一貫性をもたせる	コンテンツ	特徴・サービス詳細・導入まで		●		●											
⑫Webチームはサービスとしてまだ完成していないため、今後の変更を見越して更新性を高める	機能	全体		●		●											サイト構造やUI・CNSの統計などの観点で更新性を高め、内容変更時に手を加えられるようにする
⑬Webチームは市場として非常に小さいため、カテゴリの啓蒙コンテンツを用意	コンテンツ	サービス詳細		●		●											カテゴリの啓蒙が主たる目的なので、幅広いタッチポイントで訴求を行う
⑭実際にはお問い合わせから商談に移るケースもあるため、顧客を限定しないためにも価格は明記しない	コンテンツ	サービス詳細		●		●											ただし同じ質のサービスを自社で構築した場合との比較は書いて良い
⑮まずはコンテンツを改善することでリードの変化を見る。そのうえで価格の記載が必要であれば、情報を変更する	コンテンツ	サービス詳細		●		●											
⑯運用広告事業は競合を意識したサイト構造・コンテンツの作成をする必要がある	コンテンツ	全体・サービス	●				●										
⑰自社認知が低いため、会社・サービスの特徴を説明する	コンテンツ	特徴・サービス・会社概要	●				●										サービスの特徴(種類・実績・予算・顧客など)
⑱事業を絞らないサービスのため、業界別・サービス別の幅広い実績を訴求して顧客から自分事化してもらうようにする	コンテンツ	特徴・サービス・実績	●				●										

(15) サイトストラクチャ

要求リストに記載される要求事項の中には、コンテンツ、UI、ビジュアルなど、さまざまなものが含まれますが、このうちコンテンツの編成に関する条件だけを抽出していきながら、Webサイトの全体構造を定義したサイトストラクチャを作っていきます（一般的にはサイトマップとも呼ばれるものです）。

ここまで決まった段階で、WBSを引き直し、コストや工期を再度算出しながら、サイトストラクチャを決定していきます。このサイトストラクチャが、Webサイトの全体構造を決める指針になります。

サイトストラクチャが決定したら、戦略フェーズは完了となり、この内容に合わせて各画面のワイヤーフレーム、あるいはプロトタイプを作成する情報設計フェーズに移行します。

3-6-3 BtoBサイト設計のポイント

サイトストラクチャまで確定したら、続いてそれぞれの画面を詳細に設計していきます。ここからは、BtoBサイトを構成する主要ページをピックアップし、設計の基本的な考え方を解説します。

1. ホーム

ほとんどのBtoBサイトにとって、ホームは最も多く閲覧されるページです。会社名での指名検索、メールやチャットで紹介されたURLからの遷移、あるいは一度訪れた後の再訪問の多くは、ホームにランディングします。

このホームを設計するにあたって、次の2種類のユーザーを想定する必要があります。

① コンバージョン目的のユーザー
② 情報目的のユーザー

① コンバージョン目的のユーザー

コンバージョン目的のユーザーとは、問い合わせや資料請求など、コンバージョンするつもりで訪問するユーザーです。弊社経験でいえば、コンバージョンの約30～50%は、ラストセッション（最終訪問）でホームから入力フォームに直行します。また、コンバージョンの約10～20%は、初回訪問でいきなり問い合わせに直行します。

BtoBは衝動買いが発生することが少なく、ユーザーを多少迷わせても大きな問題になることはあまりありません。ただ、コンバージョン目的のユーザーを取りこぼしてしまう確率を1%でも下げることを考えると、やはりファーストビューの、視線が始まる300〜500pxあたりで明確に視認できるCTAを設置しておきたいところです。

② 情報目的のユーザー

コンバージョン目的のユーザー以外、つまり大多数のユーザーが「② 情報目的のユーザー」になります。したがって、回遊動線を分かりやすく配置することが、ホームにとって重要です。この情報目的のユーザーは、ユーザーテストなどの傾向から、おおむね次のパターンに分かれます。

- **スクロールして目的の情報を見つけたら飛び付く**
- **上から下まで全体像を一度見てから目的の情報を探す**
- **グローバルナビゲーションから探す**

このような行動パターンを踏まえると、「ユーザーニーズの高いコンテンツを上から順にグルーピングして並べる」「グローバルナビゲーションを設置する」の二つがセオリーとなります。

なお、ここまでの話は、コンバージョンが一種類しかないことを想定して設計されています。複数の商材ごとに異なるコンバージョンが存在する場合は、商材への速やかな誘導の重要性が増し、情報構造も変わります。

もっとも多くのアクセスを集めるページだからこそ、一定のセオリーは踏襲しつつも、事業特性・商材特性などに合わせた、細かなカスタマイズが必要といえます。

2. 特長

特長ページとは、製品やサービスの特長を1ページでまとめたものです。ランディングページのような情報構造になりますが、外部からの直接訪問よりも、商材をよく理解せずに訪問したユーザーが真っ先に閲覧することを想定しています。

特長ページの構造は「結果→問題提起→解決策→信頼→安心」を基本としながら、各商材の特長に合わせて、自然な流れになるように崩していきます。そのため、最終的にはこのワイヤーフレームから大きく変わることも多くなります。

なお、深堀してまでコンテンツを掲載する必要がない、あるいは、予算の制約がありミニサイトとしてコンパクトに作りたいといった場合には、ホーム自体を特長ページのように構成し、個別の特長ページは置かないこともあります。

3. サービス

サービスの構成要素を構造化し、できるだけ分かりやすい形で必要な情報を提供する。これが、サービスカテゴリの基本的な設計コンセプトです。しかしこれは、Webサイトの情報設計のレベルで考えることではありません。マーケティング戦略、サービス戦略で決まっていることを、わかりやすく整理して掲載するのが、Webサイトの役割です。

多数のサービスを展開している場合には、一覧ページと詳細ページを用意します。一覧ページでは、サービスの全容を俯瞰できるようにコンパクトに整理して並べていきます。冒頭で簡単にサービスコンセプトを説明する文章を配置しても良いでしょう。

詳細ページは、サービスの詳細説明がメインとなるため、ブログのようなオーソドックスなフォーマットが望ましいです。また、SEOの役割が期待できる場合には、検索エンジンから直接訪問したユーザーも想定して設計すると良いでしょう。

4. 機能

基本的な設計思想はサービスと同様です。また、本来はWebサイトの設計レベルで考えることではなく、プロダクト戦略、マーケティング戦略のレイヤーで考えるべきことという点も、サービスと同じです。

その上でプロダクトの場合、機能の有無が初期のブランド選考に影響を与えることがあります。些細な機能や競合との差別化にならない機能であっても、Webサイトに丁寧に掲載しておきましょう。企業としては「この機能は特徴的ではない」と思えるものも、競合がしっかり訴求していない場合、「この会社ならではの機能」として受け取られる可能性もあります。

このような細かな配慮の積み重ねによって、訪問者の取りこぼしを最小限に食い止められるようになります。

5. 事例

事例は、BtoBサイトの定番コンテンツであり、コンバージョンのアシストコンテンツになっていることも少なくありません。そのような事例の役割は、次の二つに集約されます。

- **著名企業の実績で安心感を与える**
- **似た企業の実績で期待感を与える**

そのため、誰もが知っている公共機関・金融機関・大企業などの信頼性が高い団体の実績を優先的に表示させることが大切です。実績数が多い場合は、業種や規模、課題などでソートして、訪問者が抱えている課題に近い事例を見つけやすくすると良いでしょう。

たまに、「導入事例」と「お客様の声」が別コンテンツになっているケースを見かけます。ユーザーテストなどの経験でいえば、「導入事例」と「お客様の声」で分けるより、1ページにまとめた方が閲覧可能性も高く、実績に対する信頼感も高まる傾向にあります。そのため、この二つはできるだけ分けずに、1ページで掲載するようにしましょう。

6. 価格

価格は、購買に大きな影響を与える、非常に重要な要素です。当然ながら、価格はプライシング戦略によって決められるもの。Webサイトはそれをできるだけ分かりやすく、誤解が起こらないよう掲載するのが主な役割です。

「Webサイトに価格を載せるべきか？」については、よく議論になります。「価格を知りたい」というのは絶対不変のユーザーニーズなので、価格の掲載に大きなデメリットがなければ、できるだけ掲載したいところです。

ただ、詳細にヒアリングをしなければ具体的な価格が出せないオーダーメイド型の商材などでは、Webサイト上に掲載した価格がアンカーとなり、その後の交渉に不利に働く可能性もあります。

このあたりについては、明確なセオリーというものはありません。自社の価格戦略、商材特性、顧客特性などから、総合的に判断しましょう。

7. セミナー／イベント

セミナー／イベントは、リードジェネレーションからナーチャリング、さらにはカスタマー向けにも活用できる、利便性の高いコンテンツです。多くの場合、SNSやメールマガジンなどの集客施策から、詳細ページへダイレクトに訪問します。そのため、一覧ページの重要性はあまり高くありません。

詳細ページは、ほかのページに遷移せず、その1ページだけでエントリーまで完結できるような設計が望ましいです。とはいえ、他セミナーに関心を寄せる可能性もあるため、関連セミナーの情報をサイドナビゲーションやコンテンツ下部に掲載すると良いでしょう。

なお、セミナーやイベントを重視している企業では、ホーム上部に最新のセミナー／イベントの掲載を望むことがあります。しかし、ホームでセミナーを認知し、参加を意思決定するユーザーが多いとは考えにくいです。ホームの特等席に、ほかの重要コンテンツを差し置いてセミナー／イベントを掲載するのは、基本的にあまり得策ではありません。

8. 会社情報

会社情報をどの程度詳しく掲載するかは、コーポレートブランドとサービスブランドがどのような関係になっているかにも依存します。例えば、会社名＝サービス名といった単一ブランド構造となっている場合、BtoBサイト＝コーポレートサイトとなるため、それなりの量の会社情報を掲載する必要が出てきます。

一方で、複数の事業を展開し、コーポレートサイトとBtoBサイトが異なる場合、会社情報は最低限、もしくはコーポレートサイト側に集約する、という判断でも良いでしょう。

ユーザー体験だけを考えれば、別サイトに飛ばさず、同一サイト内で基本的な会社情報が確認できた方が親切と考えられます。ただし、会社情報は同一サイト内にあった方がよい（コーポレートサイトに飛ばさない方がよい）ことを証明した定量データは存在しません。会社情報を同一サイト内に置くかどうかは、Webサイトの管理方針も含めて判断しましょう。

9. ブログ

「ブログ」「コラム」「オウンドメディア」などと呼ばれているコンテンツです。

SEOのことを考えれば、ブログ／オウンドメディアは、別ドメインやサブドメインではなく、ディレクトリを切って同一ドメイン配下に格納した方が良いでしょう。ただ、BtoBサイトと同一のヘッダやフッタを設置するか、あるいはブログ／オウンドメディアで独立したUIにするかについては、明確な答えがありません。ユーザー体験基準でロジカルに考えたのなら、独立デザインの方が望ましいでしょう。しかし、BtoBサイトと同じUIの方が離脱率は高いといったデータがあるわけでもなく、判断の難しいポイントです。

ブログ記事の流入経路は、一般的には検索エンジン／SNS／メルマガになることが多く、詳細画面に直接ランディングするケースがほとんどです。また1ページだけ見て離脱するユーザーが大半です。直帰率が80%や90%を超えることもありますが、これは別に異常な値というわけではありません。

このことを踏まえ、より多くのコンテンツを閲覧してもらえるように、サイドカラムやコンテンツ下部へ関連リンクを設置するのが良いでしょう。必ずしも大きな効果が出るとは言えませんが、あるWebサイトでは10%ほど直帰率が減った例もあります。

10. 資料ダウンロード

マーケティング･オートメーションの浸透以降、リード情報と引き換えに有益な資料をダウンロードさせる機能は、BtoBサイトに標準搭載されるようになりました。

資料がより多くダウンロードされるUIにすることが重要です。内容をチラ見せするような一覧ページ、さらに詳しく見せた詳細ページで興味を高め、その場ですぐダウンロードできるようにしましょう。また、あくまで資料ダウンロードなので、入手する情報は最低限に留めるのがセオリーです。これは、フォーム系ページ全般のセオリーとなりますが、フォーム入力の完遂率を1%でも上げるためには、必要のないナビゲーション要素はできるだけ削除しておきましょう。

11. 問い合わせフォーム

問い合わせフォームはBtoBサイトのゴールそのものであり、「問い合わせフォームに誘導するためにBtoBサイト内のコンテンツやUIが存在している」といっても過言ではありません。一方、BtoB商材は衝動買いが起こらないため、ちょっとしたフォームの出来／不出来くらいでは、結果が大きく変わらないのも事実です。

営業が強い企業なら、最低限のフォームを設置しておき、あとは電話でフォローするという形でも、事業は成り立つでしょう。また、非常に魅力的な商材、ほかに代替する手段がない商材なら、ユーザーは「何としても問合せしたい状態」になるはずです。マーケティングに上手に取り組めば、フォームの精度一つで事業が大きく変わるということにはならないでしょう。

とはいえ、問い合わせをするタイプのユーザーは、商談に極めて近い位置にいると考えられます。このような貴重なリードを失う確率は0.1%でも減らすべきであり、フォーム入力を完遂する時間は0.1秒でも減らすべきです。そのため、一般的なEFO（Entry Form Optimization：入力フォーム最適化）のセオリーをできるだけ踏襲したフォームを設置しておくようにしましょう。

12. よくある質問

「よくある質問」は、設置が必須のコンテンツではありません。ただ、商談時によく聞かれること、Webサイトの訪問した段階で知っておいてほしいことがあるなら、積極的に掲載しておきましょう。また、CTAの周辺に「よくある質問」への動線を置いておくことで、商談につながらない問い合わせ数を減らすことにつながります。

13. お知らせ

「お知らせも」必須コンテンツではありません。BtoBの見込み顧客は、ある限られた期間しかBtoBサイトに訪問しません。最新情報をチェックしに来るとは考えにくいため、「お知らせ」を設置していないBtoBサイトも多々見られます。

既存顧客向けのサポートコンテンツなどが併設される場合や、コーポレートサイトとしての役割を兼務するBtoBサイトの場合には、「お知らせ」が必要になることがあります。

「お知らせ」は、UI的には特筆すべき部分はありません。ブログのような、文章を読ませることに集中した標準的なフォーマットで設計しておけば、大きな問題はないでしょう。

14. サイトマップ

サイトマップを設置すべきかどうかは、時に議論になりますが、弊社では通常「設置しない理由はない」と答えています。ユーザーテストを行うと、ホームからまずサイトマップに移り、それからコンテンツを回遊するユーザーに出会うことがあります。また、再訪問時に、前回訪問したカテゴリが思い出せないとき、サイトマップから探そうとする行動も見られます。

このような行動を想定し、また、サイトマップ自体がさほど難易度の高いコンテンツでないことを鑑みて、「サイトマップを設置することは妥当である」という判断に至りました。

15. スマートフォン版

ほとんどのBtoBサイトは、PCからの流入が多く、スマートフォンからの流入は20～30%程度に留まります。そのため基本的な設計思想はPCファーストとなりますが、だからといってスマートフォンを完全に無視して良いわけではありません。レスポンシブWebのような技術を使えば、最小限の投資で効率よくスマートフォンに対応できます。

コンテンツ単位で見れば、ブログなどはスマートフォンからの流入比率が上がる傾向にあります。このような観点からも、サイト改善やリニューアルをするのであれば、スマートフォン対応も併せて行っておく方が良いでしょう。

以降の工程について

設計まで完了したら、BtoBサイトの基本的な要件はほぼ満たしている状態となります。あとはコピーとビジュアルになりますが、これらは基本的に、制作のプロであるWeb制作会社などと相談して、進めていくと良いでしょう。

ただし、Web制作会社はマーケティング戦略を理解せず、コピーやビジュアルの情緒的な印象でクリエイティブワークを進めてしまうことがあります。ここまでの工程を発注側でもコントロールし、「要求リスト」を共有するなどして、マーケティングと接続したWebサイト作りが一貫できるようにしましょう。

▶ 著者：枌谷 力

3-7 オウンドメディア

現在のBtoBマーケティングにおいて、オウンドメディアは非常に重要な打ち手の一つとなっています。この章では、オウンドメディアの概要から実際に運用をする上での具体的な手法まで、これからオウンドメディアを始める人にもわかるよう、網羅的にわかりやすく紹介します。

3-7-1 オウンドメディアとは

オウンドメディアは英語で【Owned Media】と表記されます。これは、「自らが発信権をもっているメディア」を意味します。並列で語られる言葉として、消費者やユーザーが主体となって情報を発信するアーンドメディア【Earned Media】、広告のように対価を払うことで情報掲載が可能になるペイドメディア【Paid Media】が存在し、これら三つを総称して「トリプルメディア」と呼びます。

トリプルメディアという概念は、2009年に米国IT情報サイトCNET上に掲載された論文『Multimedia2.0』内で取り扱われたことから広まったと言われています。日本国内でも2010年ごろに社団法人日本アドバタイザーズ協会Web広告研究会がこの考えを紹介し、書籍『トリプルメディアマーケティング（横山 隆治/インプレス/2010）』）が刊行され、デジタルマーケティング業界を中心に広く浸透していきました。

オウンドメディアには、自らが編集権をもつメディアのすべてが含まれます。コーポレートサイト、ブランドサイト、製品サイト、サービスサイト、ランディングページなど、自社が編集権をもっているWebサイトはすべてオウンドメディアに含まれます。さらにいえば、Webだけを指すわけではありません。会社案内や広報誌などもオウンドメディアの一種です。

また、FacebookページやTwitterの公式アカウントをアーンドメディアに分類した企画書なども見かけますが、これもオウンドメディアに対するよくある誤解の一つでしょう。オウンドメディアの条件として、プラットフォームが自社保有であるかどうかは関係ありません。他社が提供するプラットフォーム上であっても、編集権をもち、自らの意思で情報発信ができるツールはすべてオウンドメディアとなります。つまり、FacebookページやTwitter公式アカウントは、正しくはオウンドメディアに分類されます。

一方で、近年のビジネスの現場における「オウンドメディア」は、ブログ型情報サイトを意味していることがほとんどです。これは本来のオウンドメディアの意味からは外れた用法です。ただし、オウンドメディアの解釈が本来の意味からズレて浸透している現状を考慮し、以降は、現場で一般的に使われる「オウンドメディア」=「ブログ型情報サイト」=「狭義のオウンドメディア」として、話を進めていきます。

オウンドメディアの意義

コーポレートサイトや製品サイト（以下、常設サイト）があるのに、なぜオウンドメディア（ブログ型情報サイト）が必要なのでしょうか。

それは、オウンドメディアには常設サイトでは難しい次のようなコンテンツ発信ができるからです。

- **潜在層に認知されるコンテンツ発信**
- **ニッチなターゲット向けのコンテンツ発信**

常設サイトは基本的に、会社や商材に興味をもった、ニーズが顕在化したユーザー向けのコンテンツが掲載されます。しかしながらこれらはあくまで「興味を持ったユーザー向け」であり、興味をもつ前の潜在層に対するコンテンツにはなりにくいものです。そのため、Webサイトを公開するだけでは認知を獲得することは難しく、広告やSEOなど、Webサイト外部で認知を獲得し、Webサイトに誘導するような施策が必要となります。

一方でオウンドメディアは、常設サイトとは独立した記事が格納されているメディアです。常設サイトとの一貫性を気にせず、自由なコンテンツ発信ができます。

例えば弊社ベイジのオウンドメディア『knowledge/baigie』には、「伝わる提案書の書き方（スライド付）〜ストーリー・コピー・デザインの法則」という記事が存在します。現在までに50万PVを計測しており、「この記事でベイジを知りました」という方からの問い合わせも多い、人気コンテンツです。

しかしながら、私たちの業態はWeb制作会社です。「提案書の書き方」のように本業ではないテーマの記事を、コーポレートサイトの常設コンテンツとして掲載することはなかなかできません。これはまさに、オウンドメディアだからこそ発信できる類のコンテンツです。

また、私たちが支援したあるクライアントは、製品としては特定の業界にフォーカスしたくないが、事業的には金融業界を重点的にアプローチしたいフェーズにありました。そこで、製品サイトではなくオウンドメディアで金融業界向けの情報発信を行いました。

このように、オウンドメディアでは、常設サイトの限界を超えて、自由なコンテンツ発信が可能です。また、実際にそのようなコンテンツを必要とする局面が多くあります。これらのことが、BtoBマーケティングの中でオウンドメディアが注目される一番の理由ではあると言えるでしょう。

なお、オウンドメディアは必ずしも、常設サイトと別に立てなくても構いません。ブログとして、常設サイトの中に配置されるケースもよく見られます。このあたりに明確な判断基準はなく、更新性やオウンドメディアと常設サイトとの関係性で、総合的に判断されます。

オウンドメディアがうまくいかない理由

オウンドメディアは、インターネット上におけるマーケティングの幅を大きく広げてくれる可能性を秘めていますが、一方で、オウンドメディアが万能だというわけではありません。その特性を誤解すると、「オウンドメディアを立ち上げたけどうまくいかない」という事態に陥ってしまいます。このオウンドメディアがうまくいかないケースとして、代表的なものを挙げると、次の三つに集約できます。

1. 更新の問題
2. 質の問題
3. 成果の問題

1. 更新の問題

オウンドメディアの失敗例として最も多いのが、「更新が続かない」ではないでしょうか。とくに社員で記事を書こうとすると、最初はなんとか書き上げるものの、徐々に日常業務を優先するようになり、やがて更新が止まる、ということになりがちです。オウンドメディアの最初の壁がこの**更新の問題**です。オウンドメディアの運営を始めたら、更新が安定する体制を作ることを、最初の目標にしなければなりません。

2. 質の問題

記事の更新が安定すると、次にぶつかるのが**質の問題**です。質が安定しなかったり、質を保つために多くの時間が使われたりしがちです。すべての社員が文章作成を得意としている訳ではないので、どうやったらコンテンツの質を安定させられるかを、クリアしていかなくてはなりません。

3. 成果の問題

更新の問題、質の問題をクリアして、最終的に行きつくのが**成果の問題**です。そしてこれが、オウンドメディア最大の難関かもしれません。「オウンドメディアの成果が見えない」というのは比較的よく聞く話ですが、原因は二つに大別されます。

一つは、**成果を急ぎ過ぎている**こと。オウンドメディアは早くて半年、長ければ2〜3年運営してやっと成果が出る類のものです。早計に成果を求めると、その意義を見失いやすくなります。

もう一つは**成果の測り方を間違えている**こと。まだ更新の問題すらクリアできていない段階で、リード数を成果指標にしてしまうと、当然「成果が出ていない」となってしまいます。オウンドメディアの成長ステージに合わせた、最適な成果の設定が必要になります。

共通する問題

いずれの問題にも共通するのは、オウンドメディアを始めるにあたっての**準備不足**です。何のために運営するのか。どのような成果を期待するのか。そのためにはどれくらいの期間をかけるのか。そのためにどのような人員をどれくらい関わらせるのか。こうしたオウンドメディアの根幹となる戦略を立てないまま、「うちもそろそろオウンドメディアをやらなければ」という強迫観念で見切り発車をすると、高確率でオウンドメディアは頓挫します。

逆にいえば、このような失敗を回避できるようなオウンドメディアの計画の立て方、運営組織の作り方をすると、オウンドメディアの成功確率が高まると考えられます。

弊社では、これまで四つのオウンドメディアを運営してきました。その経験と、クライアント企業のオウンドメディアを支援した経験、実態をヒアリングした経験などから、BtoBビジネスにおけるオウンドメディアの成功確率を高める、独自のメソッドを編み出しました。それが次に紹介する『STQDMメソッド』です。

3-7-2 オウンドメディアを成功に導く『STQDMメソッド』

STQDMメソッドとは、「この通りに検討すればオウンドメディアの成功確率を高めることができる」という、弊社が作った独自の検討ステップです。STQDMとは、Strategy（戦略）、Theme（主題）、Quality（品質）、Delivery（配信）、Management（運用）の頭文字になります。

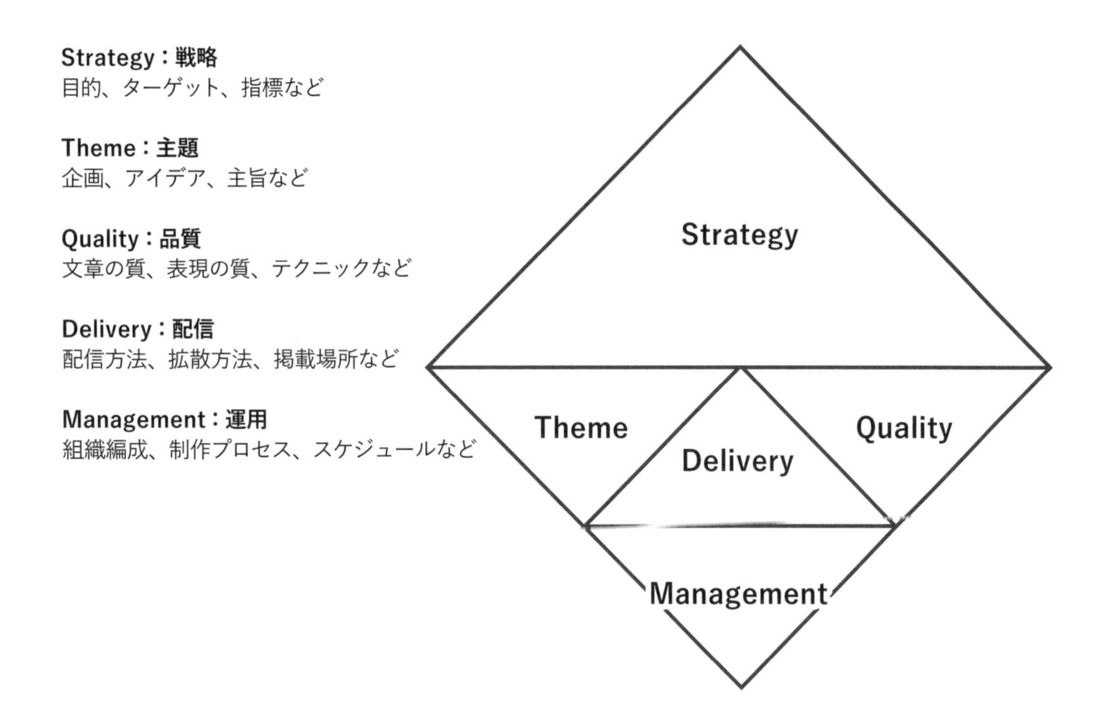

Strategy（戦略）とは、その名のとおり、オウンドメディアの戦略です。多くの企業が、この戦略を曖昧なままオウンドメディアを立ち上げてしまいます。そして、運用がうまくいかなくなり、社内からも認められず、更新が止まってしまうのです。このステップでは主に次のことについて議論します。

- **オウンドメディアの目的とは？**
- **マーケティング課題の何を解決するのか？**
- **マーケティングファネルのどこを担うのか？**
- **どのようなスタイルのオウンドメディアであるべきか？**
- **どのような顧客を前提とするか？**
- **顧客化の経路をどのように想定するか？**
- **KPIをどう設定するか？**

Theme（主題）とは、オウンドメディアのメインテーマや、各記事のテーマです。テーマが決まっていないことで、オウンドメディアの方向性が絞られず、ちぐはぐな記事を作ってしまう恐れがあります。実際には運用しながらテーマを調整していくことも多いですが、最初の段階でテーマを決めておいた方が、迷いが少なくなるでしょう。このステップでは主に次のようなことを議論します。

- **ターゲットはどんな検索行動をしているのか？**
- **ターゲットはSNSで何を話題にしているのか？**
- **ターゲットは何に興味があるのか？**
- **オウンドメディアの基本コンセプトとは？**
- **オウンドメディアの名前をどのように決めるのか？**
- **どのようなコンテンツを掲載していけば良いか？**

Quality（**品質**）もその名のとおり、記事の品質です。記事の品質に関する基準と、それを維持するための仕組みがなければ、オウンドメディアの記事の質は安定しないでしょう。とはいえ、文章はどうしても属人的な部分があるため、五つのステップの中で最も難しいかもしれません。このステップでは主に次のようなことを議論します。

- **オウンドメディアの最低限求める品質とは？**
- **記事の品質を安定される記事フォーマットとは？**
- **記事の品質を維持するための文章のルールとは？**

Delivery（**配信**）は、コンテンツの配信手段です。オウンドメディアにおいて、記事を公開することばかりに気を取られ、この配信手段に関する議論が置き去りになっていることがよくあります。しかし、インターネット上に公開するだけでは、記事は見られません。届けるための仕掛けも必要なのです。このステップでは主に次のようなことを議論します。

- **コンテンツをどのように流通させるのか？**
- **どのような検索キーワードを狙うのか？**
- **SEO上の競合となるコンテンツはどのような内容か？**
- **SNSでシェアされるためにはどうすれば良いか？**
- **SNSアカウントをどのように運用していくのか？**

Management（**運営**）とは、オウンドメディアを作るための組織体制やルール作りです。オウンドメディアを社員任せにしていたのでは、高確率で失敗してしまうでしょう。編集部のようなグループを作り、進め方や役割分担を管理する必要があります。このステップでは、主に次のようなことを議論します。

- **どのような組織体制にするのか？**
- **参加メンバーは誰にするのか？**
- **参加メンバーのそれぞれの役割とは？**

- どの領域をアウトソースするのか？
- 外部のライターをどう選び、どのように管理するのか？
- 定例会議はどう運営していくか？
- コンテンツの起案から公開までの流れとは？

ここからは各ステップについて、より詳しく解説していきます。

Strategy（戦略）

Strategy（戦略）を明確にしないまま、漠然と運営していると、オウンドメディアは運用後に迷走しやすくなります。「オウンドメディアをやらなければ」と勢いで始めるのではなく、そのオウンドメディアが何のために、誰のために存在するのかについて、まずは明確にする必要があります。

STQDMメソッドにおけるStrategyのプロセスは、(1)目的、(2)市場、(3)対象者、(4)目標という順番で検討していきます。

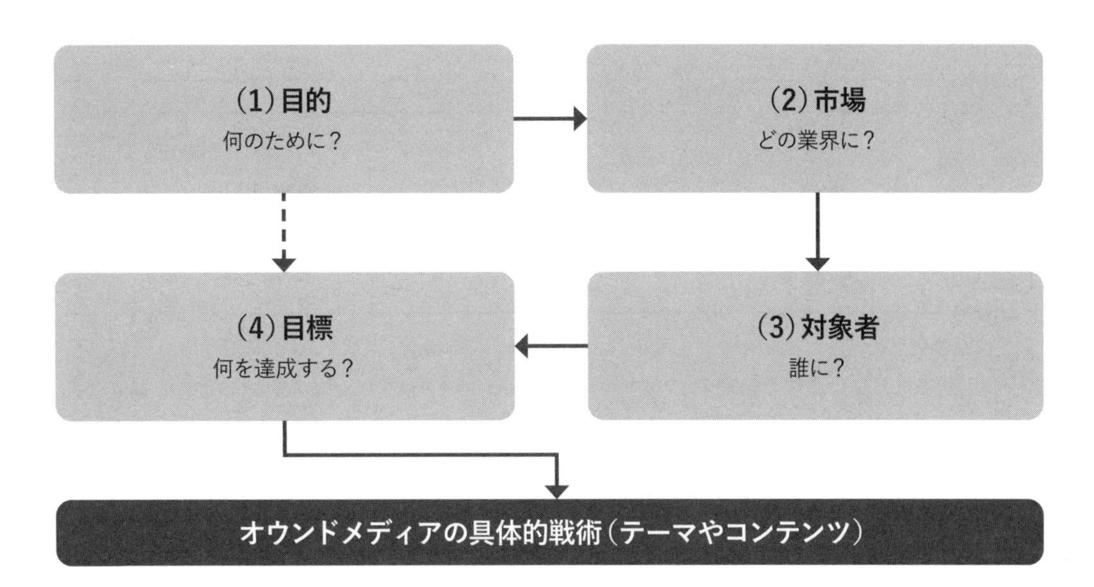

（1）目的

オウンドメディアの目的といわれたら、「リード獲得に決まっている」と思うかもしれません。しかし、冷静に考える必要があります。リード獲得「だけ」を目的にしてしまうと、途中で頓挫する可能性が高まってしまうのです。

なぜなら、オウンドメディアがマーケティング成果を上げるにはそれなりに時間が必要であり、しかもいつ成果が出るか分からないためです。リード獲得だけを目的にすると、成果が出るまで待ちきれず、「効果がないから止めよう」という判断になってしまいがちです。

そのため、オウンドメディアを根気よく長く続けていくには、最終的にはリード獲得を目的としながら、それ以外の複数の目的を持たせて、「たとえリードが獲得できていなくても事業にとって意義がある」という状態を作った方が良いでしょう。その方が結果として、長期的に運営が継続し、事業貢献できるオウンドメディアになりやすいです。とくにコンテンツ制作を外部に依頼せず、自社で作ろうとする場合には、このような考え方が求められます。

具体的には、オウンドメディアには、次の四つのタイプの目的が存在します。

（狭義の）マーケティング
成功指標：リード数、商談数など

採用
成功指標：エントリー数、採用数など

コーポレートブランディング
成功指標：指名検索数、ブランド好意度など

社員教育
成功指標：社員満足度

リード獲得などはいわゆる狭義のマーケティング、あるいはプロモーションを目的とするものです。これ以外にも採用、コーポレートブランディング、社員教育など別の目的も合わせて見出すことで、たとえリードが伸び悩んでいても組織として意義を感じることができます。これが、オウンドメディアを継続する動機を持ち続けることにつながります。

実際、集客に成功しているオウンドメディアを運営する企業の中には、オウンドメディアにマーケティング的な目的を強く負わせず、「情報発信は企業文化である」という方針で運営している企業は少なくありません。サイボウズの『サイボウズ式』、クラスメソッドの『Developers IO』、そして弊社ベイジの『knowledge / baigie』も、この方針を取っています。こうしたオウンドメディアは、結果論的に顧客獲得や採用に貢献していますが、本質的に行っていることは、コーポレートブランディングであり、その対象には顧客だけでなく社員も含まれます。

リード獲得以外にも企業の情報発信活動としての意義を持たせることが、成果が出るまで時間がかかるオウンドメディアを運営し続けるための工夫の一つです。

（2）市場

ここで言う市場とは、オウンドメディアが対峙している市場のことを指します。「業界」「分野」あるいは「特定の顧客群」と言い換えることもできます。オウンドメディアにマーケティングとしての目的を与える際、この市場定義は不可欠です。とはいえ、さほど難しい話ではありません。オウンドメディアの対象市場は、次の2パターンに分けて考えていくと良いでしょう。

①企業もしくは商材が狙う市場と同じ
②企業もしくは商材が狙う市場の中の一部

①の場合、企業もしくは商材が狙う市場とオウンドメディアが狙う市場は同じなので、オウンドメディアのための特別な市場定義は不要です。一方の②については、例えば「商材としてはホリゾンタル型で業種業態を選ばないが、オウンドメディアの記事は主に製造業向けに作る」といったケースが当てはまります。この場合、オウンドメディアとしてはどの市場を狙っているのか、改めて明確にする必要があります。

オウンドメディアを運営する中で、対象市場が自然と変わっていくことがしばしば起こります。最初の段階で、どのような市場を狙って運営するのかをチーム内で明確にし、社内にも共有しておくと良いでしょう。

（3）対象者

市場を決めたからといって、自動的に対象者が決まるわけではありません。市場とは別に対象者を明確にしておく必要があります。とくにマーケティング目的で運営する場合は、マーケティングファネル上のどこに位置している顧客／見込み顧客を対象とするのかを意識しておかなければ、本来のマーケティング意図とはズレたコンテンツを作ってしまうことになりかねません。

例えば、弊社がオウンドメディアを支援したあるプロジェクトでは、次のような検討を行いました。

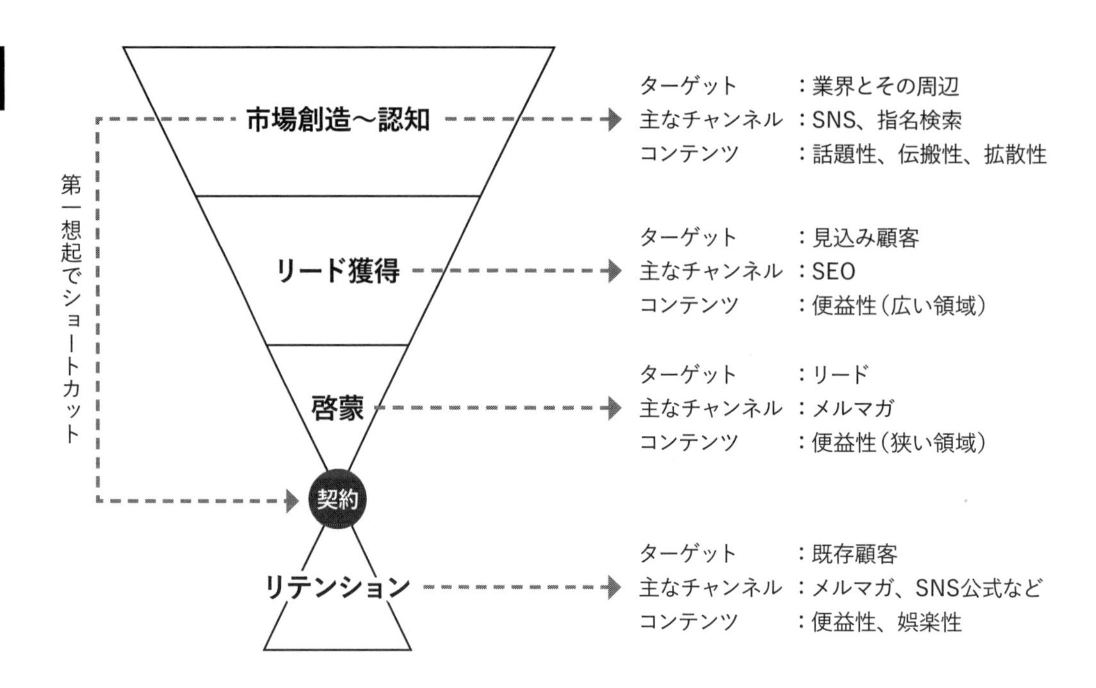

市場創造や認知獲得の段階にある顧客（潜在顧客）を対象とするのか、ニーズが顕在化している顧客を対象としてリード獲得を狙うのか、すでに接点があるリードの啓蒙のために行うのか、あるいは顧客向けに情報発信を行うのか。このように、ファネルのどのステージにいる人を対象とするのかによって、コンテンツの内容から、集客の方法まで、さまざまな条件が変わっていきます。

このようなことを議論せずにオウンドメディアを始めてしまうと、誰に向けて書かれているのか分からないような記事を作り続けてしまうことになります。記事ごとに対象者を決める必要はありますが、オウンドメディア全体についても、「対象者は誰なのか」を明確にしておきたいところです。

（4）目標

目標とは、端的に言えば、数値化された目標＝KPIのことです。

「オウンドメディアのKPIはどう立てればいいですか？」という質問を、非常に多くいただきます。ここで、私なりの回答をお伝えします。

すでに言及したように、オウンドメディアは成果を上げるまでに時間がかかることが多いです。そのため、いきなりコンバージョンなどの事業に直結する成果を狙うことはおすすめできません。次の三つの問題のうちどれに直面しているか、そのためにKPIを何にすべきかについて、段階的にクリアしながら、最終的に成果が出るオウンドメディアにしていくことが現実的です。

オウンドメディアがクリアすべき三つの問題

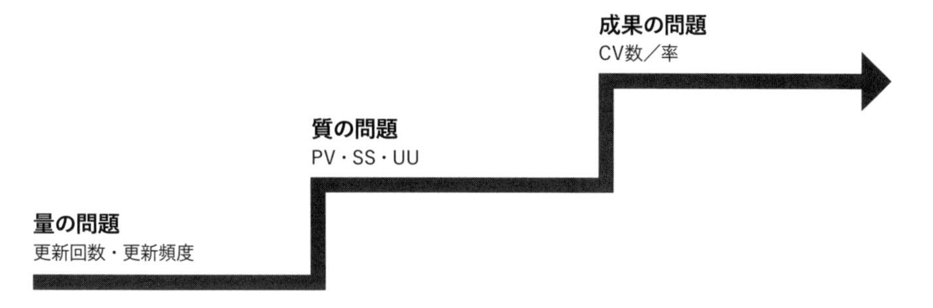

最初のステップである**量の問題**とは、「成果を出すのに十分な量のコンテンツを、安定的に、継続的に供給できるのか」という問題です。オウンドメディアの失敗で最も多いのは、意気込んで開始したものの、徐々に更新が途絶えて、やがて活動が停止する、というものです。

立ち上げたばかりのオウンドメディアは、まずはこの量の問題を解決しなければなりません。必要な量のコンテンツを、継続的に安定的に、供給できる体制を作る必要化あります。この段階のKPIは、更新回数や更新頻度が良いでしょう。

量の問題をクリアしたら、次に向き合うのは「質の問題」です。この段階のKPIは、ページビュー（PV）、あるいは訪問（セッション＝SS）、もしくは訪問者（UU）の数が良いでしょう。

企業目線の一人よがりのコンテンツばかりでは、どれだけ更新を続けても、見てくれる人はなかなか増えないものです。ターゲットに喜ばれ、関心をもたれ、訪問されるためには、質の高いコンテンツを目指さなければなりません。とはいえ、コンテンツの質を厳密に数値化することはできません。この段階では、PV/SS/UUを参考に質を判断すると良いでしょう。

こうして量の問題、質の問題をクリアして初めて、成果の問題に向き合うことになります。つまり、KPIがオウンドメディア経由のコンバージョン（CV）の数や率になるのです。

ここでもう一つ注意したいのは、オウンドメディアからすぐにコンバージョンするとは限らないことです。アトリビューション分析やMAなど、訪問をまたがって把握できる手段を使い、オウンドメディアの効果を把握する必要があります。

このように成長のステージによってKPIを設定していけば、成果が見えずに道半ばで打ち切られてしまうことも減るのではないでしょうか。

Theme（テーマ）

STQDMメソッドにおけるTheme（テーマ）とは、記事のテーマを決めるステップです。最終的には、執筆する記事のリストを作り上げます。オウンドメディアで最も避けたいのは、「せっかく記事を書いたのに、市場にニーズがなく誰にも読まれなかった」という状況です。

一方でどんなに記事がバズを起こしても、それがビジネスとまったく関係のないものであったなら、顧客化することはないでしょう。『かわいいモフモフニャンコのTikTokアカウント100選』という記事を書けば多くの人に読まれるかもしれませんが、こうした記事の読者が労務管理SaaSプロダクトの顧客になることは、ほとんどないでしょう。

このような一方通行を避けるために、まずは企業ニーズ（伝えたい／書ける）視点でアイデアを発想し、その後市場ニーズ（知りたい／読みたい）に寄せる、という流れで記事のテーマを決めていく必要があります。

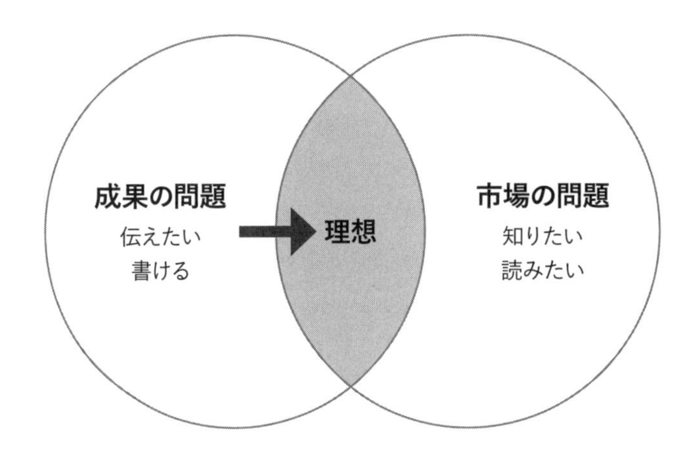

このように、企業ニーズと市場ニーズがミックスした記事テーマを発想するためには、私たちは次のステップで検討することを薦めています。

1. **アイデア出し（企業ニーズの洗い出し）**
2. **リサーチ（市場ニーズの検証）**
3. **記事タイトル作り（企業ニーズと市場ニーズのミックス）**

1. アイデア出し（企業ニーズの洗い出し）

このアイデア出しは、オウンドメディアに限ったノウハウではありません。一般的なアイデア発想法のすべてが、ここに当てはまります。実際にはアイデアを出す当事者の属性、向き不向きなどに合わせて柔軟に手法を選択することを前提としつつ、弊社では次のような手法を用います。

Ⅰ. ブレスト
Ⅱ. ペルソナ（もしくは実在する誰か）
Ⅲ. 行動観察

Ⅰ. ブレストは、いわゆるブレインストーミングです。本章のテーマはオウンドメディアであるため、ブレインストーミングの具体的な手法の解説は割愛しますが、インターネットで検索すれば沢山記事が出てくるのでやり方を真似てみると良いでしょう。最近はオンラインホワイトボードの『Miro』を使ったブレストも、弊社では盛んに行われています。

Ⅱ. ペルソナも［3-6 Webサイト］の章で言及したため割愛しますが、具体的な誰かを想定することで、コンテンツのテーマが出てきやすくなります。ペルソナではなく、実際に存在する顧客を選び、次のような視点からコンテンツを考えてみるのも良いでしょう。

- **顧客から受けた質問**
- **顧客が漏らす不平不満**
- **顧客がわかっていないこと**
- **顧客が話したこと**
- **顧客が失敗したこと**
- **顧客の反応や感想**

最後の**Ⅲ. 行動観察**とは、ターゲットの行動を観察して、アイデアを発想する方法です。ユーザーテストやユーザーインタビューで直接観察する方法から、イベントやセミナーに潜り込んで観察する方法などまで、さまざまな方法があります。また、オンライン上でターゲットと思われる人物のSNSでの発言やシェアしている記事なども、コンテンツを発案するヒントになるでしょう（このあたりの手法はリサーチとも重複します）。

こうしたいくつかの手法を駆使して、まずは記事のアイデアを出していきましょう。目標は100、少なくとも50くらい出すと、その中から実用性のある記事が生まれるはずです。

2. リサーチ（市場ニーズの検証）

アイデア出しの段階では、企業側の勝手な想像で、記事のアイデアを次々と出していきます。その市場ニーズを検証するのが、この**リサーチ**です。マーケティングやデザインにおいてはリサーチという名の元でさまざまな手法が行われますが、オウンドメディアの記事に関していうと、次の二つによって記事の「インターネット上での市場性」を測ることができます。

Ⅰ. キーワードプランナー
Ⅱ. はてなブックマーク

Ⅰ. キーワードプランナーは、Google広告が提供している、キーワードの検索ボリューム（検索数）を確認できるツールです。記事のテーマをキーワード化した上で、どれくらいのユーザーがそのキーワードを検索しているかを確認し、記事の市場性を推測します。この検索ボリュームはおおよその数字で、精密なものではありません。とはいえ、だいたいの市場規模をつかむには十分です（なお、キーワードプランナーはGoogle広告を出稿していなければ数字を詳細に見ることができません）。

また、**Ⅱ. はてなブックマーク**の検索機能を使い、同じようなテーマの記事が過去にどれくらいブックマークされてきたかを調べることもできます。ブックマークが多い場合、それなりにターゲットが存在する（市場規模が大きい）テーマであると判断できます。

これ以外にも、SEO用の分析ツールやSNS用の分析ツールなどの有償ツールも、市場性を確かめるのに有用です。会社が契約している場合には、積極的に活用してみましょう。

なお、市場性の低いテーマについては記事を書くべきではないかというと、そうでもありません。検索されず、ブックマークもされていなくても、ビジネスとして「この記事はしっかりと書きたい」という強い思いがあるなら、市場性を気にせずに記事化してもいいでしょう。ただ、それが広く読まれる可能性があるものなのか、一部の人にだけ読まれる可能性が高いのかを、事前に把握しておくに越したことはありません。その意味で、すべてのテーマについて、一度リサーチをかけておくことをおすすめします。

3. 記事タイトル作り（企業ニーズと市場ニーズのミックス）

書きたいテーマについて市場性も確認できたら、いよいよ、本格的に記事化していきます。まずは記事のタイトルをより具体的に作っていきます。

このタイトルを作るときに意識しておきたいのが、拡散可能性と専門性のバランスです。

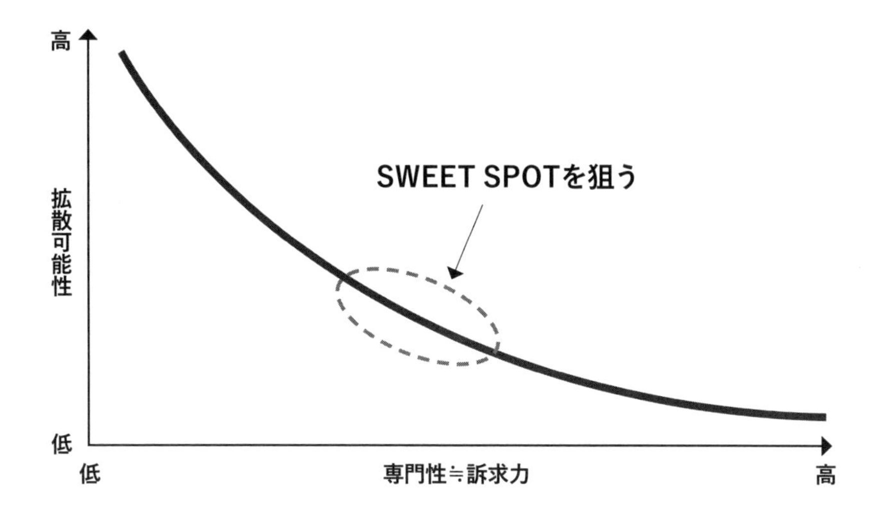

拡散可能性とは、SNSでバズを起こすという意味ではなく、多くの人に読まれる可能性です。**専門性**とは記事の専門性です。BtoBのオウンドメディアは、企業向けの専門的なテーマを取り扱うことがほとんどであるため、専門性がもう一つの軸となっています。そしてこの専門性は多くの場合、訴求力とほぼ同じ意味合いになります。

例えばUIデザインについての記事を書きたいときに、専門性を高めて「SaaSのUIデザインに関する○○のポイント」とSaaSに限定することで専門性を高めます。このようにすることで、その分野に携わる人へ、より伝わりやすくなるでしょう。しかし、SaaSに限定したことで、Webデザイナーなどが読者層から外れてしまい、記事が拡散される可能性は減少します。このバランスをとった**SWEET SPOT**を狙うようにタイトルをチューニングしていきます。そのときの肝になるのが言葉選びと言い回しです。

次の二つのタイトルは似通っていますが、どちらの方が読まれる可能性が高いでしょうか？

Ⅰ. 未経験デザイナー向け『Webデザインドリル』
Ⅱ. 未経験デザイナーが即戦力に育つ『Webデザインドリル』

Ⅰ. は「未経験デザイナー向け」と限定しているため、未経験のデザイナーしか読まない可能性が高いタイトルの付け方です。一方のⅡ. は「未経験デザイナーが即戦力に育つ」という書き方をしているため、未経験デザイナーだけでなく、未経験デザイナーを育てたい上司、未経験デザイナーを受け入れる経営者も読む可能性が出てきます。

このように、同じテーマの記事でも、言葉選びと言い回しで読まれやすさが大きく変わります。この観点を踏まえた上で、記事そのものの訴求力やターゲットについても鑑みて、タイトルを作りましょう。

なお、タイトルは一度決めたからといって、変更してはいけないわけではありません。投稿する直前まで何度も推敲するのがタイトルです。記事を書き終えた後も、改めて記事の内容を読んだ上で、拡散性と専門性のバランスが取れたタイトルを追求しましょう。

最後に、このような検討を経た記事のテーマとタイトル案を、担当者と公開予定日、後述する記事タイプを加えてリスト化し、公開計画表にまとめると良いでしょう。

No.	公開日	執筆者	記事タイトル	テーマ	記事タイプ	ステータス
1	10/17	枌谷	BtoBサイト・チェックリストの紹介	BtoBサイト	TIPS型	公開
2	10/23	枌谷	私たちはなぜ新しいオウンドメディアを立ち上げたのか	オウンドメディア	メッセージ型	公開
3	10/29	荒砂	Webデザインドリル	Webデザイン	TIPS型	公開
4	11/26	酒井	Webサイトを高速化する方法	Webサイトの高速化	アソート型	公開
5	11/28	古長	SaaSに優れたデザインが必要な理由	SaaSのデザイン	アソート型	公開
6	12/3	枌谷	高いWeb制作会社と安いWeb制作会社の違い	Web制作の値段	TIPS型	公開
7	12/10	大舘	BtoBサイトで見るべきログ解析のポイント	BtoBサイトのアクセス解析	アソート型	公開
8	12/12	古長	ワークショップが失敗する理由	ワークショップ	メッセージ型	公開
9	12/24	古長	世界のデザインシステム	デザインシステム	アソート型	公開
10	1/6	枌谷	ペイジの年初あいさつ		メッセージ型	公開
11	1/9	今西	ペイジの日報	日報	レポート型	公開
12	1/16	古長	業務システムのリサーチ方法	業務システムのリサーチ	TIPS型	公開
13	1/23	枌谷	コンテンツマーケティング一問一答	コンテンツマーケティング	レポート型	公開
14	1/28	野村	WordPressのセキュリティを高める方法	WordPressのセキュリティ	アソート型	公開
15	2/13	大舘	アンケートから見える採用サイトの正しい作り方	採用サイト	アソート型	公開
16	2/20	枌谷	BtoBのダークソーシャルについて	ダークソーシャル	メッセージ型	公開
17	3/6	枌谷	リモートワーク文化がない会社が3日間リモートワークをした結果	リモートワーク	レポート型	公開
18	3/18	枌谷	話し方が上手な人に見られる10の特徴	話し方	アソート型	公開
19	3/25	高島	デザイナーがコーディングを依頼する時に気を付けたい15のこと	デザイナーとコーディング	アソート型	公開
20	4/7	池田	採用のための撮影ディレクション	採用の撮影	TIPS型	公開
21	4/9	枌谷	コロナショック下で経営者が社員に話しておくべきこと	コロナショック	メッセージ型	公開
22	5/7	枌谷	コロナと共に生きるBtoB(1)	コロナとBtoB	TIPS型	公開
23	5/12	枌谷	コロナと共に生きるBtoB(2)	コロナとBtoB	TIPS型	公開
24	5/14	枌谷	ウェビナーレポート	コロナと経営	レポート型	公開
25	5/27	枌谷	最強の企画書・営業資料・ホワイトペーパーの作り方	提案書	アソート型	公開
26	6/3	古閑	Web制作とコピーの関係	Web制作とコピー	メッセージ型	公開
27	6/17	古長	管理画面のUIデザイン	管理画面のUIデザイン	TIPS型	公開
28	6/23	今西	仕事におけるミスとの戦いを制するには	ミス	TIPS型	公開
29	6/30	五ノ井	文章術	文章術	アソート型	公開
30	7/16	枌谷	BtoBは本当に倫理購買か？	BtoBマーケティング	メッセージ型	公開
31	7/21	金	色について	色	TIPS型	公開
32	8/5	大舘	戦略フレームワーク	戦略フレームワーク	アソート型	公開

Quality(品質)

Quality(品質)とは、コンテンツの品質のことです。どんなに立派な戦略を立て、どんなにターゲットに刺さるテーマを選定しても、記事の質が低ければ、訪問したユーザーに読んでもらえませんし、成果にもつながりません。実際、オウンドメディアで成果を出している企業や運営担当社に話を聞くと、「何よりも大事なのは質が高いコンテンツを作ることです」という結論になることがほとんどです。

では、オウンドメディアにおいて「質が高い」「質が低い」とは、一体どういうことなのでしょうか？

読みやすい文章が質の高いコンテンツなのでしょうか？
面白ければ質の高いコンテンツだと言えるのでしょうか？
PVを多く獲得するものが質の高いコンテンツなのでしょうか？

「質が高い」という言葉は気軽に使われますが、「質が高い」を定義することは容易ではありません。なぜなら、コンテンツの質を定量的に測ることは不可能であり、また、コンテンツの質と成果の因果関係を突き止めることもできないからです。

だからといって、コンテンツの質にこだわることが無意味だというわけではありません。ただ、コンテンツの質を定義することは難しく、定義することが難しいということは、安定化させることも、再現性をもたせることも難しいということです。

オウンドメディアのコンテンツにとって質が重要なのは間違いありませんが、一方で、質は非常に難しい問題である、という前提で取り組みましょう。

このような議論が豊富なこと、定義できないことを踏まえた上で、弊社では、ビジネス向けに作られるオウンドメディアのコンテンツの質を、「心を動かせるコンテンツ」と定義しています。

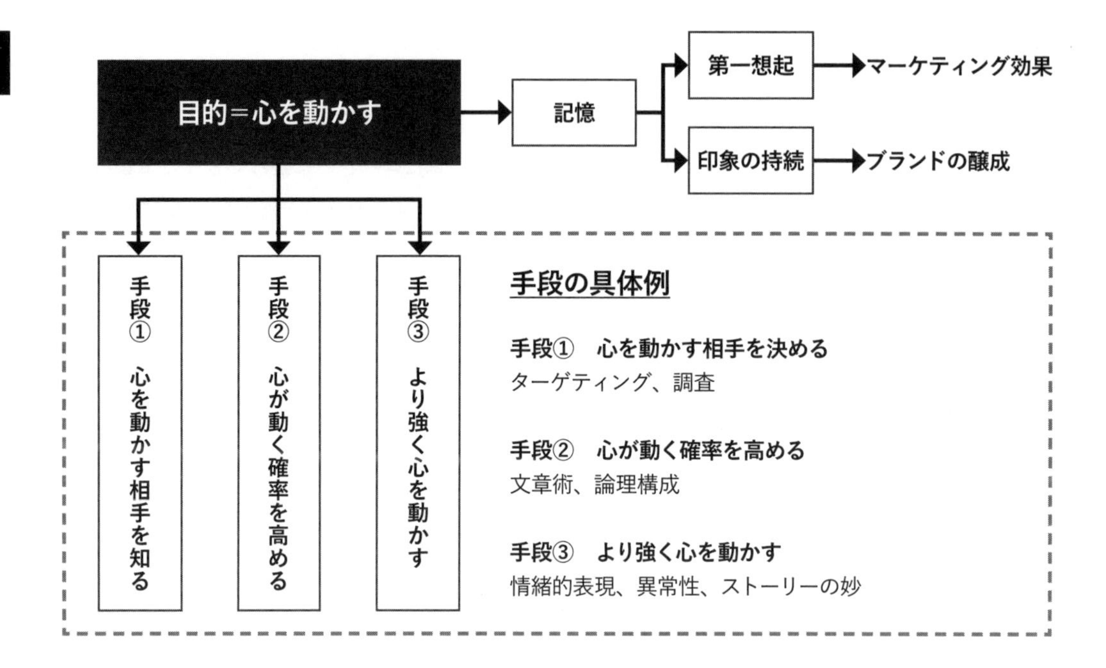

心が動くからこそ、人は記憶し、その後の行動や第一想起につながります。どんなに文章表現を洗練させ、日本語として破綻のない上手な文章を書き、論理的につじつまのあった内容に仕上げ、SEOで有利な書き方をしていたとしても、読む人の心を捉えられなければ、そのコンテンツがビジネスに貢献することはありません。

だから弊社では、オウンドメディアのコンテンツを作るときに、いかに上手な文章を書くかではなく、「いかに読んでほしい人の心を動かすか」を最重視しているのです。

この定義は、質の定義に共通する「定量的に掴めない」という問題を抱えてはいます。ただし「心を動かす」を目的とするのなら、間接的に指し示す参考指標を設定することができます。

例えばUGC（User Generated Contents：口コミ）の数は、参考指標になるでしょう。心が動かないコンテンツをRTや引用することはありません。SNSで言及されるのは、心が動いたからであり、その数を比較することで、心が動いた人の総数を推測することができます。また、ある一定の基準値を設けることで、成功／失敗の定義をすることが可能になります。

このように弊社では、コンテンツの質を「心を動かすこと」と定義し、UGC数を参考指標として評価する運営方針を取っています。

質を構成する二つの要素

ここまで、オウンドメディアにおける質の定義は難しいという話をしてきましたが、その質を左右しているコンテンツの要素は、二つに大別できると考えています。その一つが「編集」の質。もう一つが「文章」の質です。

「編集」というと文章を調整すること、英語でいえば【edit】のことを想像するかもしれませんが、ここでいう編集とは、書籍や雑誌で使われるものに近いです。企画、コンセプト、調査、素材整理、文書構造設計、骨子作成などを含んだ、記事制作の上流工程を指しています。

上手な文章の中にも、面白い記事と面白くない記事があると思います。文章の面白さ、読みやすさに影響するのが、編集です。先ほど話した「心を動かす」にも、この編集は強く影響を与えます。

もう一つの「文章」とは、文章術の類です。面白い企画や編集を活かすも殺すも、最終的にはこの文章に掛かっています。コンテンツの質を安定させる上で、文章の質をコントロールすることは非常に重要です。

「編集」も「文章」も、それぞれ単体で書籍化できるほど深いテーマであるため本書で詳しく述べることはできませんが、ポイントをかい摘んで解説します。

編集の質

編集の質を定義するのは非常に困難ですが、まずはオウンドメディアでよく見られる「記事のタイプ」について把握しておくと良いでしょう。記事のタイプによって求められる記事構成や編集スタイルが変わります。これを知っているだけで、記事の編集の質がコントロールしやすくなるでしょう。

記事のタイプは、具体的には次表でまとめられます。

	チュートリアル型	アソート型	メッセージ型	調査レポート型	イベントレポート型	インタビュー型
編集難易度	低い	低い	高い	低い	低い	高い
長文作成力	不要	不要	不要	不要	不要	やや必要
手間の多さ	やや多い	少ない	少ない	多い	少ない	多い
0から文章を生む苦しみ	やや多い	やや少ない	多い	やや少ない	少ない	少ない
文章の熱量	やや必要	不要	不要	不要	不要	やや必要
必要な素材	図やキャプチャ	なし（テーマ次第）	なし（テーマ次第）	調査データ、グラフや図	写真や図	写真
SNS拡散力	期待できる	期待できる	やや期待できる	期待できる	期待しにくい	期待しにくい
SEO効果	期待できる	期待できる	期待しにくい	期待できる	期待しにくい	期待しにくい
外部ライター化	困難	やや困難	困難	やや容易	容易	容易

各評価項目の説明を列挙します。

編集難易度

編集の難しさです。低いものほど、ある程度定形化して真似することができ、高いものほど属人性が高く真似することが難しくなります。

長文作成力

記事を作るのに求められる長文作成力です。「必要」となっている記事タイプは、ある程度の長文作成力が求められます。

手間の多さ

準備や事後対応など、記事を書く以外にどのくらい手間がかかるかを示しています。手間が多いものほど、記事を書くこと以外に手間や時間がかかることを意味します。

0から文章を生む苦しみ

文章をゼロから生み出す苦しみの有無です。インタビュー型のような、話者が基本的な言葉を生み出してくれるものは少なく、メッセージ型のような執筆者が自分の頭でひねり出さないといけないものは多くなります。

文章の熱量

魅力的な記事を作る上で、執筆者自身に高い熱量を要するのか、それとも熱量がなくてもそれなりに質の高い記事が書けるのか、という視点での評価です。

必要な素材

文章以外に、記事に載せる必要がある素材のことです。

SNS拡散力

記事のタイプとして、SNSの拡散に有利か、そうでないかの評価です。当然記事のテーマに依存しますが、ここが期待できるものほど、SNSで拡散されやすい記事タイプとなります。

SEO効果

記事のタイプとして、SEO的に有利かそうでないかの評価です。当然記事のテーマに依存しますが、ここが期待できるものほど、検索エンジンに評価されやすい記事タイプとなります。

外部ライター化

記事を外部ライターに任せることが可能かどうかです。完全に任せられない、ということはないでしょうが、比較的難しいものを困難、比較的易しいものを容易としています。

次は記事タイプごとに詳解します。

チュートリアル型

チュートリアル型とは、知識や手法、使い方、解決方法などを解説したタイプの記事です。一つのテーマを深堀してあり、読者はそれについて基本的な情報をある程度網羅的に入手することができます。「便利記事」「TIPS記事」と言われることもあります。

編集としては、該当テーマを構造化するところから始めます。例えば「効果的なプレゼンの方法」の記事であれば、

1. 準備
    1-1. 資料作成
        1-1-1. ページ番号
        1-1-2. デザイン
        1-1-3. 利用シーン

- 1-1-4. 目次
- 1-1-5. データ
- 1-1-6. 印刷
- 1-2. 練習
  - 1-2-1. 台詞
  - 1-2-2. 予行練習する
- 2. 実践
  - 2-1. 直前準備
    - 2-1-1. 時間
    - 2-1-2. 服装
    - 2-1-3. アイスブレイク
  - 2-2. 伝え方
    - 2-2-1. 説明順
    - 2-2-2. 話題の選択
    - 2-2-3. 大から小へ
    - 2-2-4. 言葉の装飾
    - 2-2-5. 客観性
    - 2-2-6. 評価軸
    - 2-2-7. 状況説明ではなく意図の説明
    - 2-2-8. 強調
    - 2-2-9. 予算・スケジュール
  - 2-3. 議論
    - 2-3-1. 感想
    - 2-3-2. フィードバック
    - 2-3-3. 振る舞い
    - 2-3-4. 専門家の理論
    - 2-3-5. メリットとデメリット
    - 2-3-6. 論破しない
    - 2-3-7. 質問
  - 2-4. 心構え
    - 2-4-1. 味方
    - 2-4-2. 名前
    - 2-4-3. 立場
    - 2-4-4. 自信
    - 2-4-5. 緊張
- 3. 事後
  - 3-1. 振り返り
  - 3-2. フォロー

というように伝えたいことを階層化し、細分化するところから始めます。実際には、さらに階層化して、細かく分類することもあります。このように階層化されたサブテーマに対して、解説の文章を書いていきます。解説は各300〜500字で十分なことが多いため、長文作成力は必要ありません。

ただし、解決方法をある程度網羅的に作る必要があるため、調査や関連図表の作成なども含めると、手間はそれなりにかかります。ゼロベースから文章を作っていく必要があり、生みの苦しみも多少感じるでしょう。

ただし、手間と生みの苦しみに見合った見返りが期待できます。多くの人が関心をもつテーマを選定すれば、SNSでの拡散も期待できます。また、検索エンジンにも評価されやすいフォーマットであるため、SEOも期待できます。うまくハマれば、数年以上に渡ってコンスタントに月間数万〜数十万のトラフィックを得ることもできるでしょう。

なお、該当する知識そのものを執筆者がもっている必要があるため、専門的な領域であるほど、外部ライターに依頼することは難しくなります。

アソート型

「アソート（Assort）」とは「詰め合わせ」という意味です。その名のとおり、アソート型とは、知識がコンパクトに詰め合わせ状態になった記事のことを指します。「○○で成功するための10のポイント」のように、テーマに合わせて複数のトピックを選定して並べます。

例えば「資料作りでやりがちな9つの無駄な作業」という記事であれば、次のような文章構造になります。

その1：配色に凝る
その2：書体に凝る
その3：影や立体を駆使する
その4：レイアウトに凝る
その5：余白を埋める
その6：表やグラフに凝る
その7：表紙に凝る
その8：なんでも図にする
その9：毎回デザインを変える

一見チュートリアル型と似ているように見えますが、チュートリアル型がテーマを深堀して分解していくのに対して、アソート型は内容自体の深堀りはせず、むしろ網羅的に拡げていく構成になります。

そのため、執筆の難易度は比較的高くありません。また、一つの項目の文章もさほど必要でないため、長文作成力も不要です。内容が濃くなくても成立するので、執筆者の高い熱量もさほど求められません。目次さえ決めてしまえば、外部ライターでもある程度代筆することが可能でしょう。その上で、SNSでの拡散可能性も高く、SEOにも有利なフォーマットであるため、コストパフォーマンスの高い記事タイプと言えます。

オウンドメディアを開始する企業が、分かりやすくすぐに訪問者を増やしたいのであれば、アソート型の記事を量産していくと良いでしょう。文章力に自信のないスタッフでもそれなりに書くことができるため、入門コンテンツとしては最適です。

ただし内容が薄くなりがちであり、また、似たような記事が世の中に溢れているため、凡庸なテーマのアソート型記事では、大きな効果は期待できません。

メッセージ型

メッセージ型は、執筆者の主張をまとめた散文型の文章です。メッセージ型には、執筆者の思いをつづったエッセイタイプと、エビデンスをしっかり揃えて事実の裏付けを沿えて主張する論文タイプがあります。

エッセイタイプ場合、執筆者の強い思いや主張がベースになるため、調査が不要で、思いに任せて一気に書き上げることができます。早ければ1時間以内で完成することもあるでしょう。

ただし、チュートリアル型やアソート型ほどの明確な「型」がなく、人に読まれる文章にするためには、それなりの長文作成力が必要です。また、共感を得るための細やかな感性や、読み手を飽きさせない展開など、安定的に多くの人に読まれるためには、かなり高度な文章力が求められます。「すぐに書ける」と安易に手を出すと、更新のノルマは達成するが、誰にもまったく読まれない記事を量産し続けることになりかねません。

執筆者の主張が深く根付いた記事であるため、外部ライターに任せることは難しいでしょう。ただし、その主張の強さによっては、共感を呼んでSNSで広く拡散される可能性もあります。ソートリーダーシップのような、業界を先導するような影響力をもつためには、この手のメッセージ型の良質なコンテンツを発信していくことが有効です。

先ほど、「チュートリアル型やアソート型ほどの明確な型がない」と書きましたが、メッセージ型を成立させる一定の型は存在します。例えば、次のようなものです。

問題提起：～と言われているが、本当にそうなのだろうか。
結論：私は～だと思う。
実証：なぜならば～
反論への同調：確かに～という意見もあるだろう。
反論への反論：しかし～ではないか。
結論：だからやはり私は～だと思う。

ただし、このような型に合わせれば高確率で読まれるコンテンツになるかというと、決してそうではなく、やはり「何をどのような表現で伝えるか」で記事の質がおおむね決まってしまいます。総じて、熱量が高くて文章力のある人が書けばすぐに書くことができ、広く伝搬させることもできます。しかし、属人性が非常に高く、誰もがそれなりの品質でコンスタントに作れるものではありません。

調査レポート型

レポート型には、**調査レポート型**と**イベントレポート型**の2種類があります。調査レポート型は、調査やアンケートなどをまとめたタイプの記事を指します。

主な内容は、調査したデータの列挙と、そこからの考察です。ほとんどの場合、次のような単純な構成になります。

- **導入文**
- **調査結果（グラフ）**
- **考察**
- **調査結果（グラフ）**
- **考察**
- **調査結果（グラフ）**
- **考察**
- **調査結果（グラフ）**
- **考察**
- **調査結果（グラフ）**
- **考察**
- **まとめ**

基本的に長文を書く必要はなく、熱量を込める必要もなく、ファクトベースの冷静な分析で記事が成立します。ただし、的を射た鋭い考察を書くためには、執筆者にある程度の専門性が必要です。外部ライターに執筆代行を依頼する場合にも、考察そのものは具体的に指示を出す必要があります。

SNSの拡散やSEOの観点では比較的有利な記事タイプですが、この記事の核である調査テーマ、調査内容そのものにニーズや魅力がなければ、読まれることはありません。そのため、記事を書くこと以上に、調査をいかに企画・設計するかが、この記事の成果に大きな影響を与えます。また、大規模で綿密な調査になるほど、編集や文章作成の難易度は上がります。しかし、それに見合うだけのSNSやSEOの効果も期待できるでしょう。

イベントレポート型

イベントレポート型とは、イベントやウェビナーなどのレポート記事を指します。

基本的にはイベントの中で語られた内容を文字に起こし、編集したものになります。記事に必要な情報はイベントの中で出尽くしているため、事前準備はほぼ不要です。執筆者が文章をゼロから生み出す苦しみもほとんどなく、外部ライターにも依頼しやすい記事です。文章力もさほど必要とされません。時には、「話し言葉である」という前提で、かなり粗い記事がそのまま公開されているケースもあります。

誰にでも書けて手間も掛からない取り扱いやすいコンテンツのように見えますが、多くの場合、ターゲットがピンポイントになるため、記事の拡散力は期待できません。

もちろん、イベントや登壇者の知名度に依存するため、すべてのレポート型に集客力がないわけではありません。とはいえ、イベントや登壇者の知名度を超えるほどの拡散力は出にくく、とくにBtoBにおいて集客力は期待できないというのが、現実的な考え方でしょう。また、テーマにもよりますが、基本的にSEOの効果もさほど期待できません。

潜在顧客と接点をもったり、新規のリードを獲得したりするようなマーケティング効果は、あまり高くありません。レポート型を書いてはいけないというわけではなく、イベント参加者や既存リード、既存顧客へのサービスと考えて掲載すると良いでしょう。

インタビュー型

インタビュー型は、その名のとおり、インタビューを記事にしたものを指します。レポート型と同じく、インタビュー内容を文字で起こして編集したものです。情報そのものを執筆者が生み出す必要はなく、執筆者の生みの苦しみは比較的少ない記事タイプです。ただし、レポート型と比べると、圧倒的に手間がかかるのが、このインタビュー型です。

まず、多くの場合、インタビューの対象者（インタビュイー）の選定と交渉が必要になります。下準備なしにインタビューをしてもうまくいきません。事前の丁寧な骨子作成と、インタビュイーとの調整が必要です。撮影も必要になるため、カメラマンのアサインもしておかなければなりません。取材が終わった後も、初稿をインタビュイーに確認してもらい、それに合わせた修正校の作成が必要になります。

このように手間がかかるにも関わらず、SNSでの拡散性もあまり高くありません。会話の書き起こしを中心として書かれるインタビュー記事には、会話ならではの情報をもたない言葉が多数含まれているため、文字数の割に情報量が少なくなりがちです。また、会話の流れが優先になるため、出てくる情報が整理されておらず、網羅性も乏しくなります。

もちろん、誰もが興味をもつ有名人のインタビュー記事であれば、多くの人に読まれるかもしれません。しかし、同じ人物に関する同じテーマの文章であれば、インタビューのような話し言葉より、本人が書いたメッセージ型やチュートリアル型の方がシェアされる確率が高まります。

またインタビューはSEOにも不利です。検索してインタビュー記事に出会うことがあまりないことからも、このことが分かります。

もちろん、だからといってインタビューを書いてはいけない、というわけではありません。上手な編集者が編集すれば、まるでその場で話しているかのような臨場感を感じられる、良質な記事になります。また、インタビューを通じてインタビュイーとの人間関係ができるなど、単に記事化する以上のメリットも存在します。

一方で、「有名な人に取材すれば記事になる」という考えから、オウンドメディアの記事として安易にインタビューが選択されているケースも少なくありません。準備も含めた手間が多く、編集力も求められるにも関わらず、SNSやSEOにも不利なインタビュー記事は、難易度の高い記事スタイルであることを、頭の片隅に入れておきましょう。

文章の質

文章の質とは事実上の文章術であり、これだけで分厚い書籍が一冊できあがるほどの大きなテーマです。本書はBtoBマーケティングがテーマの書籍であるため、文章術に関する解説はしませんが、文章の質を維持するための考え方や工夫を簡単にご紹介します。

まず、文章の質は確かに重要ですが、一方で、文章の質にこだわり過ぎると、執筆者は疲弊し、更新スピードがどんどん下がり、オウンドメディアの活動が後退してしまうことがあります。オウンドメディアの記事は小説ではないので、高い表現力やクリエイティビティは不要です。読むのに支障のない日本語であれば、企業が伝えたいことは伝わります。そのため、過度な質の追求は避けるべきです。

例えば私たちの会社では、文章の最低限の質を担保するために、文章術に関する各種の書籍を読んだ上で、次の10個のポイントに絞ってチェックしています。

1：情報を減らさず言葉を減らす
2：一文一意を徹底する
3：抽象的な表現を避け、具体的に書く
4：修飾語と被修飾語の関係を簡素化する
5：読点の打ち方に気を配る
6：接続詞を使い過ぎない
7：指示代名詞を使い過ぎない
8：同じ文末を繰り返さない
9：専門用語には説明を加える
10：二重否定を避ける

これらを満たすだけでも、文章の質は十分なレベルにまで向上します。このように、オウンドメディアを運用するチームの中で文章の質を定義するチェックリストを作り、これを超える過度なチェックをしないと決めることで、バランスの取れたクオリティ管理が実現します。

なお、文章のチェックリストを作る上で、弊社が参考にした書籍はこちらです。

- **「文章術のベストセラー100冊」のポイントを1冊にまとめてみた。（藤吉 豊、小川 真理子／日経BP）**
- **日本語練習帳（大野 晋／岩波書店）**
- **日本語の作文技術（本多 勝一／朝日新聞出版）**
- **取材・執筆・推敲（古賀 史健／ダイヤモンド社）**
- **ザ・コピーライティング（ジョン・ケープルズ 著／神田 昌典 監／齋藤 慎子、依田 卓巳 訳／ダイヤモンド社）**

文章術に関してはこれ以外にも様々な書籍が出版されているので、自社に合った書籍を選んで、独自のチェックリストを作ってみましょう。

Delivery（配信）

『STQDMメソッド』のDelivery（配信）のステップで議論するのは、記事の配信方法についてです。

インターネット上にコンテンツを掲載しても、それだけでは誰も見てくれません。「ここに有益なコンテンツがありますよ！」と示して初めて、人々が見に来てくれるのです。このコンテンツの存在を示す活動が、デリバリーです。オウンドメディアの運営を始めるとき、このデリバリーについての議論が抜け落ちてしまうことがよく起こります。

BtoBのオウンドメディアに限定すると、現実的に可能な配信方法は主に次の四つに絞られます。

1. **広告**
2. **メールマガジン**
3. **SEO（≒自然検索）**
4. **SNS**

1. 広告

広告を出稿すると、理論上はお金を出せばすぐ訪問者が増えることになります。ただし実際には、オウンドメディアへの集客のために広告を出稿する企業はあまりないでしょう。広告を出すなら、コンバージョンにより近いLPなどにリンクさせた方が効果的だからです。そもそも、中長期的に広告費を減らす目的でオウンドメディアを運営するケースも多く見られます。オウンドメディアがコンバージョンに直結するような運用がされていない限り、広告でオウンドメディアに集客するのは得策ではないでしょう。

2. メールマガジン

メールマガジンによる集客は、広告と比べれば現実的です。数多くのリード情報を保有している場合、そこに向けて告知をするだけで、記事への一定のアクセスが期待できます。例えばHubSpot社のメールマガジンは、オウンドメディア内の記事へのリンクが主な内容となっています。オウンドメディアに良質なコンテンツが多く掲載されていれば、このようにメールマガジンと連携させて、より多面的なコンテンツ展開が可能になります。ただし当然ながら、メールマガジンを使ったオウンドメディアへの集客は、リード情報を多く保有していることが前提です。そうではない企業にとっては、メールマガジンを使った配信は選択肢から外れます。

広告やメールマガジンが限定的な条件下での配信方法であるのに対して、誰でも手にすることができる配信方法と言えるのが、SEOとSNSです。この二つに関して、もう少し詳しく言及します。

3. SEO

SEOについての詳細は「3-2 SEO」をご覧ください。ここでは特にオウンドメディアに関係するポイントに絞って解説します（なお、厳密にいえばここで取り扱うのは「自然検索による流入」ですが、わかりやすくSNSと対比させるためにSEOという言葉でまとめています）。

オウンドメディアの集客といえばSNSの方が注目されがちですが、長期的に見ると、SNSよりもSEOの方が集客効果は高くなることが圧倒的に多くなります。

弊社のオウンドメディアの記事に、SNSで話題となり、初日で1万以上のPVを獲得したものがいくつもあります。しかし、これらの記事を1年や2年というスパンで見ると、SNS（Google AnalyticsのチャネルでいえばSocial）よりもSEO（Google Analyticsのチャネルでいえば Organic）からの流入数が上回ることがほとんどです。SNSの集客が瞬間的であるのに対して、SEOによる集客は、検索と連動しながらじわじわと長期間継続するためです。長期的に記事で集客したいのなら、SEOの観点を無視することはできません。

ただ、SEO向けに記事を作ると言っても、SEO用の特別なハック術が存在するわけではありません。Google自体が、評価基準として「ユーザーファースト」であることを鮮明に打ち出しています。つまり、SEOについて取るべき本質的な対策は、「ユーザーファーストの記事を作る」ということになるのです。

その大前提があった上で、意識しておきたいのは、次の二つです。

Ⅰ. 検索に使われる言葉を用いる
Ⅱ. 競合コンテンツを凌駕する

Ⅰ. 検索に使われる言葉を用いる

現在のGoogleのアルゴリズムは、同義語などをある程度吸収するような仕組みになっているものの、まだ完璧ではありません。あるキーワードでは上位表示されるけれど、同義語では上位表示されない、ということが頻繁に起こっています。そのため、タイトルに含む言葉や記事文中の用語などは、できるだけ検索数が多い言葉に寄せていった方が良いでしょう。

例えば、アクセス解析に関する記事を書くとき、「アクセス解析」と書くか「ログ解析」と書くか、迷うかと思います。しかし、キーワードプランナーによれば、「アクセス解析」の月間検索ボリュームは2,900、「ログ解析」の月間検索ボリュームは480と、「アクセス解析」の方が遥かに上回っていることが分かります（2022年1月現在）。このような場合は、「アクセス解析」という言葉を用いた方が、検索による流入増という面で有利になります。

もちろん、言葉のニュアンスを優先させて、検索数の大小と反した選択をしても構いませんが、SEOという観点でいえば、検索数のより多い同義語に合わせることが基本になります。

Ⅱ. 競合コンテンツを凌駕する

狙っているキーワードで検索したときに上位表示されている記事を確認し、その記事より質・量ともに凌駕する内容に仕上げることが大切です。ということです。Googleのアルゴリズムは200以上の項目で決まっている複雑なものなので、競合に対して質・量を凌駕したからといって必ずしも上位表示されるとは限りません。しかし、「確率を少しでも高める」という観点から、このような対策をしておくことをおすすめします。

その他、SEOに関しては、[3-2　SEO]をご覧ください。

4. SNS

オウンドメディアのデリバリーとして考えるべきSNSのポイントは、次の3点に集約されます。

Ⅰ. SNSに向いた記事の作り方
Ⅱ. SNSでの告知の仕方
Ⅲ. 強いSNSアカウントの作り方

Ⅰ. SNSに向いた記事の作り方

SNSに向いた記事を作るポイントとして、次の七つがあげられます。

① 認識しやすく興味を引くタイトルをつける
② 目に留まるOGP画像を作る
③ 本文を読みたくなる見出しにする
④ 切り取りやすいフレーズを散りばめる
⑤ 多種多様なフックを埋め込む
⑥ 文字数8,000字以上の長文にする
⑦ 文面を読みやすくデザインする

いずれも「SNSだから」というものではありませんが、これらを満たしているほど、SNSでの拡散に有利な記事に仕上がります。

II. SNSでの告知の仕方

SNSで告知する際のポイントは次の二つです。

① 読まれやすい曜日と時間に公開する
② 記事内容を投稿に含める

ビジネス向けの記事の場合、より見られやすい曜日は火・水・木曜日です。時間としては、8時台、9時台、12時台がもっとも見られやすい時間帯になります。これらを踏まえた上で、SNSで拡散されると2〜4日は勢いが持続することを考えると、「火曜日の8時に告知」が、SNSの力学をもっとも享受しやすい告知日時だと言えるでしょう。

III. 強いSNSアカウントの作り方

強いSNSアカウントをいかに作るのか、これは、非常に難しく深いテーマです。これだけで一冊の書籍を作ることが可能でしょう。その上で、BtoBマーケティングにおいて言えるのは、次のようなことになります。

- **拡散性・認知の拡大に向いているのがTwitter**
- **リアルの関係性を緩やかに維持するのに向いているのがFacebook**
- **Instagramは基本的にBtoBには向いていない（広告は効果がある）**
- **YouTubeは上手に使えば効果が期待できるが、投稿が継続できなければ難しい**
- **TikTokは現時点ではBtoB活用は難しい**
- **企業アカウントより個人アカウントの方が有利**
- **SNS運用（とくにTwitter運用）には向き不向きがあり、不向きな人に無理にやらせても伸びないし続かない**
- **アカウントを伸ばすには、①毎日数件の投稿、②有益な投稿、③テーマの一貫性、④返信などの細やかなリアクション、⑤温和なコミュニケーション、が基本**

最終的には企業や商材、業界特性も影響します。特定の企業の真似をすればうまくいくというような、決まった成功法則はありません。後述する運営体制づくりの中でSNS担当者を決め、調査と運用を継続できる体制を取っておくと良いでしょう。

SEOとSNSの関係

ここではSEOとSNSを分けて説明しましたが、実際にはSEOとSNSは二者択一ではありません。SEOとSNSの両方を意識して記事を作ることが理想です。

SEOのメリットは、狙ったキーワードの検索結果に上位表示できれば、それなりの長期間、安定して読んでもらえることです。先ほどもお話ししたように、SNSで話題となった記事も、1〜2年で見るとSNSより自然検索からの訪問数が上回ることが多いです。

ただ、SEOは瞬発力が弱く、多くの人に読まれるかどうかは、キーワードの検索数に依存します。また、人気キーワードには競合コンテンツも多く、上位表示させることは簡単ではありません（瞬発力が弱いと書きましたが、記事がバズを起こすと数日間は上位表示される傾向にあり、その意味での瞬発力はあります。ただし徐々に本来の評価に見合った順位に下がります）。

対するSNSは、持続力がありません。その代わり、公開直後から多くの人に読んでもらえる瞬発力、拡散が倍々に広がっていく爆発力をもっています。

ソーシャルグラフ（SNS上のネットワーク）に上手く乗せることができれば、1日で数千人から数万人単位で、一気に記事を届けることができます。また、SEOで偶然見つけた記事と比べて記憶に残りやすく、指名検索につながりやすい傾向もあります。

このSEOとSNSは相互に影響を与えます。SEOで見つかった良質な記事がSNSでシェアされたり、あるいはSNSで多くの人にシェアされて外部リンクが増えることで間接的にSEOに有利に働いたりするのです。

たとえば、当社の人気記事『伝わる提案書の書き方（スライド付）〜ストーリー・コピー・デザインの法則』は、Twitterで2000件以上シェアされ、公開1週間で2万を超えるPVとなりました。すると、その直後から「提案書」というキーワードで検索結果の上位に表示されるようになり、結果として、現在までに約50万PVを記録しています。

このように、SEOにもSNSにも効果的な記事を作ることが、オウンドメディアの配信戦略を考える上での基本となります。実際、SEO向けの記事執筆のノウハウと、SNS向けの記事執筆のノウハウは、重複する部分も多々見られます。SEOかSNSかではなく、「SEOとSNSの両方を満たせないか」という観点から記事を作るようにしましょう。

Management（運営）

オウンドメディアの成功に最も影響を与えるのが、このManagement（運営）だと言えるでしょう。Managementには、オウンドメディアを運営するための、組織、役割、プロセスなどの整備が含まれます。ここでは次の七つについて、解説します。

1. 運営スタイル
2. 組織体制
3. インハウスとアウトソース
4. 更新頻度
5. プロセス設計
6. 会議体
7. プラットフォーム選択

1. 運営スタイル

オウンドメディアの運営スタイルにもバリエーションがあります。会社や組織の向き・不向きを考えずに、相性の悪い運営スタイルを選択すると、高確率で失敗してしまいます。この運営スタイルは、次の二つに大別できます。

オウンドメディアの二つの種類

	中央集権型	コミュニティ型
編集部	あり	なし
クオリティチェック	あり	なし
スピード	遅い	速い
量	少ない	多い
公開タイミング	計画的	書き手の任意
記事	内部制作or外部制作	内部制作
向いている目的	マーケティング、採用	組織作り、採用

「中央集権型」は、編集長と編集部を配置し、記事の質からスケジュールまできちんと一元管理する運営スタイルです。雑誌の編集チームに近い体制を社内に構築することが前提になります。

一方の「コミュニティ型」は、社員に自由に記事を執筆させ、公開判断も含めて任せる運営スタイルです。編集部を置く場合と置かない場合がありますが、いずれにしろ管理は最低限に留めます。

オウンドメディアを始めるとなると、「業務時間中に全員で頑張って書こう」という発想で安易にコミュニティ型を選択してしまうことも多いでしょう。しかし、コミュニティ型で続くかどうかは、企業文化や業務との相性が強く関与するため、オウンドメディアの運営スタイルとしてはかなり難易度が高いと言えます。また、管理をあまりしないため、記事の品質を担保することが難しくなります。結果的に、数を多く発信できないと成立しなくなるのが、コミュニティ型です。

このスタイルで成功している代表例が、クラスメソッドの『Developers IO』です。月間300万PVを記録するこのオウンドメディアの発信は全て、社員に任せています。そのため、質がバラバラではあるものの、毎日20～40記事が公開され、時には100を超える記事が公開される日もあるなど、更新頻度が圧倒的です。これだけの量を発信しているため、結果的にその中には質が高い記事、ユーザーニーズとマッチする記事が含まれることになり、高いトラフィックへとつながっています。

しかしながら、このような運営スタイルは、他社が安易に真似できるものではありません。クラスメソッドの代表である横田氏は「情報発信は文化である」と明言しています。このように、経営レベルから体質を作っていかなければ、コミュニティ型で成功させるのは難しいでしょう。

一方で、多くの企業が真似しやすいのが、「中央集権型」です。こちらは組織作りの手間が発生する分、開始するにあたって高い障壁を感じるかもしれません。しかし、統制の取れたマネジメントが可能になるため、結果的に長続きするオウンドメディアの運営が可能になります。

ここから先の説明は、中央集権型の運営スタイルを前提にお話しします。

2. 組織体制

中央集権型のオウンドメディア運営では、まず編集部を設けて、役割と担当者を決定します。最終的にどのような組織構成になるかは企業によって異なりますが、おおむね以下のような人員が編集部に所属する必要があります。

最高責任者（1人）

経営者や役員、CMOなど、企業におけるオウンドメディアの存在価値を承認する経営サイドの人物。

編集長（1人）

オウンドメディアにおける実質上の責任者。STQDMのすべてに関わり、オウンドメディアが成果を上げるためにマネジメントする。

編集者（複数名）

記事の企画、調査、取材などを担当する。ライターと兼任することも多い。

ライター（複数名）
記事の執筆を担当する。

デザイナー（1〜2名）
記事のアイキャッチ画像や、記事内の図版を制作する。

フォトグラファー（1〜2名）
取材などで撮影を担当する。ライターが兼務することもある。

編集者、ライター、フォトグラファーの適切な人数は、更新頻度と兼務なのか専任なのかによっても変わります。

3. インハウスとアウトソース

オウンドメディアを社員だけで運営することを**インハウス**、外部パートナーに依頼することを**アウトソース**と呼びます。

オウンドメディアと言えば、社員が記事を書くものだと思うかもしれません。実際、社員が記事を書いているケースは多いです。とくに**Strategy**で示したような、コーポレートブランディング、採用、社員教育といった目的は、社員が書かなければほとんど達成されないため、記事を社員が書くことが必須条件になります。

しかし、オウンドメディアの記事を社員で作ることには、次のようなデメリットも存在します。

- **文章の専門家ではないため、クオリティコントロールが難しい**
- **業務との兼務になると、執筆スピードが遅くなりやすい**
- **更新が不安定になり、成果が出るのも先延ばしになりやすい**
- **社員が疲弊し、編集部全体のモチベーションが下がりやすい**

とくにマーケティング的にある程度の成果を求められる場合、インハウスだけの運用体制ではスピードが遅くなりすぎる懸念があります。そうした懸念が顕著な場合には、外部パートナーも含めて組織化するほうが現実的です。

実際には、編集長も含めてアウトソースしているケースもあります。オウンドメディアをマーケティングマシーンとして用いるのであれば、広告などと同じと割り切り、完全アウトソース化するのも一つの考えです。ただ、オウンドメディアに企業の意志や文化を反映して、ある程度はブランド資産化したいと思うのであれば、アウトソースする領域は次の2職種に限定した方が良いでしょう。

- **ライター**
- **フォトグラファー**

なお、外部のライターに編集の領域も含んだ質の高い文章を期待すると、失敗しやすくなります。これは文章力の問題ではなく、専門的な知見をもたない状態で文章を書くので、全体的に抽象度が高く緩い内容になりがちなためです。もちろんそこまで踏み込んで書き上げるライターもいますが、比較的稀有な存在であるといえます。外部ライターには「文字起こしを依頼する」にとどめ、基本的な骨子を作ることや、最終稿にするための総仕上げは、編集者側で行った方が、質と量の両方を満たすオウンドメディア運営になりやすいでしょう。

4. 更新頻度

どのくらいの頻度で更新するかは、オウンドメディアの目的によって決まります。

例えば、1年以内にコンバージョンにつながる成果を上げたい場合には、SEOを意識したコンテンツを1年間で100本前後は立ち上げる必要があるでしょう。つまりこれは、週2回、月8回ペースをコンスタントに続けることを意味します。

このペースは、オウンドメディアの運営としてはかなりハイペースであり、外部パートナーを含めて体制を作る必要に迫られるでしょう。また、いきなり週2本ペースで走り出すのは現場が混乱する可能性もあります。最初は週1本から始めて、徐々に週2本ペースに移行していくようなスケジュールを立てた方が、現実的です。

一方、コーポレートブランディング、採用、社員教育のような目的も兼ねてもう少し緩やかな運営方針を選択する場合は、週に1回、あるいは月に2～3記事の更新でも良いでしょう。

このように、更新頻度は目的と組織体制の両方を鑑みた上で、現実的な落としどころを探っていきましょう。

5. プロセス設計

組織体制が決まったら、記事の企画から公開までの一連のプロセスを精緻化し、役割を明確に決めていきます。弊社が支援したあるオウンドメディアでは、次のようなプロセスを設計し、これに合わせて運営を行いました。

フェーズ	タスク	担当者	アウトプット	決定場所
企画	アイデア出し	編集部	アイデアリスト	企画会議
	アイデアの選定	編集部	アイデアリスト	企画会議
	担当者の決定	編集部	公開スケジュール	企画会議
	企画書の作成	編集者	企画書	チャット
	スケジュールの決定	編集者	公開スケジュール	編集会議
骨子作成	調査・情報収集	編集者	メモなど	──
	骨子作成	編集者	骨子初案	──
	骨子確認	編集部	──	編集会議
	骨子修正	編集者	骨子修正案	──
	骨子確認・決定	編集部	──	編集会議
原稿作成	原稿初案作成	ライター	原稿初案	──
	原稿初案確認	編集部／編集者	──	編集会議
	原稿修正案作成	ライター	原稿修正案	──
最終調整	原稿修正案確認	編集者	──	編集会議
	画像の作成	デザイナー	画像	チャット
	原稿最終調整	編集者／ライター	原稿最終案	チャット
	WordPressへ登録	編集者	予約投稿	──

一つの記事を作成するにあたり、このような基本的なプロセスとそれぞれの役割を決めていきます。また、記事ごとの担当者の執筆スケジュールは、前述の記事公開スケールに記載し、管理していきます。

No.	公開日	執筆者	記事タイトル	テーマ	記事タイプ	ステータス
1	10/17	枌谷	BtoBサイト・チェックリストの紹介	BtoBサイト	TIPS型	公開
2	10/23	枌谷	私たちはなぜ新しいオウンドメディアを立ち上げたのか	オウンドメディア	メッセージ型	公開
3	10/29	荒砂	Webデザインドリル	Webデザイン	TIPS型	公開
4	11/26	酒井	Webサイトを高速化する方法	Webサイトの高速化	アソート型	公開
5	11/28	古長	SaaSに優れたデザインが必要な理由	SaaSのデザイン	アソート型	公開
6	12/3	枌谷	高いWeb制作会社と安いWeb制作会社の違い	Web制作の値段	TIPS型	公開
7	12/10	大舘	BtoBサイトで見るべきログ解析のポイント	BtoBサイトのアクセス解析	アソート型	公開
8	12/12	古長	ワークショップが失敗する理由	ワークショップ	メッセージ型	公開
9	12/24	古長	世界のデザインシステム	デザインシステム	アソート型	公開
10	1/6	枌谷	ベイジの年初あいさつ		メッセージ型	公開
11	1/9	今西	ベイジの日報	日報	レポート型	公開
12	1/16	古長	業務システムのリサーチ方法	業務システムのリサーチ	TIPS型	公開
13	1/23	枌谷	コンテンツマーケティング一問一答	コンテンツマーケティング	レポート型	公開
14	1/28	野村	WordPressのセキュリティを高める方法	WordPressのセキュリティ	アソート型	公開
15	2/13	大舘	アンケートから見える採用サイトの正しい作り方	採用サイト	アソート型	公開
16	2/20	枌谷	BtoBのダークソーシャルについて	ダークソーシャル	メッセージ型	公開
17	3/6	枌谷	リモートワーク文化がない会社が3日間リモートワークをした結果	リモートワーク	レポート型	公開
18	3/18	枌谷	話し方が上手な人に見られる10の特徴	話し方	アソート型	公開
19	3/25	高島	デザイナーがコーディングを依頼する時に気を付けたい15のこと	デザイナーとコーディング	アソート型	公開
20	4/7	池田	採用のための撮影ディレクション	採用の撮影	TIPS型	公開
21	4/9	枌谷	コロナショック下で経営者が社員に話しておくべきこと	コロナショック	メッセージ型	公開
22	5/7	枌谷	コロナと共に生きるBtoB（1）	コロナとBtoB	TIPS型	公開
23	5/12	枌谷	コロナと共に生きるBtoB（2）	コロナとBtoB	TIPS型	公開
24	5/14	枌谷	ウェビナーレポート	コロナと経営	レポート型	公開
25	5/27	枌谷	最強の企画書・営業資料・ホワイトペーパーの作り方	提案書	アソート型	公開
26	6/3	古閑	Web制作とコピーの関係	Web制作とコピー	メッセージ型	公開
27	6/17	古長	管理画面のUIデザイン	管理画面のUIデザイン	TIPS型	公開
28	6/23	今西	仕事におけるミスとの戦いを制するには	ミス	TIPS型	公開
29	6/30	五ノ井	文章術	文章術	アソート型	公開
30	7/16	枌谷	BtoBは本当に倫理購買か？	BtoBマーケティング	メッセージ型	公開
31	7/21	金	色について	色	TIPS型	公開
32	8/5	大舘	戦略フレームワーク	戦略フレームワーク	アソート型	公開

6. 会議体

編集部の発足とともに、編集部主導で実施する会議体の内容や開催頻度も決めておきます。オウンドメディア運営で実施する会議体は、主に次の二つになります。

Ⅰ. 編集会議

Ⅱ. 企画会議

Ⅰ. 編集会議

「編集会議」とは、現状の共有、進捗の管理、各種連絡を行うための会議です。主に次のようなアジェンダで、1～2週に1回くらいの頻度で行います。

①最新の共有事項
②各種数字の推移
③前回記事の効果
④前回記事の考察・反省
⑤次回記事の状況確認

Ⅱ. 企画会議

「企画会議」は、記事のアイデアを発案する会議です。ブレインストーミングなどを行って記事のアイデアを出していきます。月に1回くらいの頻度で実施します。編集会議の中に組み込まれることもあります。

7. プラットフォーム選択

厳密にいえば、マネジメントの話とはやや異なりますが、オウンドメディアの運営に関わるプラットフォームの選択について、最後に解説しておきます。今はオウンドメディアを公開するための様々なサービスが存在します。大きくは次の二つに分類できるでしょう。

① クラウド：既存のブログサービスを活用
② オンプレミス：自社でCMSをインストールして活用

結論からいえば、オウンドメディアの成果や運営の手間に関しては、いずれも大きな差はありません。

既存のブログサービスとは、noteやはてなブログなどが提供している、企業向けのブログサービスを指します。これらクラウドサービスを用いる一番のメリットは、すぐに始められることです。詳細な仕様はサービスによって異なりますが、多くの場合はオウンドメディアを運営するのに十分な機能を有しています。それらの機能を、面倒な初期設定をほとんどせずに使うことができます。

かつてはクラウドサービスだとドメインが変わってしまうという問題もありました。しかし、現在では多くのサービスでドメインの割り当てが可能で、自社ドメインの配下に設置することもできるようになっています。これにより、クラウドを選択することのSEO面でのデメリットはほぼゼロになっています。

ただし、クラウドサービスでは、細かなカスタマイズができなかったり、できても面倒な手間が発生したりすることがあります。たとえば、「ヘッダやフッタに自社へのリンクを掲載したい」「ページビューを表示させたい」「独自のCTAを設置したい」「独自の計測タグを設置したい」というとき、制約が加わる可能性もあります。

このように、自社である程度自由にカスタマイズしたい場合には、後者のオンプレミスの方がメリットは大きくなります。最近はWordPressも進化しており、面倒な手間なく、高品質のオウンドメディアを作ることが可能です。またプラグインやテーマも豊富であり、カスタマイズも比較的簡単に行えます。一般的なPHPで作られているため、社内にエンジニアがいる会社であれば、かなり自由にカスタマイズすることもできるでしょう。また、クラウドではないので、月額費用なども一切かかりません。さらに、既存のサーバ上に設置するため、情報システム部のチェックや審査が最小限で済むことも多くなります。

技術的なサポートをする体制が社内で取れるのであれば、より自由度が高く、トータルコストとしては安く仕上がるオンプレミスでの運用がおすすめです。

なおベイジでは、BtoBオウンドメディアに特化した『速攻オウンドメディア』というWordPressテーマを2022年5月に発売する予定です。BtoBに必要な機能だけに絞られた良質なオウンドメディアが最短10分で公開できるWordPressテーマです。よろしければ検討してみてください。

▶ 著者：室谷 良平

3-8 コンテンツ

企業のマーケティング活動において、コンテンツでの情報発信は欠かすことができません。さらに、セールス部門やカスタマーサポート部門でも情報発信手段として、コンテンツは役立ちます。

オンラインで提供されるコンテンツには、SNS投稿、ウェビナー、オウンドメディア、ホワイトペーパーなど、さまざまなものがあります。オウンドメディア、SNS、ウェビナーについては、それぞれ項目を立てて詳細を記してきました※。

ここでは、さまざまなチャネルを横断して活用されるコンテンツに対して、一度ニュートラルな視点から、コンテンツができることについて整理します。

3-8-1 コンテンツマーケティング戦略を立てる

やみくもにコンテンツを制作するのではなく、顧客の視点に立つことはもちろん、課題意識の段階に応じて考えていきます。ここで言う課題意識の段階は、「潜在層」「準顕在層」「顕在層」の三つです。

担当部門 フェーズ	マーケ 潜在層（無関心）	マーケ／IS 準顕在層（解決意欲が出てきて必要性の認識と情報集めの本格開始）	マーケ／IS 準顕在層（各選択肢の評価）	IS／FS （候補からの）比較検討社内稟議
心理・思考	事業をもっと良くしたいなぁ 良い方向に進みたいなぁ	現状に不満を抱く ・今のSNSのやり方だと目標達成ができない ・他社の勢いに焦り ・そろそろ限界を感じてきた 課題解決にはどんな方法があるのか ・うちにはどんな方法だと解決できそうなのか ・ツールを入れるか、コンサル入れるか	選択肢としてどんな会社があるのだろうか 信頼できる会社はどれだけあるだろうか	この中ではどこに依頼するのが一番いいのだろう ・これがベストな選択肢なのだろうか ・「自分はやりたいけど上司を説得できるだろうか」 ・「社長を説得できるだろうか」
行動	**受動的な学習（日常的なインプット）** ・日々の情報収集 ・アンテナを貼る ・暇つぶし ・良いのがあったらシェア	**積極的な学習** ・自社の問題点をリサーチ ・解決策の調査、情報収集 ・一般検索「SNS KPI」など ・専門家の話を聞く ・セミナーに参加する 社内に問題提起	知ってる会社を思い出す ・代理店を調査 ・一般検索「SNS　運用代行」など ・指名検索「ホットリンク」など ・資料請求や問い合わせ	リストから取捨選択 要件定義、商談（ヒアリングに応えて提案をもらう） 見積もり依頼 社内提案資料を作成 上長に決裁あおぐ 購買部門にも相談
（主要な） 情報チャネル ↓ タッチポイント				
情報ニーズ	話題の情報 新しい情報 新しい手法 成功事例 面白いノウハウ	具体的にうちのどこに問題があるか知りたい 社内に必要性を共有するのに助かる情報 SNS活用の成功事例を知りたい ・業界や他社の事例を知りたい ・SNS活用のノウハウを知りたい ・自社にマッチした事例や解決策 ・効果の高い方法	自社が求める解決策のサービスを提供しているかどうか ・この会社は何を提供しているのか ・料金はいくらか、ROIは合うか	具体的なサービス情報 ・他社との違いは ・その企業の評判 説得材料 ・稟議を助ける情報 ・購入を正当化する情報
今の打ち手				
必要な打ち手				

※3-3 SNS（132～157ページ）、3-5 ウェビナー（187～200ページ）、3-7オウンドメディア（245～285ページ）

この表は、ホットリンクのマーケティングチームで共有しているカスタマージャーニーマップです（一部黒塗りしています）。

まずは、認知・関心・購買を逆三角形の形で示した「セールスファネル」との差異を説明します。セールスファネルは企業視点なのに対して、カスタマージャーニーマップは顧客視点で整理しています。この視点だからこそ、どのようにして態度変容を起こすか、最適なメッセージを載せたコンテンツと、最適なチャネルを検討してプランに活かすことができます。

コンテンツをカスタマージャーニーにマッピングすることも極めて重要なマーケティング行為です。カスタマージャーニーの作成には時間も労力もかかりますが、顧客理解の機会にもなります。今はどのようなコンテンツが資産として溜まっているか、どのフェーズのコンテンツが足りないか、どのコンテンツに投資すべきか否か、といった指針にもなるでしょう。

このように、顧客の購買行動の全体感からコンテンツマーケティング戦略に落とし込んでいくことが重要です。

例えば、お菓子などの一般消費財は衝動買いも起きやすく、カスタマージャーニーは短い。一方で、高額商材ほどカスタマージャーニーが長く、複雑になります。また、ご自身のショッピング行動を振り返っていただくとわかるように、カスタマージャーニーは一直線に突き進むのではなく、顧客はさまざまな心理・思考のフェーズを行ったり来たりして購買に至ります。

このことからも、それぞれのフェーズに合った接点の張り巡らせ方、そしてコンテンツが必要ということがわかるでしょう。

また、マーケティング投資の回収期間についても、潜在層、準顕在層、顕在層を分けることで、例えば「準顕在層の顧客をもっと増やさなければ、半年後には顕在層が枯渇してしまう」といった状況が把握できるようになります。現状把握ができて初めて、「潜在層から準顕在層に引き上げるようなコンテンツを増やそう」といった指針を立てられるのです。

3-8-2 獲得する顧客フェーズに合わせた書き方

コンテンツの大前提は、「コンテンツを通じて、誰のどんな認識を変えたいのか、そのゴール意識をして作り込む」ことですが、顧客フェーズで切り分けると、重要な観点が見えてきます。顧客フェーズ別に、どのようなコンテンツの打ち出し方をすべきか解説します。

潜在層

潜在層とは、まったく課題意識をもっていない人のことです。「まだまだ客」とも呼ばれます。

潜在層の情報ニーズとしては、漠然としていることが多いため、いきなりこの層に対して商品やサービスを紹介しても、あまりピンときません。そもそも問題を認識していないため、それを解決するプロダクトに関心がないのです。

とはいえ、課題に気づいていないからといって、問題がないわけではありません。自覚がなくとも、課題は確実に存在します。そこに気付かせてあげるような切り口でコンテンツを発信することで、潜在層から準顕在層へ移行する可能性が高まります。

また、現状では大きな問題がない場合でも、「今後のトレンドはこうなっていくので、今から準備しなければゲームチェンジに乗り遅れますよ」と、将来起こる問題への注意喚起は有効です。

ホットリンクでは、オウンドメディアの連載コンテンツの一つに、「ザ・プロフェッショナル」というものがあります。

ザ・プロフェッショナル（ホットリンク）
https://www.hottolink.co.jp/column/professional/

各界の著名人をゲストとし、ホットリンクCMO・飯髙が対談する企画です。SNSマーケティングの成功例や、その業界特有の事情について触れており、潜在層の方にも関心をもたれ、SNSやダークソーシャルで接点を取れるように設計しています。いかにターゲット層の日常の接点に顔を出せるか、いかにその文脈にあったコンテンツを提供できるかが重要です。

潜在層との接点の取り方については、図の左側に「（主な）情報チャネル⇄タッチポイント」あるとおり、日常的にどのような情報収集活動をしているか、接点をとれそうなメディアはどれかというレベルまで仮説を立てておきましょう。

「広報部門と連携して、このターゲットと接点が取れそうな業界メディアに寄稿・連載をしよう」
「認知をとるために、まずは高頻度でのプレスリリース配信に挑戦してみよう」
「広告施策として、このメディアのこのコーナーで記事広告を出稿しよう」
「商業出版を通じて、中小企業の経営者と書店での接点を取れるようにしよう」
「業界に対してこのような提言をして、アテンションとポジションを取りに行こう」

と的確な施策立案につなげられます。漠然としたコンテンツの配信先の認識では、ターゲットとの接点を取り続けることは難しいでしょう。

このようにカスタマージャーニーを意識することで、その人の心理、行動状態をイメージしながら接点が取れそうなメディア、響きそうなメッセージを立案することができます。

注意が必要なのは、「潜在層にはまず認知」という捉え方です。認知と言っても、どれだけの認知が必要なビジネスなのかを見極めることが肝心です。超ニッチな商材に対して無理に100%の認知を目指すことは効率的ではありません。場合によっては競合の参入も招くでしょう。さらに、まだ顧客がニーズに気づいていなく、啓蒙（課題喚起の発信）が必要なプロダクトなのかという観点もあります。

準顕在層

準顕在層は、漠然とした問題意識をもっている人たちのことです。「そのうち客」とも呼ばれます。なんとなく問題を感じてはいるものの、その問題の原因や解決策が明確ではなく、自社特有の処方箋を求めている段階だと言えるでしょう。

例えばリード数やアポ数などのKPIの目標達成ができなくなってきたり、競合の成功事例が目につくようになってきたりすることから、「このままではいけない」と、自社が課題を抱えていることに気づきます。しかし、どこをどうすれば良いのかが分からない。

このような準顕在層に対しては、解決の方向性を絞り込んであげることが重要です。それは、さまざまなパターンがある中で、抱えている課題がどのタイプであるかを分析したり、課題解決のためのフレームワークを解説したりすること。課題を明確にし、解決へ至る道筋を示すことで、準顕在層から顕在層へフェーズの移行を促すことができます。「自社はどうか？」を知りたいからこそ、パーソナライズな情報が求められます。

「～とは」といった用語説明系のコンテンツSEOでは、この情報ニーズを満たすことはできません。ホットリンクの例では、「御社のインスタ、どの段階？　成果につながるInstagram活用3STEPS」のコンテンツがここに該当します。

御社のインスタ、どの段階？　成果につながるInstagram活用3STEPS
https://www.hottolink.co.jp/column/20211001_110512/

「インスタを始めているけど、どこまでうまく活用できているかの度合いがメタ認知できない」
「今のフェーズがわからない」
「どこから始めたらいいのかわからない」

といった情報ニーズをもつ人に向けて、「今、御社の活動度合いはこのステップですよ」という立ち位置と具体的な解決策を提供しています。

また、一般論に終始しないことも大切です。ターゲット読者の属する業界ではどのように適用できるのか、具体的に言及することも忘れてはいけません。そしてさらに、行動を起こした先に待っている未来について提示することで、準顕在層に深く刺さるコンテンツとなるでしょう。

メールマガジンについてはこの準顕在層向けのチャネルであるため、オウンドメディアの新着コンテンツやイベント情報を流すだけではなく、その層特有の情報ニーズを満たしてあげられるようなコンテンツ配信を心がけましょう。

この段階で、専門的な知見の高さを感じ取って一目置かれると、本格的な比較検討が始まった際には真っ先にお問い合わせをいただいたり、カジュアルな相談が舞い込んだりするようなブランディング効果を得られますので、「その先の購買行動」を見込んだアプローチも心がけましょう。

顕在層

顕在層とは、明確な課題意識をもち、積極的に解決法を探している段階で、「いますぐ客」とも呼ばれます。この層にいる人たちは、商品カテゴリ名や具体的なツールのキーワードでGoogle検索して情報収集などを行うでしょう。接点としても、オウンドメディアがより重要な役割を担います。

顕在層に対しては、他社と比較されている中で、自社を選んでもらうためのコンテンツを作る必要があります。成功事例やサービスの紹介、競合との比較など、課題解決に直結する具体的な情報を提供すると良いでしょう。競合との比較においては、次の2点を考えましょう。

- **選ばれる理由になるような発信**
- **選ばれない理由にならないような発信**

さまざまな解決法がある中で、なぜその手法が良いのか、自社のプロダクトは他社と比べてどのように良いのかを提示し、選択を促します。このとき、独自メソッドをつくりそれが知られるようになれば、指名検索が起きやすくなります。可能であれば造語を作るなど、独自コンテンツの開発に力を入れることもおすすめです。

また、ここでは購買決定要因を押さえましょう。扱う製品/サービスが高額なら「不安」があるでしょう。また。他社と比較検討されるでしょう。「ほんとにここに予算を割いて成果は出るの？」と考えられるでしょう。

なお、顕在層に限りませんが、やろうと思ったら無限に商品ページや製品資料の改善はできます。事業戦略上、重要なプロダクトにリソースを注ぎましょう。

コンテンツの形式を選ぼう

テキストや画像だけでなく、動画、音声、GIF、ショートムービー、漫画、ライブ配信など、コンテンツフォーマットは多様化しています。記事や画像に対して、音声や動画は「斜め読み」が難しいため、細切れでコンテンツを作るといった工夫もいるでしょう。提供者側の都合を押し付けるのではなく、顧客視点になって役に立つコンテンツの形式を考えてみましょう。

例えば、コンテンツの咀嚼時間では次のようなパターンが考えられます。

- **ざっと斜め読みでポイントを掴みたい**
- **1分で知りたい**
- **60分かけてでもじっくりと学びたい**

アルゴリズムのことばかり考えて無理に長尺コンテンツを作ろうとして、1分で学べることを60分もかけて説明することは意味がありません。

ホットリンクでは啓発目的に、「無料のショートビデオでSNSマーケティングの基本的な考え方を理解しよう」というコンセプトで、3分で理解できるメソッド解説動画を用意しています。これは、テキストだけでは理解が難しい人でも、語り口調が中心の動画を視聴することで、理解を深められることも考えられるためです。

MEDIA MASTER
https://www.hottolink.co.jp/mediamaster/

顧客がどんな環境で、どんな端末でコンテンツを閲覧したり活用したりするかという想像も働かせてみましょう。

- **オフライン環境でも読めるようにしたい**
- **スライド形式で読みたい**
- **テキストで読みたい**
- **図解で知りたい**
- **製品紹介動画で知りたい**
- **印刷してITが得意でない上司・経営層に配布したい**

上記のように、さまざまなシーンでのコンテンツの活用方法が想像できるはずです。このような顧客視点をもつことで、「本格的にソリューションの比較検討段階に入った人向けには、馴染みがあるスライド形式で提供しよう。PDFで配布して、はじめの数枚は忙しい意思決定者層にも概略を掴めるように構成を作っておこう」とコンテンツの設計方法が具体的に想像できるようになるでしょう。

また、昨今では動画コンテンツを有効活用できる場面も増えています。例えばSaaSツールの機能紹介のために、実際の管理画面のキャプチャを取得してパワーポイントで作成されたスライドもありますが、現代ではYouTubeに数分程度の簡単な動画をアップするほうが、制作側も購買検討者も楽かもしれません。

受け手の立場になって、どんなコンテンツフォーマットだと咀嚼しやすいか、情報の利活用として喜ばれるかを想像して選びましょう。

Podcastもこの数年で見られるようになりました。隙間時間に聴くような習慣も生まれていますし、声で伝えることでサービス提供者の人柄を伝えることもできるでしょう。採用コンテンツとして検討者向けに背中を押すことを目的としたPodcastも有効です。

また、ブログサイトにて、検索されやすいテーマを選定し、まずは漫画の画像を数枚差し込んで、その後に「〇〇とは、について解説します」という構成も有効です。

ライティング未経験でも気後れする必要はない。営業のように語りかけよう

ここまで、カスタマージャーニーのフェーズごと、コンテンツフォーマット別に説明してきました。普遍的なことは、目の前の相手を具体的にイメージして、「この人には何をどうやって伝えれば良いのか」を考えることです。

コンテンツ制作となると、途端に「いつまでにコンテンツを何本作ろう」と制作納期に追われてしまったり、PV数ばかりに目が行ったりしがちですが、相手がいることを忘れてはいけません。

コンテンツのデータ活用

オンライン上のコンテンツからは、閲覧やスクロール、クリックなどのデータを取得できます。

「このページにアクセスしたということは、課題が顕在化してきたかもしれない」
「事例ページを読んだということは、課題解決に関心をもっているかもしれない」
「料金ページを読んだということは、導入を検討しているかもしれない」

などの、顧客のカスタマージャーニーや検討度合いを掴むことに役立ちます。

このデータを掴めていると、顧客が待っていましたと言わんばかりの最適なタイミングでのアプローチも可能になります。こちらについては本書では紹介しきれないので、アクセス解析などにまつわる書籍をご購読することをおすすめします。

投資対効果を高める「一石n鳥コンテンツ」の捉え方

コンテンツは二次利用といわず、三次利用、n次利用していくと、投資対効果を高められます。

例えば、営業支援のコンテンツ（セールスイネーブルメントコンテンツ）として活用する、社員に向けたインナーブランディングのコンテンツとして利用する、取引先とも共有するなど。ほかにも、セールスやマーケ部門の研修資料として活用も。

セミナーを開催して、その録画をアーカイブ動画として活用、イベントレポートを作成、セミナー中に紹介したメソッドに関する解説記事を作成、セミナーの録画を数十秒で切り出してSNS投稿に活用、なども考えられます。

1つのコンテンツで1つの目的だけを果たそうと考えるのはもったいないです。あらゆる活用余地にも目を向けることで、思いつかなかった活用が浮かぶはずです。

例えば、「新しい教育制度を作りました」というニュースは、求職者にも社内にもポジティブなメッセージとして届けられます。さらに充実した教育制度の存在は、見込み顧客にとっては「高品質なサービス提供を受けられる」と期待もできます。こういった複眼的な見方がない場合、単なる社員向けの発信に留まるかもしれません。採用にもインナーブランディングにも案件獲得にも効くニュースだとわかっていれば、コンテンツの見せ方・コンテンツの配信先も変わり、投資対効果を最大化できるコンテンツの作り方になります。

コラム

ソートリーダーシップ

ソートリーダーシップ（Thought Leadership）とは、企業が特定の分野を牽引することを言います。将来を先取りしたアイデア、革新的な解決策を提示することで、その分野における主導的なポジションを担います。つまり、業界のリーダーとなるのです。ソートリーダーシップを取ることで、「○○と言えばA社だよね」と、特定の分野において第一想起される企業になることができます。

ソートリーダーシップを狙うのであれば、リーダーにふさわしいコンテンツが必要です。SEOに効果的だからといって、「Instagramのフォロワーを増やす３つのコツ」のような小手先のテクニック情報ばかりを発信していたのでは、権威性を獲得することはできません。目先のPVではなく、長期的な目線でブランドを構築することが大切です。

オウンドメディアなどで「月の更新目標５本」といった数値目標を立てると、目標を達成するためにクオリティが犠牲になってしまうことがあります。それでは本末転倒です。ソートリーダーシップを取りたいのなら、品質に妥協をしてはいけません。

ソートリーダーシップを獲得できれば、尖ったタイトルに頭を悩ませなくても、「A社の記事なら信頼できる」と進んで読んでもらえます。ソートリーダーシップを狙うのであれば、ソートリーダーシップを獲得できるまで、信頼をコツコツ積み上げていくことです。

多くの企業がソートリーダーシップの座を狙っています。しかし、ソートリーダーシップは業界ナンバーワンのポジションです。業界の未来予測や革新的な課題解決法など、他社には真似できないような情報を発信していかなければ、到底その座は手に入らないでしょう。

どの企業でも作れそうな解説コンテンツや「○○とは」といったSEOコンテンツを乱発している場合ではありません。常に競合を意識しながら、一歩抜きんでるようなコンテンツを発信しつづけなければならないのです。

3-8-3 コンテンツマーケティングのよくある落とし穴

成功には複数の要因が絡み合っているため再現性を出すことは難しいですが、失敗には法則があります。ここでは、BtoBでのコンテンツマーケティングに取り掛かろうとするときによくある落とし穴について解説します。事前に知ることで、大きな失敗は防げるはずです。

リード獲得メディアの手法をそのまま取り入れる

資料請求サイトや比較サイトと呼ばれる「リード獲得メディア」のコンテンツマーケティングの手法をよく目にすることが多いでしょう。有名なSaaS企業の手法も目に付くでしょう。この一例は、SEOでの集客を狙ったコンテンツや、ウェブサイトを訪れたときに大量に表示されるコンバージョン狙いのバナー画像などです。

製造業や代理店はこの手法を真似することはおすすめしません。なぜならば、リード獲得メディアは、リード獲得を目的として課金されるビジネスモデルだからです。基本的にBtoB企業の場合は、リード獲得をした先の商談で受注をいただかない限り売上は立ちません。

「リードジェネレーション→リードナーチャリング」が絶対の経路(パス)だと認識してコンテンツを作ってしまっている

世の中にあるフレームワークは、事象をある一部の切り口から整理したものに過ぎません。BtoBマーケティングでよくあるのは、「リードジェネレーション→リードナーチャリング」が絶対の経路(パス)だと認識してコンテンツを作ってしまっていることです。

実際にはブランディングができた結果として問い合わせをいただいたり、リードを保有できていなくても外部メディアのコンテンツに触れたからこそナーチャリングにつながったりする経路もあります。成果への道は一つだけではないことを心得て、マーケティング戦略上のコンテンツでの施策を模索していきましょう。

外部の著名人を取材したインタビュー記事

ページビューは取れるが、自社のサービス理解が深まるような内容でない限り、ブランド構築はできません。社員を対談相手に登場させたり、自社のメソッドについて見解をもらったりするなど、ブランドのエッセンスを盛り込むようにしましょう。

ちなみにこうした取材記事は、内容がおもしろくてもどの会社発のコンテンツなのか記憶に残らないことがほとんどです。ホットリンクの「ザ・プロフェッショナル」ではCMO飯髙が対談相手として大々的に前面へ出ていくことで「これはホットリンクのコンテンツである」と印象付けるように心がけています。

他社と同じようなコンテンツを作ってしまい、過当競争となる

コンテンツSEOと呼ばれる手法ばかり追求していると、他社と同じような「○○とは」「○○メリット」といったコンテンツばかりになります。さらに、こういった独自性がないコンテンツは模倣が容易で、すぐに過当競争になるかもしれません。

検索で上位表示させるために、Google検索1～10位のコンテンツを網羅的にまとめたコンテンツを量産するという昨今の風潮、そして結果として量産される同質化されたコンテンツは、圧倒的にズレていると感じます。

ホワイトペーパーを警戒しはじめたユーザー

ホワイトペーパーとは直訳すると「白書」ですが、BtoBのデジタルマーケティングにおいては、**顧客にとって有益な情報をまとめた、PDFなどで配布されるデジタルコンテンツ**のことを指します。

Webサイトでホワイトペーパーをダウンロードする際、企業名、氏名、連絡先の入力を促してリード獲得につなげる施策が、近年のBtoBマーケティングではよく行われています。ホワイトペーパーをダウンロードしたら、メルマガが送られてくるようになった、という経験をしたことのある人も多いでしょう。

ホワイトペーパーでのリード獲得は、今や定番のマーケティング施策となりました。次第に、ユーザーにもホワイトペーパーをダウンロードすると、メールマガジンが届いたりテレアポが来たりすることが認知され始め、ホワイトペーパーのダウンロードを避ける人が出始めています。

これは、ホワイトペーパー自体のクオリティが問われるようになってきたということです。しかし、ファネル上層部にいるユーザーを満足させることは難しいもの。何気ない気持ちでホワイトペーパーをダウンロードし、期待外れに終わった後、メルマガやテレアポを受けると、かえって悪い印象を抱いてしまうこともあります。

まだ課題形成がされる前や情報収集の初期段階のリードに向けたホワイトペーパーを提供する際、

個人情報の入力を求めるのは、逆効果かもしれません。事例集や価格表のような、ある程度検討が進んだユーザーに向けたホワイトペーパーでのみ、情報入力を求めることが、ブランド構築の視点からは堅実だと言えるでしょう。

課題形成前	情報収集	比較検討
●面白コンテンツ ●お役立ちコンテンツ ●調査データ ●読み物・インタビュー	●面白コンテンツ ●お役立ちコンテンツ ●調査データ ●読み物・インタビュー	●面白コンテンツ ●お役立ちコンテンツ ●調査データ ●読み物・インタビュー
リード情報は取らない 認知と記憶を主目的とする。広く遅く配布し、こんな有益な情報を提供するなんて太っ腹な会社だ、という印象を残す	**リード情報取る** 属性情報を取りフォロー可能にする。商談化できるリードはすぐ営業につなぎ、それ以外はナーチャリングを走らせる	**リード情報取る** 検討がかなり進んでいるホットリードと捉える。インサイドセールスにすぐつなぎ、成約確度が高ければ本格的に商談化する

おすすめは、課題形成前や情報収集の初期段階向けのホワイトペーパーを広く開示し、「無料でここまで有益な情報をもらえるのか」という驚きを与えることで、強く記憶に残すことです。

このとき、ホワイトペーパーの末尾に連絡先を書いておき、興味をもったユーザーがお問い合わせできるようにしておきます。あるいは、メールマガジンを紹介し、興味があれば購読できるようにしておくのも良いでしょう。

ユーザー情報の獲得なしにホワイトペーパーを公開するというのは、BtoBマーケティングのセオリーから外れているかもしれません。しかし、リードマネジメントにも手間とお金がかかります。闇雲にリード化するのではなく、意欲の高いユーザーに的を絞ったほうが、結果的にマーケティング効率が高まることもあるのです。これは、あくまで一つの提案です。これまでの定説に惑わされず、それぞれの企業の事情を加味して、ホワイトペーパーの運用方針を決めることをおすすめします。

成功確率を高めるコンテンツとは

顧客のニーズがいつ発生するかは結局のところ、コントロールはできず確率論でしかないと考えています。さらに、確率論である以上、我々は確率を高めるための打ち手を打ち続けるしかありません。そこで、コンテンツを活用していく意義は、カスタマージャーニーに基づいて顧客の思考・行動を想像し、接点が取れそうだと想定されるメディア（≒タッチポイント）に情報ニーズのあるコンテンツを張り巡らせること、いかに自社を知ってもらい頼ってもらうかの活動に活かすことです。

このようにして、本節が戦略的なコンテンツ活用に取り組む上での参考になれば幸いです。

▶ 著者：今井 晶也

3-9 オンライン商談（インサイドセールスとフィールドセールス）

3-9-1 ハイブリッド化された商談

近年、ポストコロナによって企業の購買行動・営業活動が大きく変化し、直接会うことなく購買の意思決定に至るケースが増えました。一部の企業では、コロナ流行前から遠隔地での商談時にWeb会議や電話で商談することもありましたが、顧客によっては対面以外の商談を受けてもらえないこともありました。

ところが、コロナウイルスの感染拡大により、対面での接触が難しくなってからは、オンラインでの商談が主流となり、それまでの前提がすっかり変わってしまったのです。このように、購買行動が変わったのなら、営業の在り方やコミュニケーションの取り方も変えなければいけません。もちろん、営業の大原則である「**正しいお客様に、正しい課題を設定し、正しい解決策を提案する**」**という本質は不変**です。しかし、対面でのコミュニケーションが難しくなった今、従来通りのやり方は通用しなくなっているのです。

コミュニケーションが難しくなったと感じているのは、必ずしも売り手側だけではありません。買い手側も同様に、それまでの関係性の延長で発注したり、直接会ったときに伝わる感覚に頼ったりすることができなくなっています。限られた環境下で意思決定を下さなければならないのです。

いま、購買側は非対面でも円滑に、「企業選定」「課題特定」「提案評価」「意思決定」する方法を試行錯誤しています。それに呼応するように、営業側は「関係構築」「課題設定」「プレゼンテーション」「クロージング」を円滑に実施する方法を磨かなければなりません。

非対面での商談において、多くの企業がその手法に戸惑っている中、非対面による営業の必勝パターンを作ることができれば、それだけで大きく差別化できるといえるでしょう。この「訪問しない商談」の必要に迫られた営業パーソンは、「必ずしも対面商談でなくてもよかったのか」と気付きました。このことに気付いてしまった以上、それまでの「すべての商談で訪問が絶対」という前提に巻き戻されることは考えにくいでしょう。

つまり、これからの時代、非対面・オンライン環境下でお客様を動かす商談スキルは、全営業パーソンにとって必須となるのです。

営業がオンライン化によって困っていること

オンライン商談で営業が変わった・難しくなった、という印象が一人歩きしているように思います。ここではあえて「困っていること」を構造的に考えてみましょう。筆者が所属する企業（セレブリックス）では、2020年5月、営業に携わる400名弱の協力を得て、営業獲得における悩みについてアンケート調査を行いました。その調査結果は、図のとおりです。

受注獲得における悩み

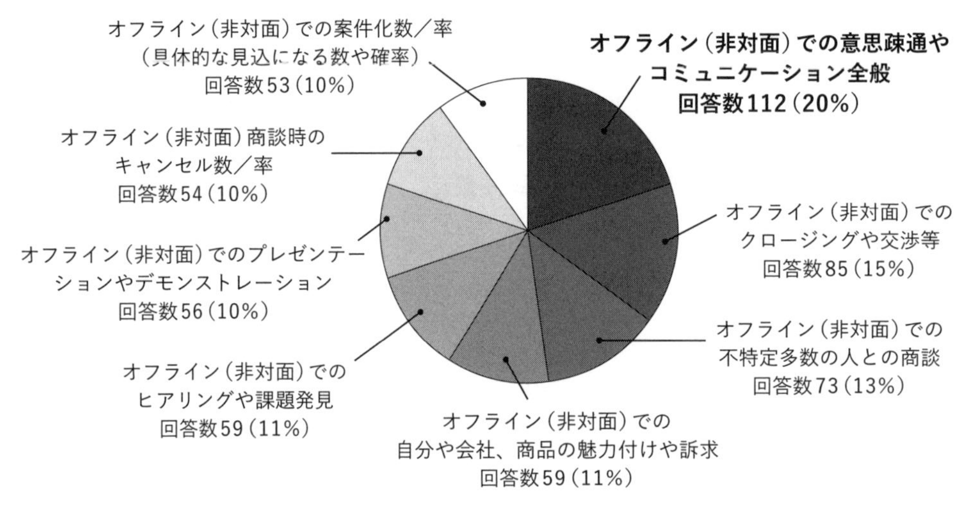

リモートワークの営業活動における調査（回答383件：2020年5月時点）セレブリックス調べ

現在、オンラインでの商談が増加する中、非対面での商談スタイルに苦手意識を抱いている人が多いようです。「非対面になることでコミュニケーションの難易度が上がる」というのが、苦手意識の主な原因です。具体的には相手の表情が読みにくかったり、反応がないことで「つい」焦ってしまったり。「対面に比べて質問しにくい、ディスカッションしにくい」という悩みもありました。

また、よく耳にするのが、「アイスブレイクのために実施する雑談や他愛もない話がしにくく、お客様と距離を縮めるのが難しい」という声です。一方で、顧客の一部は、こうした「雑談や他愛もない話」を営業からされることを嫌がるケースも見受けられます。アイスブレイクや雑談があってもよいと言う人でさえ、「なくても困らない」という意見だったのです。つまり、無用な雑談が減ったことで商談時間が短縮され、ありがたいと感じる顧客も少なくないということです。

今回ご紹介したデータは、集計から1年以上経っていますが、オンライン商談で抱える企業の悩みとしては、大きく変わっていません。オンライン商談ならではの関係構築・課題設定・プレゼンテーション・クロージングの方法には、引き続き関心が集まっています。

OMOという考え方

これから先、完全に前の状態に戻ることはないと思われます。かといって、すべての商談が非対面・オンライン化することもないでしょう。実際に現場を見て、現地を調査することで、より良い提案ができる商品やサービスもあり、また、対面でなければ実施しにくいコミュニケーションも存在します。今後は、顧客や場面に合わせて、コミュニケーションの取り方を選択する営業・商談スタイルが主流になっていくでしょう。

BtoB BtoCの営業もOMO化

※Online Merges with Offline

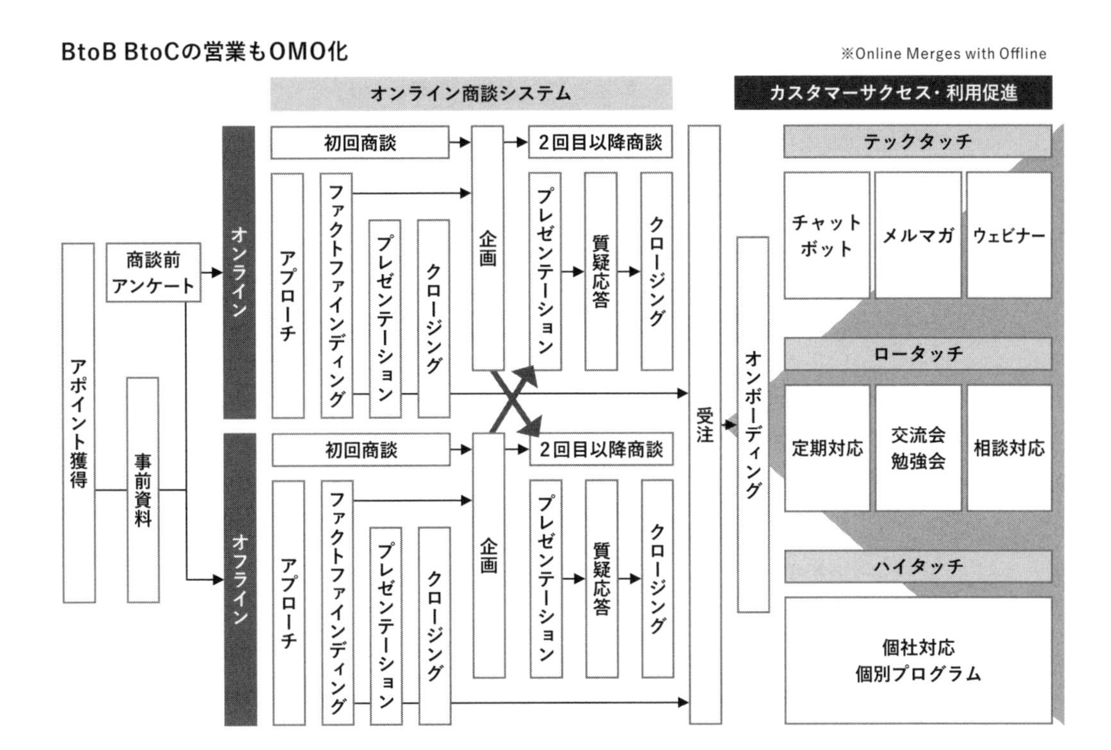

図のように、商談を一つのイベントとして見るのではなく、細かなプロセス（行程）として考えます。初回訪問から契約までのすべてを、オンラインや非対面で完結を目指す商品もあれば、初回訪問はオンラインで行うものの、具体的な見込みのある顧客への提案は、足を運んで実施するというパターンもあるでしょう。対面商談は成約確度が高い案件のみに行うことで、無駄な移動時間やコストを抑えたうえで、大切な案件の受注確度を高める効果が期待できます。

一方、初回訪問してヒアリング（ファクトファインディング）や課題設定のプロセスを直接対面で行い、具体的な提案以降をオンラインで実施するパターンも考えられます。この方法は、購買意欲が低い顧客との商談や、無形財をあつかうサービスの営業など、ヒアリングやディスカッションが重要になる際に有効です。

もちろん、業種や商文化、そして社会情勢を加味したうえで、あえてすべて対面で実施することもあるでしょう。オンラインとオフラインを融合し、目的に合わせて最適な組み合わせを選択するという商談スタイルが、これからのスタンダードです。このように、オンラインとオフラインを融合させることを、OMO（Online Merges with Offline）と呼びます。

3-9-2 主流となるオンライン商談の在り方

オンライン商談の重要性は、確実に高まっています。オンライン商談は、対面商談よりも成功パターンの再現性が高いと、私は感じています。対面営業の場合、仕事に関わる話以外の雑談や、飲食を伴う接待なども行われます。これらは、個人のコミュニケーション能力に依存した、再現性の低い営業活動です。

このような営業活動ができなくなると、純粋な商談力（課題を発見し、解決策を提案する力）の善しあしが、選ばれるポイントになります。こうした体系化の可能な商談スキルであれば、身につけるのも指導するのも容易なはずです。ここからは、オンライン商談を前進させるために必要な、技術やテクニックについて解説していきます。

オンライン商談の難しい点は何か

対面での商談に比べ、オンライン商談は何が難しいのでしょうか？

オンライン商談の難しさについては、皆さん口を揃えて「オンラインでは相手の反応が見えない」「相手の温度感が伝わらない」と言います。しかし、果たして本当にそうなのでしょうか？　私は、このような意見に懐疑的です。

なぜならこうした発言をする営業パーソンの多くが、**実は対面の商談でも「相手がポジティブな反応を見せず」「温度感が高まっていない」商談をしているから**です。対面での商談の場合は逃げ場がないため、相手は真剣に聞いているような態度、関心があるような態度を演じていただけ。そのようなケースが、少なくありません。

オフラインとオンラインの最大の違いは「相手の心が離れやすいかどうか」です。オンライン商談では、相手に興味や関心がなくなると、集中して話を聞いてもらえなくなります。退屈だと感じた瞬間、別のWebページを開いたり、進めていた作業に戻ったりするなど、ほかの仕事をしはじめるのです。一方で、関心があって聞いていたとしても、チャットやメールのポップアップで重要な案件が届いたら、意識は離れてしまいます。「話を集中して聞く」という、商談に必須な要件を満たせなくなる危険性が、オンライン環境には多く潜んでいるのです。

しかし、オンラインならではの気配りによって、この問題をフォローすることができます。オンライン商談を進めるにあたり、営業が最も意識を集中させるべき点、「逃げ場がある」の対極にあたる「**場を創る」というポイント**です。

3-9-3 オンライン商談を制する人は「場を創る」人

ここからは「場を創る」ための基本的な考え方と、具体的なテクニックや方法を解説します。対面の営業で、トップセールスがパフォーマンスを挙げてきた取り組みを、オンラインでどのように再現するか、対面でできないことをどのように補えるか、という視点で考えます。

中でも意識しなければならないのが、先の項目でも解説した「逃げ場がある」という状況です。相手に「注目」「集中」してもらうための仕掛けを意図的に講じ、場をコントロールする(集中して営業の話を聞く場を創る)必要があります。

そこでセレブリックスが提唱する場創りのテクニックをご紹介します。具体的には図のような**4つのキードライバー(影響力のある変数)とディテール(詳細の手段)によって構成**されます。

4つのキードライバーと12のディテール

メカニズム	① コンテンツ	② 関係構築	③ 情熱強化	④ プロジェクト化
ディテール	注目スイッチ	事前準備	タグ・ワード	ネーミング
	共同作業	名刺交換	ストーリー重視	チャット参加
	事例活用	フットワーク		
	アジェンダ	SNS		

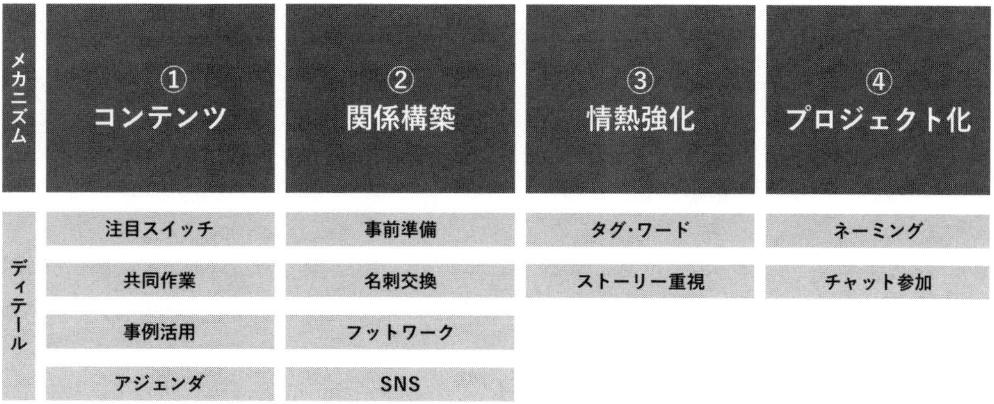

まず、オンライン商談の場創りのキードライバーとしては、大きく4つの取り組みに注目します。①コンテンツ ②関係構築 ③情熱強化 ④プロジェクト化 です。そして、それぞれの4つのキードライバーに詳細（ディテール）が紐づけられます。

コンテンツが主役の世界

まず、最も重要なキードライバーが、コンテンツです。**オンライン商談における主役とは、営業パーソンの言葉や表現ではなく、コンテンツ**です。営業パーソンの身だしなみや清潔感、表情や表現力が大切なこと自体はこれまでと変わりませんが、顧客の意思決定に占める割合としては、それらの重要性が減っていると考えて良いでしょう。

あれほど重要視されてきたノンバーバルコミュニケーション（非言語コミュニケーション）も、対面営業時ほど重要ではなくなったのです。本来、企業の課題解決の意思決定に、営業パーソンの人となりや見た目というのは必要ないことかもしれません。営業パーソンの見た目や表情は、「導入後における課題解決の度合いや顧客体験」とは関係のないところにあります。オンライン商談では、見た目や表情に目が奪われにくい分、意思決定がより合理的になっていくでしょう。営業パーソンのもつ属人性や優れたトーク力（クロージング力）に頼っていた企業にとっては、非常にシビアになったと考えられます。

オンライン商談では、お互いの顔や表情を見て会話することよりも、営業と顧客が共通の資料を見ながら会話することが増えます。これまでは、人の説明を資料が補足するのがスタンダードでしたが、これからの営業は、**資料を中心に対話や説明が生まれると考えるのが自然**です。場創りの仕掛けとしては、魅力的なコンテンツが欠かせません。

これからは、マーケターのみならず、営業パーソン一人ひとりが、顧客の関心事に合わせた「セールスコンテンツ」を活用する時代がやってきます。コンテンツをどのように活用するか、そのヒントを前図のディテールに沿って紹介します。

① 注目スイッチ

「〇〇様に見ていただきたいデータがあります。画面にご注目ください。」

このようにオンライン商談で問いかけると、多くの場合、相手は体を少し前のめりにして画面に注目します。コンテンツを適材適所で披露することによって、物理的な行動の変容を促すことができます。

逃げ場があり、集中環境が途切れやすいオンライン商談だからこそ、コンテンツがお客様にとって注目の場になることがわかります。また、複数のお客様が商談に参加される場合、同じ議論に集中する環境をつくる上でも有効です。

② 共同作業

コンテンツの活用は、商談に「参加している」という当事者意識を醸成する効果があります。例えば、相手企業の組織図をコンテンツとして用意すれば、どの部署がどのような商品を扱っているか、どのような人員構成か、非常にスムーズに話してくれます。意図のわかりやすい質問には答えやすく、そして話しやすくなります。一方、意図の見えない一問一答形式の質問は、相手に不安や苛立ちを与えてしまいます。

Web会議システムのホワイトボード系のツールを利用する、あらかじめ空欄を用意したパワーポイントを使って一緒に埋めていく、ということもおすすめします。ドキュメントの画面を共有して質問したいことや聞いたことをリアルタイムで更新するのも有効です。完成されていないコンテンツを一緒に作っていくスタイルを築くことで、相手の参加する「場」がセットされます。

③ 事例活用

セールスコンテンツの代名詞と言えば、「顧客事例」です。顧客事例の魅力は、第三者のケースや見解をきっかけに、お客様に新しい気付きを与えることができる、反論対策ができるという点にあります。とくに信頼関係が構築しきれていない新規営業の場合、営業が教育しようとしたり、考え方を否定したりすると、良い印象を与えません。しかし、相手の意見や発言を鵜呑みにしていては、買う気のある顧客からしか影響力を発揮できません。

そこで役に立つのが事例です。「実は御社と同じように社員数を急拡大したA社では、その裏側で大切にしていた文化が浸透せず優秀な社員がのきなみ退職する現象が起きました。御社でもこのような悩みやリスクを感じたりしたことはありますか？」

このように他社も困っている問題や課題として認めた前提があると、自社の抱える悩みを認めやすくなります。事例やケースをきっかけに、その課題を新たに認識するケースも多々あるのです。事例は、会社紹介で興味を惹きつける際にも、より事実に迫る質問のきっかけにも、さらには顧客が抱く不安や反論の解消にも活用できます。さまざまなシーンに応じて適切な事例を取り出せるように、ストックしておきましょう。

コンテンツを作るとなった際、「どうやって作ればよいのか分からない」「コンテンツのネタがない」と嘆く人がいます。しかしコンテンツのネタは、日常の至るところに存在します。特定の企業に使った提案書の1ページ、社内向けにWeb会議システムで撮影した動画、商談準備の際に集めた周辺のニュース…そのまま利用することは難しくても少し加工すれば、同じようなニーズを抱える企業の態度変容や行動変容のきっかけになるかもしれません。

④ アジェンダ

コンテンツ活用において最後に紹介するのが「アジェンダ」の作成です。文字どおりアジェンダは、目次や議題のことを指しますが、オンライン商談で「流れを確認する」ことと「今いる位置を示すこと」は極めて重要です。

いつ終わるか分からない話を聞くのは聞き手にとてもストレスがかかります。そこで今日の商談の全体スケジュールを可視化し、今どの段階にあって、何分くらい話を聞くことになるのか、心の準備ができるような環境を作りましょう。

オンライン商談ならではの関係構築の工夫で差別化を図る

雑談などでの関係構築が難しくなったと述べましたが、だからといってオンライン商談での関係構築を諦めてよいわけではありません。仕事以外のコミュニケーションが取りにくいからこそ、ビジネスの相談相手として適切なポジションを獲得し、信頼してもらえる関係を能動的に築いていくのです。

このブロックでは、直接の接触がない場合でも、「この会社は違うな」「この営業パーソンは信用できるな」と感じてもらうためのディテールをご紹介します。

① 事前準備

非対面やオンライン商談がファーストコンタクトになる場合、お互いに緊張が抜け切れずぎこちない雰囲気で商談がスタートすることがあります。その緊張をほぐすきっかけとして、商談前の事前準備を有効活用しましょう。

例えば、商談前からメールや電話でコンタクトを取っておくのも一つの手です。
「当日、ご興味のある事例をお持ちしたいので、質問をしても良いでしょうか」
など、事前準備を兼ねてコミュニケーションを取るとよいでしょう。

また、2020年以降はウェビナーが非常に増えました。顧客の登壇するウェビナーを視聴しておくことで、商談の場で会話が弾むきっかけを用意できるかもしれません。

② 名刺交換

これまで数々のオンライン商談を経験して、「意外と徹底されていないな」と感じたのは、オンライン商談時の名刺交換です。窓口となる担当の連絡先は事前のメールなどで把握しているものの、商談に同席した利害関係者の連絡先や部署・役職を把握していないということが起きています。

ここで問題になるのは２つのロスの発生です。１つ目のロスは、次の提案のチャンスを失うこと。例えば今回の商談が成約しようとしなかろうと、お客様の情報を持っていれば、別の商品を提案する機会や、違う部門に提案する機会を作ることができます。

2つ目のロスは、今進めている商談のそれぞれの役割や立ち回りが不明確になることです。参加者はそれぞれ異なる業務や役割の中で、異なる課題を持っています。これを把握していないことには、相手が「買わない」と決定する理由をコントロールできなくなってしまいます。

オンライン商談であっても、対面での名刺交換のように、お互いの情報を伝え合うことは可能です。例えば、次のような方法があります。

- **オンラインで名刺交換できるサービスを利用する**
- **商談開始時をお互いの自己紹介の時間とする(連絡先などをチャットに記載する)**
- **商談前にメール等で参加者と役割、部署や連絡先を聞いておく**

会社のシステムやルールに合わせて、最も現実的な手段を使いましょう。いずれにせよ、ロスを撲滅するためにも、お客様情報(名刺情報)を確認しないという選択はありません。

③ フットワーク

関係の築き方を「数」と「小回り」でカバーするという発想です。同じ人やモノに接する回数が増えれば増えるほど、人やモノに対して好印象を持つようになるという心理現象をザイオンス効果と言います。このザイオンス効果を利用して、コミュニケーションを取る数を増やすことで距離感を近づけていくのです。

接触回数を増やすというのは、1社あたりの商談にかける時間を2倍、3倍に増やせばよいということではありません。こちらの都合で商談時間や商談回数を増やされたのでは、相手にとってはただの迷惑です。

そうではなく、例えば、これまで１時間かけていた商談時間を、要点を絞って30分に減らしてみるのです。これまで1時間×２回で行っていた新規商談を、次のように分けてみましょう。

1回目：会社紹介やヒアリングを行ってお客様の関心事を確認、合意
2回目：大筋の提案方向性を1枚のシート（コンテンツ）にまとめてディスカッション
3回目：関係者へのプレゼンテーション（デモンストレーション）を実施

このように30分ずつ小分けにすることで、合計時間は1時間半で済むうえに、接触回数を増やすことができます。こうして、距離感が縮まるのを狙うのです。また、初回訪問でいきなりディスカッションをするよりも、2回目に設定したほうが、信用度合いが高まって情報開示の量が増えるかもしれません。

あるいは、これまで提案前に提案書をメールで送ったり電話で説明したりしていたのを、15分くらいのスポットミーティングにするのも良いでしょう。これは、電話やメールをやめるべきだという話ではなく、お互いに気軽に連絡や相談がしやすい関係をつくることを目的としています。

余談ですが、商談やミーティングがオンラインになったことで、顧客側のスケジュールも以前に比べて時間ごとに別の予定がみっちり詰まっているというケースが増えています。時間をフルに使って商談してしまうと、いくら商談が盛り上がったとしても、直後のスケジュールによって商談の内容を忘れてしまったり、タスクが後回しになって話が進まなかったりする可能性があります。

1時間のスケジュールを30分で終わらせ、残りの時間で関係者へ展開してもらうなど、検討を前進してもらうための**余白時間をあえて残す**ことが重要です。

ただし一方で、購買者約1000名に「商談時間が適切だと感じる時間をお答えください」と質問したところ「30分～1時間以内」が51%を占めました。慣習的に1時間するものと考えているお客様もいらっしゃいますので、商談に使う時間や進め方の提案をして、協議のうえで決めていくのが良いでしょう。

④ SNS

対面での商談の場合、商談終了後のエレベーターまでの道のりや、帰りの玄関口までの道のりで、雑談や情報交換をすることができました。これが、オンライン商談になって完全にできなくなったかと言うと、実はそうではありません。雑談や情報交換の役割をオンラインで担ってくれるのが、SNSです。中長期的に関係を強化したいと思うなら、SNSでつながることをおすすめします。

SNSの中には、FacebookやLinkedIn、Twitterなど、利用者属性の異なるさまざまなツールがあります。SNSのビジネス利用が禁止されている企業でなければ、商談後につながり申請を行いましょう。そして、顧客の最新情報をキャッチしたり、自分たちのニュースやお役立ち情報を提供したりしていくのです。SNSでつながると距離感が近づき、商談の検討状況や様子うかがいを多少カジュアルに行えるという利点があります。

オンライン商談によって、関係構築が難しくなったと悲観するよりも、今できる「つながり方」を試行錯誤していきましょう。

情熱強化

「非対面だと熱意が伝わりにくい。だから商品力や合理の世界で勝負をしなければならない」そう考える人がいます。もちろん、そのような傾向は実際にあるでしょう。商談プロセスにおいて意思決定を促すステップ、「クロージング」の強さによって受失注が決まるというケースは、随分減ったように感じます。とはいえ、法人取引のすべてが論理と合理によって意思決定されるかというと、決してそうではありません。

新規営業のファーストコンタクトで、会社のピッチ(短いプレゼンテーション)をする際に、情熱と論理のバランスを見事に融合させることができれば、短い時間でも相手の心を掴むことは可能です。興味や共感、信頼を感じてもらうことができれば、情報開示の量も、相談していただける内容も変わってきます。情報量や相談内容の濃淡は、そのまま成約率に影響することでしょう。

たとえオンライン商談であっても、早い段階でお客様に興味を抱いていただくために、営業側は論理や合理とともに、情理や情熱もセットでお届けしていく必要があるのです。そうすることで、コミュニケーションを取りやすい場創りが実現します。

情熱強化のキードライバーについては、2つのディテールに分けて詳細を説明していきます。

① タグ・ワード

この「タグ・ワード」という言葉は、筆者による造語です。「思わず ハッシュタグ にしたくなるようなキャッチーな言葉」のことを、タグ・ワードと名付けました。意識が離れやすいオンラインでの商談では、適材適所にこのタグ・ワードを用いることで、思わずお客様がドキッとして対話に集中するというシーンを創り出します。

いつも使っている平易でどこか味気ない言葉の代わりに、耳に残る言葉選びや名付けでお伝えするのです。例えば、「4つのキードライバー」というのもその1つです。「オンライン商談の場を創るには、4つのポイントがあって…」でも、内容としては充分伝わります。

しかし、「オンライン商談の場創りに欠かせない、4つのキードライバーはご存知ですか?」と少し言い回しを変えるだけで、聞き手の注意を引き付け、想像を駆り立てることができます。このように、連想させ、情景を浮かばせることが重要なのです。

ただし、タグ・ワードの使いすぎは逆効果です。意味を汲み取りにくくなり、肝心の内容が頭に入らなくなってしまいます。タグ・ワードは重要なポイントで使うということを覚えておいてください。

② ストーリー重視

初回訪問資料は、魅力的なストーリーが伝わる構成になっていますか？

多くの会社の資料が「何をやっている会社か」という、自己紹介や自慢話ばかりにフォーカスした構成になっています。これでは、聞き手の共感や興味を喚起することはできません。ファーストピッチでは「何をやっているか（What）」だけでなく、「何のためにやっているか（Why）」にもしっかり焦点を当て、エピソードを披露するようにしましょう。

「どんな問題を解決するために会社を立ち上げたのか」「どのような世界観を目指しているのか」こうした情報に顧客は注目し、共感を抱き、それが興味へと変わるのです。また、この「Why」の情報があることで、「What」の情報（会社規模・売上・取引先・実績）がより深みを増します。そして、会社の強みやアピールポイントに、論理性や説得力が増すのです。

なお、ストーリー重視の構成にするためには、スライドの作り方にも工夫が必要です。1スライドに複数のメッセージや情報を入れてしまうと、話しているところと違う箇所を見られてしまったり、情報が多すぎてメッセージが伝わりにくくなったりしてしまいます。基本的には1スライド1メッセージ（テーマ）という意識をもち、紙芝居のようにテンポよく展開していきましょう。こうすることで、話し手と聞き手が同じ温度感で飽きずに進行できるようになります。

プロジェクト化

最後のキードライバーは「プロジェクト化」です。これは売り手と買い手、提案する側と判断する側という対立構造のパワーバランスで商談をするのではなく、「共通の目標達成を目指すプロジェクトのメンバー同士である」という関係を目指すものです。

想像してみてください。売り手と買い手という立場が強いと、営業が持ってきた提案の課題設定の認識がズレていたとき、「この営業はウチの課題をわかっていない」と、厳しい評価を下されるかもしれません。それが複数企業でのコンペティションであれば、減点対象です。

しかし、売り手と買い手が同じプロジェクトのメンバーという認識であった場合、どうでしょうか？仮に営業が作った資料の課題設定の認識がズレていたとしても、「この課題設定では、上司が納得しそうにないので、会議までに変更してもらえますか？」とフィードバックをもらえる可能性が高まります。同じ提案をしたとしても、受け取り方と次のアクションがまるで違うのです。

営業であれば、目指したいのは言うまでもなく後者であるはずです。場創りの最後に、「共通目標を目指すプロジェクト」の意識をもっていただくためのディテールを解説します。

1. ネーミング

売り手と買い手という意識からプロジェクトへの意識改革を行う上で経由すべきステップは、顧客側の「商談を受けるというマインドから、プロジェクトミーティングに参加する」という意識の変化です。しかし、これを即座に実現する都合のよい方法は、残念ながら存在しません。地道ではありますが、「**プロジェクト名**」**を連呼する**しかないのです。

顧客が商品を導入した先で目指す理想の状態を築くことに対して「プロジェクト名」を作ることをおすすめします。そして商談の場では、営業の「I」メッセージを「You」メッセージにする。そして、プロジェクト名を繰り返すことで、「We」メッセージへと発展させてくのです。プロジェクト名は、大それた名前にする必要はありませんし、提案の詳細が決まるまでプロジェクト名を付けてはいけないということもありません。

相手側がプロジェクト名を呼ぶようになれば、大きなチャンスです。

2. チャット参加

究極の理想形は、お客様のSNSに招待され、プロジェクト名のグループを作ってやり取りができるようになることです。私の経験からすると、提案の段階からチャットで相談ができるようになった案件は、企画の内容が変わることはあっても、コンペで他社に負けるということはほとんどありません。

チャットでのやり取りを始めるにあたっては、「企画の内容を御社によりフィットさせるために、各ページの構成を都度確認させていただきたいのですが、SNSやチャットで専用グループを作ることはできますか？」と相談をもちかけるとスムーズです。

もちろん、グループチャットの可否は企業文化やセキュリティ基準などにもよりますので、相手を選んで相談することが、最低限のマナーです。また、信用されていない限り、この方法は成功しません。あくまで最上位の交渉事であると理解したうえで活用してください。

顧客に対して、商談をジャッジするという認識から、早い段階で課題解決のための「プロジェクト」に参加しているという意識改革をもたらし、当事者意識をもって参加いただけるように仕掛けましょう。

本項では、オンライン商談というテーマで、これからの商談の在り方や、オンライン商談ならではの場創りの工夫について解説しました。営業と購買環境の変化が加速した昨今、さまざまな試行錯誤がなされ、問題の解消を目指すセールステックツールが次々と開発されています。営業の在り方は、日々進化しているのです。

オンライン商談のスタンダードは、この先もまだまだ前提が変わっていくでしょう。改善の伸びしろは大きいと予測しています。特定のやり方に固執せず、さまざまな方法を試して、自分たちのスタンダードを築き、それをバージョンアップしていきましょう。

本書で解説に至らなかった、商談プロセスの攻略等の考え方は、著者が2021年8月に出版した、『Sales is 科学的に成果をコントロールする営業術』(扶桑社/2021)にて解説しているので、ご興味ある方は合わせてご覧ください。

▶ 著者：戸栗 頌平

3-10 マーケティングオートメーション

3-10-1 マーケティングオートメーション(MA)とは？

本書を手にしたほとんどの方が、マーケティングオートメーション（MA）について、耳にしたことがあるのではないでしょうか。ここ10年ほどで、日本の企業の間でもマーケティングオートメーションという言葉がすっかり定着し、「導入していないのであれば必ず検討すべきツール」という立ち位置にまで来たのではないかと感じます。

しかしながら、「ツールとしてマーケティングオートメーションが定着した」という話を聞くことはほとんどありません。その理由はなぜでしょうか。本章では、本来のマーケティングオートメーションはどのようなものなのか、どのように定着させるべきなのかについて解説します。

開発の背景と簡単な歴史

マーケティングオートメーションは、CRMやSFA同様に米国発祥のツールで、2000年前後に誕生しました。2000年に「エロクア（Eloqua）」がリリースされ、その後、マルケト（Marketo）やハブスポット（HubSpot）、パードット（Pardot）などが誕生。米国を中心に、BtoB企業であれば、ごく当たり前に導入するツールとして発展してきました。

米国でマーケティングオートメーションが広がった理由として、米国のビジネス慣習が大きく影響しています。米国では、企業や個人名簿の売買が可能なため（州によっては法律で禁止）、購入した購買意欲が不明の名簿に対し、Eメールやインサイドセールスによってアプローチを行っていました。メールを送信する際は、自社のデータマネージメントの定義を元に購買リストのセグメンテーションなどを行い、メールを一括送信。メールに対してエンゲージメントした人の履歴を収集し、そこから精緻なマーケティング、もしくは営業活動を展開する。また、明らかに人的リソースを注ぐべき重要企業名簿に対しては、インサイドセールスがあの手この手でアプローチをする、ということが一般的に行われていました。

米国は国土が広いため、簡単に商談に行くことができず、マーケティングの段階である程度まで顧客の精度を高めたいという要求がありました。しかしその一方で、膨大な企業名簿のデータを人の手で選別することは大変なことでもあり、このような作業を自動化かつ効率化するツールとして、マーケティングオートメーション（MA）が大きな発展を遂げたのです。

日本へ入ってきたタイミングと日本での現実

マーケティングオートメーション（MA）が日本企業で徐々に導入され始めたのは2013年くらいからです。当時、マーケティングオートメーション（MA）を導入していたのは、ある程度の大きな企業が中心でした。導入理由は、自社内の他部門や他事業で獲得したハウスリストからの見込み客の発掘や選別をするため、そして、当時のBtoB企業の見込み客創出チャネルとして絶対に欠かすことができなかった展示会で獲得した大量の見込み客情報（名刺情報）を適切に管理するためでした。

しかしながら、ご存知のとおり、日本では個人情報の売買は禁止されています。自社努力によって見込み客を創出（リードジェネレーション）できなければ、見込み客の選別、購買の意欲を高めるなどのマーケティングオートメーション（MA）本来の力を発揮することができません。

そのため、見込み客獲得数が安定的ではない場合や少ない場合には、せっかくのマーケティングオートメーション（MA）が、ただのメール配信ツールやハウスリスト攪拌器になってしまいます。

さらに残念なことに、日本のBtoB企業にはマーケティング部門が存在しないことが多く、営業部門が非常に広い範囲を担当しています。前章でお伝えしたインサイドセールスやフィールドセールスのように、営業部門で明確な役割分担をしている企業はまだまだ少数です。組織的にマーケティングオートメーション（MA）を活用するための下準備すらできていない企業の方が多いというのが実状です。

このような違いが、米国でマーケティングオートメーション（MA）が発展していったのに対し、日本ではなかなか発展しない大きな要因となっているのでしょう。

今、マーケティングオートメーション(MA)が(再度)日本で注目を浴びている

日本でマーケティングオートメーション(MA)が広がりはじめた当初は、マーケティングテクノロジーに関するギークな人たちや、いわゆるイノベータータイプの人たちが導入を進めていました。ところが、米国と日本の組織的な違いや、企業活動のルールの違いなどからくる戦略がすっぽり抜けていたため、その流行は"マーケティングオートメーション(MA)の屍"が増加したことにより落ち着きを見せました。

しかし、ここ数年、政府を中心に働き方改革やDXを推進し、さらには若い企業がマーケティングの重要性を企業活動の初期段階から認識。「マーケティングオートメーション(MA)をいずれかのタイミングで導入すべき」という意識が強まっているように見受けられます。それらの文脈で、マーケティングオートメーション(MA)や周辺テクノロジーに、これまでとは異なる視点が注がれ始めているように感じます。

また、本書が執筆された2021年現在、コロナ禍の影響により、多くのBtoB企業の命綱であった展示会や共催イベントなどに代表されるオフライン大型イベントは軒並み中止。オフラインとオンラインでの自社単独で集客力のない企業は、"共催"施策に頼らざるを得ない状況で、オンラインでの見込み客獲得を行う施策へのシフトが急務となっています。

見込み客獲得を軌道に乗せること、そして、マーケティングオートメーション(MA)を活用して見込み客の購買意欲を向上させて選抜し、インサイドセールスに引き渡すことが、事業成長の鍵となっていくことは、間違いないでしょう。

3-10-2 マーケティングオートメーション(MA)が補完するマーケティング業務領域とは?

どのようなツールを導入するにせよ、何の目的のために、なぜ導入するのか、誰が利用するのかについて、明文化することが重要です。ここでは、マーケティングオートメーションにどのようなことができるのか、簡単におさらいしていきます。

マーケティングオートメーション(MA)とは、マーケティング部門が行っている反復的な作業やプロモーション活動やデータ管理を自動化し、「より効率的でよりパーソナライズされた経験を買い手にもたらす」ためのソフトウェアです。

マーケティングテクノロジーの日進月歩により、2000年当初に比べ、実装機能は飛躍的に進歩し

ています。また、それと同時に、マーケティング部門が行っている業務内容にも大きな進歩が見られます。当時は、大量に買ってきた企業や個人名簿のリストをマーケティングオートメーション（MA）に投入し、リストセグメンテーションを行ってメールを配信、リードスコアリングなどでデータを整理することが主要機能となっていました。

しかし、昨今のBtoB企業は、メール配信だけではなく、ソーシャルメディアの運営を行い、ウェビナーの運営、オウンドメディアの運営、LPOから広告運営、ウェブサイト最適化などを行うため、複数のマーケティングテクノロジーを利用することが当たり前になっています。マーケティングオートメーション（MA）にもそのような機能が実装される、もしくは連携されることが、ごく当たり前のこととして認識されています。

また、インサイドセールスなどの他部門とのコミュニケーションを円滑に行うために、Slackなどのコミュニケーションツールとマーケティングテクノロジーを組み合わせることも行われます。現在の業務内容は多様化しており、マーケティングオートメーション（MA）によっては、それらの業務領域を補助してくれるものもあります。

マーケティングと営業部門が行う代表的な外部施策と内部施策

	マーケティング部門	営業部門
外部施策	デマンドジェネレーション ・オンライン施策 ・オフライン施策 ・パートナーシップetc	セールスアクティビティ ・架電 ・Eメール ・販促品やDMの送付 etc
内部施策	リードライフサイクル管理 営業部門への通知 営業データと同期	セールスパイプライン管理 マーケティング部門への通知 マーケティングデータと同期

この外部施策や内部施策は、ペルソナやカスタマージャーニーの流れに沿って行われるべきものです。マーケティングオートメーション（MA）で業務内容を補完していく場合、そもそも根本となるマーケティング戦略や施策が描けていなければ、部門内や他部門間での内部施策や外部施策に統一性や方向性、組織的な動きが存在しません。

残念なことに、多くの企業において、ペルソナとセグメンテーションの違い、カスタマージャーニーとファネルの違いなどが正しく理解されていません。それら青写真が存在していないために、獲得したリードを一緒くたに混ぜ合わせてメールを配信するような局所的な作業をしているだけになってしまう…。これが多くの企業がハマってしまった"マーケティングオートメーションの屍"の正体です。

マーケティングオートメーション(MA)がしてくれること、してくれないこと

前述したように、マーケティングオートメーション（MA）は前提として、マーケティング部門と営業部門の切り分けや、組織的な動き方、仕組みの存在が、機能を発揮するために必要です。つまり、ほかのツールと何ら変わりなく、マーケティング部門の人員がその全体像を描くことによってすべてが始まります。その絵が存在していなければ、特段の効果は期待できず、局所的な業務の補完作業がツールの利用方法になってしまうのです。

一方で、ペルソナとカスタマージャーニーを作り、それらに合わせて自社の施策全体像を描くことから始めて、マーケティングオートメーション（MA）をその絵に当てはめていくことができれば、多様な施策を補完してくれます。図では、デマンドジェネレーションの構成について、リードジェネレーション、リードナーチャリング、リードクオリフィケーションの視点で分類しています。また、次のようなことがマーケティングオートメーション（MA）で実現可能です。

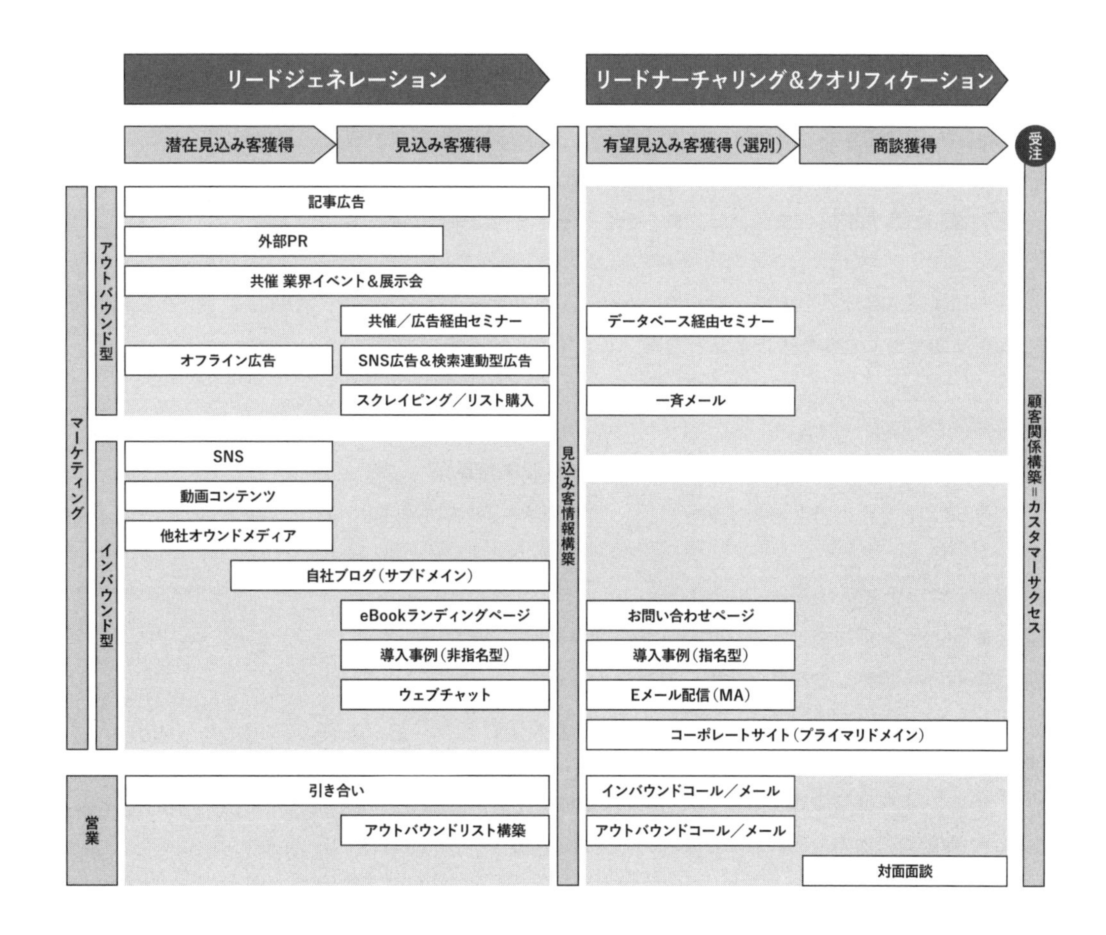

リードジェネレーション（見込み客の創出）とは、「これまで接点をもっていなかった人たちに対して企業活動を行い、製品・サービスに興味をもってもらい、接点を作り出すこと」です。リードジェネレーションを主に担当するのは、マーケティング部門になります。リードジェネレーションで行うことはさまざまで、オンライン施策であればメール、自社メディア運用、SNS運用、ウェブサイト最適化、ランディングページ最適化、SEO、オンライン広告などがあり、オフライン施策は展示会、セミナー、イベントなどです。

リードナーチャリング（見込み客の育成）とは、「見込み客を実際に購買に結び付けるために行う関係性作りのための施策であり、結果として購買意欲を高めることとなる」施策を指します。リードナーチャリングは、マーケティング部門が主導することが多いですが、場合によっては、インサイドセールス部門が行うこともあります。マーケティング部門が手動の場合は、ウェブサイトの最適化やデータに基づきパーソナライズされたメール配信や、興味のあるコンテンツの配信を行い、インサイドセールスに見込み客の購買行動などの情報をシームレスに引き渡すコミュニケーションを設計します。

リードクオリフィケーション（見込み客の選定）とは、「マーケティングや営業活動で集めてきた見込み客が自社の理想的なプロフィールかどうかを判別し、長期的な顧客となりうるかを判断し選定する」施策です。この段階でマーケティング部門が行うことは、獲得後に育成したハウスリストについて、適切なリストであるかを判別するアクションです。それらに対し、営業部門は選別されたハウスリストや自動通知の優先順位をつけ、アプローチを行っていきます。

ツールによって異なるものの、多くのマーケティングオートメーション（MA）は、これらの業務領域に付帯する反復的な作業のほとんどを補完します。一例を示します。

- **リードジェネレーション：**
  - SNSやブログ運営などの投稿設定やデータ収集作業
  - ウェブサイトやランディングページでのA/Bテストの自動化

- **リードナーチャリング：**
  - メール配信における条件付けに基づく自動配信と配信停止作業
  - リード情報に合わせたウェブサイトの最適化

- **リードクオリフィケーション：**
  - リストを自動生成し条件に基づいた得点付（スコアリング）作業
  - 自動的に他の部門に通知するためのコミュニケーションの自動化

これらは幅広いマーケティングオートメーション（MA）の一部でしかありません。また、ツールがSaaSであるため、日々アップデートがされており、数年後にはまったく異なる機能が実装されていることもあるでしょう。

なお、後述しますが、これらの作業をツールで補完するには、そのトリガーとなる戦略的なデータの定義づけを欠かすことができません。このトリガーとなる部分を定義するのはマーケティング部門に関わる人であり、マーケティングオートメーション（MA）を含むいかなるツールもお膳立てをしてくれない領域です。

この領域を人間が準備して設定することで、はじめてマーケティングオートメーション（MA）がさまざまな業務を補完してくれるようになることを忘れてはいけません。

3-10-3 どのようなマーケティングオートメーション(MA)を導入すべきなのか？

マーケティングオートメーション(MA)を選定する際は、これまで解説してきたように戦略を描いたうえで、「業務上非効率になっているどの部分を補完したいのか」を基準に選ぶほうが、運用の成功率は高まります。

ベンダー同士の関係性や上長同士の関係性で、運用をする現場の話を聞かずにツールありきの導入をしてしまっている企業が見受けられます。これは絶対に避けるべきです。この選定理由でツールを導入すると、マーケティングオートメーション（MA）が極めて厄介な存在になってしまいます。

これは、マーケティングオートメーション（MA）が、ランディングページのA/Bテストツールのような単機能のマーケティングテクノロジーとは異なり、自社の基幹システムやCRMとデータ連携をしなくてはいけない横断的特性をもっていることにも起因します。マーケティングオートメーション（MA）は、営業部門のデータ管理をする担当者などの労力を借りてはじめて効果的な導入を進めることができるものです。その運用領域をマーケティング部門だけで完結することはできません。

そのため、導入にあたり戦略的な視点がない場合、どうにかしてマーケティング部門で完結させたいのであれば「業務上非効率になっているどの部分を補完したいのか」をミニマムで選定しなければなりません。コンパクトで安価なものからマーケティングオートメーション（MA）を選択し、運用する現場にとっても程よいスペックや専門性のみで収まるツールを選ぶことが大切です。

また、それ以外にも、自社の成長のサイクルや顧客企業のサイズ感、ターゲットとなる業界などにより、マーケティングオートメーション（MA）の選定の仕方もさまざま。

自社の企業の成長のサイクルは今どこなのか？

どの企業も成長期や成熟期、衰退期など成長のサイクルが存在しています。製品サービスに至っては市場から受け入れられる段階を示したプロダクトライフサイクルが存在し、市場に対してどのようなアプローチをとるかの一つの基準になります。

マーケティングオートメーション（MA）の導入を検討するときには、自社のビジネスモデルや事業がどのサイクルにいるかを考えることも、導入に対する成功の確度を上げるためのポイントになるでしょう。

自社ビジネス領域のポテンシャルと、事業環境視点別のマーケティング活動の焦点

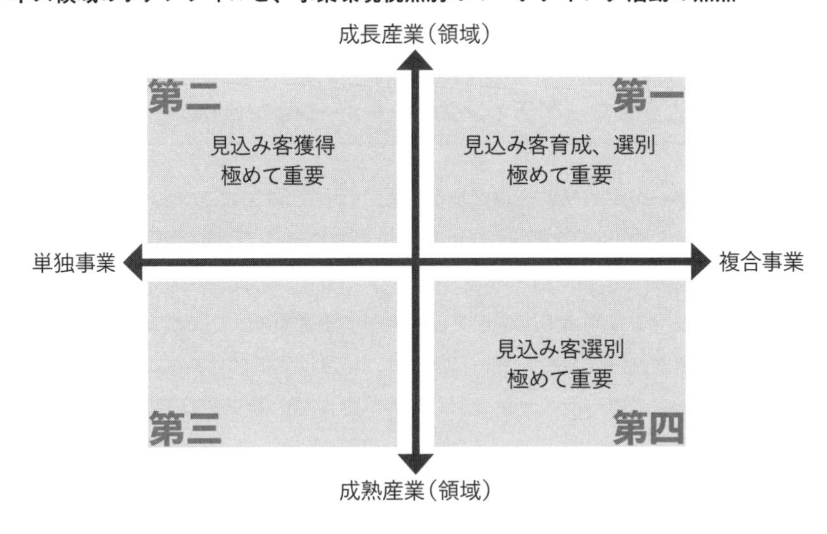

自社のビジネスドメインが成長段階であったり、別事業を持ち合わせていたりする場合、デマンドジェネレーションのどの領域に力を入れるべきかのポイントが異なってきます。

例えば、第二象限（成長産業×単独事業）の企業や製品の場合、新規見込み客を獲得することが事業成長の鍵となります。つまり、見込み客獲得の施策を強化することが必要で、かつ、見込み客獲得後のナーチャリング機能を持ち合わせているマーケティングオートメーション（MA）が導入すべき選択肢となるはずです。

一方で、第四象限（成熟産業×複合事業）の企業や製品の場合、見込み客の獲得はかなり限定的になるでしょう。ここでは、既存のハウスリストをいかに活用するか、もしくは別事業と共有することになるリソース（ハウスリストや兼任の営業担当）に対するデータ統合や同期、コミュニケーションを円滑にしてくれるオペレーショナルな業務の補完機能が重要になります。

このように、企業や製品の置かれている状況によって、選ぶツールの特性や焦点をおくべき機能にも違いが生まれるということを理解する必要があります。

自社の事業の顧客像は？（SMB vs Enterprise）

マーケティングオートメーション（MA）が生まれて発展してきた背景に、大量の企業個人名簿を購入できる背景があるということはお伝えしました。つまり、米国と同様にマーケティングオートメーション（MA）を利用するためには、大量の見込み客情報の獲得が必要になるということです。

自社のビジネスモデルの対象がSMBの場合、企業数の98%は中小企業と言われているので、獲得しうる見込み客数は膨大です。また、製品サービスの価格帯は比較的安価でしょう。一方で、対象がEnterpriseであれば、獲得しうる見込み客数は限定的となり、製品サービスの価格帯は高価となるでしょう。両者に求められる機能には、自ずと大きな違いが生じてきます。

前者であれば、収益を上げるために多くの顧客数が必要となり、大量の見込み客を創出する施策が欠かせません。結果的に、見込み客創出や獲得施策と相性の高いマーケティングオートメーション（MA）が必要になりやすくなります。

マーケティングオートメーション（MA）が求められる理由の一つに、メール配信やスコアリングなどがあります。仮に大量の見込み客獲得が必要になることの多いSMB対象のビジネスであれば、次のような機能が実装されていると、育成、選定までの流れを効率化しやすくなります。

- **ウェブサイト最適化**
- **オウンドメディア運用機能**
- **SNSへの自動投稿およびレポート機能**
- **広告出稿機能およびレポート機能**

一方で、後者であれば、対象となり得る見込み客数は限定的です。そのため、見込み客獲得を効率化する機能よりも、少ない見込み企業情報に対する精度の高いアプローチをするための施策に適した機能が求められます。必要とされる代表的な機能には、次のようなものがあります。

- **ABMに関連する機能**
- **リードスコアリング機能**
- **営業部門の利用しているCRMとの連携機能**
- **サードパーティーのデータとの連携機能**

● **営業部門が利用しているツールとの連携機能**

自社の事業のビジネスモデルや顧客像が、マーケティングオートメーション（MA）導入にあたってツールを絞り込むうえでのヒントになります。

ホリゾンタル型の施策なのか、ヴァーティカル型の施策なのか

自社のビジネスや製品サービスがホリゾンタル型（水平型）なのかヴァーティカル型（垂直型）なのかによって、マーケティングオートメーション（MA）に必要な機能が異なります。

ホリゾンタル型は、特定の業界に特化せず、どの業界の企業にも利用されるようなビジネスモデルのことを指します。そのため、よほどの有名企業でもない限り、見込み客が自社名や自社ブランドを正しく認知していることはなく、認知拡大のマーケティング活動と関係性作りの活動が必要になります。

そのため、マーケティング戦略に、見込み客創出（リードジェネレーション）と見込み客育成（リードナーチャリング）が求められ、結果的にマーケティングオートメーション（MA）には見込み客創出（リードジェネレーション）と見込み客育成（リードナーチャリング）に関係する施策に強みをもった機能が必要になります。

対して、特定業界に特化しているヴァーティカル型では、対象となる企業は自社を取り巻くマクロ環境を比較的明確に理解しており、課題が顕在化していることが多いものです。ソリューションを提供する企業が認知されていることが多く、ヴァーティカル型はホリゾンタル型と比較し認知拡大の必要性が相対的に低くなります。

そのため、顕在化している課題を抱える企業へアプローチを行うことや、そのアプローチの精度を高めること、つまり見込み客育成（リードナーチャリング）や見込み客の選定（リードクオリフィケーション）が重要視されやすくなります。

このようにビジネスモデルに起因するマーケティング戦略の違いから、どのような特徴をもったマーケティングオートメーション（MA）を導入すべきなのか、そして、導入段階であるか否かを判断することも、大切な考え方です。

3-10-4 マーケティングオートメーション(MA)を導入するにあたって必要なこと

ここまでマーケティングオートメーション（MA）の概要や、経営視点やマーケティング戦略の視点からの選び方をお伝えしました。それらを理解したうえで、実際にマーケティングオートメーション（MA）を導入する場合にはどのような事前準備が必要なのでしょうか。まず大前提として、本章で深くは触れませんが、ペルソナやカスタマージャーニーを明確に言語化する必要があります。

ペルソナの一例

職場の食環境に不満のある中小企業の人事・総務担当の森村雪子さん

個人の人柄と背景:IT企業の人事総務として仕事をする森沢さん。6年間、子供が幼馴染に入園したのを機に、現在の職場に入社し社会復帰。その後、人事と総務を兼務しながらオフィス環境の改善や、従業員のサポートをしている。従業員数は60人程で、商材はITの受注業務のため、IT業界としては勤務年数も長い従業員が多く静かな環境、平均年齢も40代へと突入間近、社員の社員の健康を気遣わなくてはいけないタイミングも遅かれ早かれくる状況。しかしながら、オフィスの所在地が主要駅から離れており、社員の飲食環境が良くない。男性従業員はコンビニ食で済ませ、女性従業員は弁当を持参するなど、〝お昼が楽しみの時間〟とは言い難い環境。さらには、内勤業務が多いため、健康状態（人間ドック、健康診断、日常の食生活から来る健康課題）の良い仕事が多いとは言い難い。職責として、従業員の満足度をあげること、また社長が〝健康経営〟に気を使っているため、何かしらの解決策がないものかと模索中。

業務上の立ち回り：2人の人事総務担当の1人。同僚は若手のメンバーで、役職の違いはないもののリーダーとして職務を行う立場。公平に社内環境を良くすることをミッションに従業員や新入社員／転勤社員のフォローなども行なっている。人事総務に関する職務を報告する副社長が存在し、彼や代表取締役が持ってくる社内環境改善アイデアを具体化するための役割を（いつの間にやら）行うことになっている。

業務上の職責と企業内での人間関係：元々の職責は、人事／総務としてのルーティーンワーク、経費精算のアシストや、社会保険や福利厚生などをカバーすることが職責となっている。従業員に対しても定期的にフォローを行い、仕事の相談などにも乗るなどとても信頼のおける人柄の持ち主。また、自身が動くママさんということで、社内の働く親御さんの環境改善や構築などの社内活動も行なっている。

業務上の課題や問題：比較的、単調な業務が多い中、代表取締役や副社長などから降ってくる見たこともない業務に困ることがたまにある。ITリテラシーはそこまで高くないため、作業が煩雑になっていることに気付いておらず、効率化できる業務が多く存在している。また、所在地からくる利便性の低さ、福利厚生に関して従業員から不満を綴ったアンケートなどを受け取り、ガックリくることがしばしば。決して転勤先として人気があるわけではないので、離職者を増やさないための策を打たなくてはいけないと感じている。

カスタマージャーニーの一例

職場の食環境に不満のある中小企業の人事・総務担当の森村雪子さんのカスタマージャーニー

	気付き	認知	検討
ペルソナの課題	健康問題につながるような社内に福利厚生などに関する不満が存在していることに気づく	福利厚生のどの部分から取り組むべきかを分解したいが、その方法いまいちわかりづらい	オフィスの食事環境を改善する方法、あわよくば〝健康経営〟の観点からも、社員の健康も改善したいのだが…
ペルソナの行動	従業員一人一人の行動や、言動、会話から不満の理由となっていることを探り始める	上司からも話を受け、正確な社内での声をまとめるために、アンケートを行う／導入する	ネット、口コミで聞いた、それらしい社内福利厚生に焦点を当てている業者を調べ始める
ペルソナの情報ニーズ	自身の人事総務の職責（社会保険、補償の充実）と関連性のある従業員の不満事項を理解したい	社内の福利厚生の種類や、従業員満足度、従業員エンゲージメントなどの情報を中心に答えを探し始める	導入の仕方（簡単さ）、実際に満足度、エンゲージメント、健康が改善したかどうか（美味しそうか）
ペルソナの情報リソース	社内の会話、普段の語りかけ、社員の声	自然検索（G/Y）、周囲の口コミ、オフラインメディア、総務系の方がみるメディア、郵送DM	ベンダーのウェブサイト上の情報((内外の）導入事例、資料請求、チャット、問い合わせ)
ペルソナの次の段階へのモチベーション	キーメンバーや、離職事態にも発展しそう、〝健康経営〟〝働き方改革〟などにも影響を与えそうな…	福利厚生、従業員エンゲージメント、従業員満足度の共通項として、社内／外の食が影響を与える可能性に気付いたとき	上記情報が十分揃い、**上司たちの賛同**を得られ次第

後述しますが、マーケティングオートメーション（MA）の活用の鍵は、マーケティング戦略に基づいたデータマネージメントおよび施策実行にあります。データマネージメントの原型となるのはペルソナとカスタマージャーニーであり、図の簡易的なカスタマージャーニーの流れに沿って、売り手、つまり企業はどのようなデータを提供してくれた人たちをリードやMQLと定義するのかを明文化しなくてはなりません。

マーケティングオートメーション（MA）を活用できていない企業のほとんどにおいて、原型となるペルソナとカスタマージャーニーが欠落し、データマネージメントの観点がありません。

「誰に対して、いつ、何を届ければいいかわからない」と、マーケティングオートメーション（MA）の利用時に悩んでいるなら、自社のマーケティングアクティビティを定義するためのペルソナやカスタマージャーニーを作っているかを、今一度考えてみてください。

次項からは、ペルソナやカスタマージャーニーの明確化を前提として進めていきます。本質的な施策を進めたいのであれば、自社のペルソナとカスタマージャーニーが必要となるので、すでにマーケティングオートメーション（MA）を導入しているが活用し切れていない場合でも、ぜひペルソナやカスタマージャーニーをイメージしながら読み進めてください。

データマネージメントとリードライフサイクル

これまでお伝えしてきたように、マーケティングオートメーション（MA）を活用する場は、見込み客創出（リードジェネレーション）、見込み客育成（リードナーチャリング）、見込み客選別（リードクオリフィケーション）の三つで構成されるデマンドジェネレーションの領域です。

このデマンドジェネレーションの流れは、シリウスディシジョンズ社の提案するデマンドウォーターフォールからわかるように、次図のような流れを形成しています。

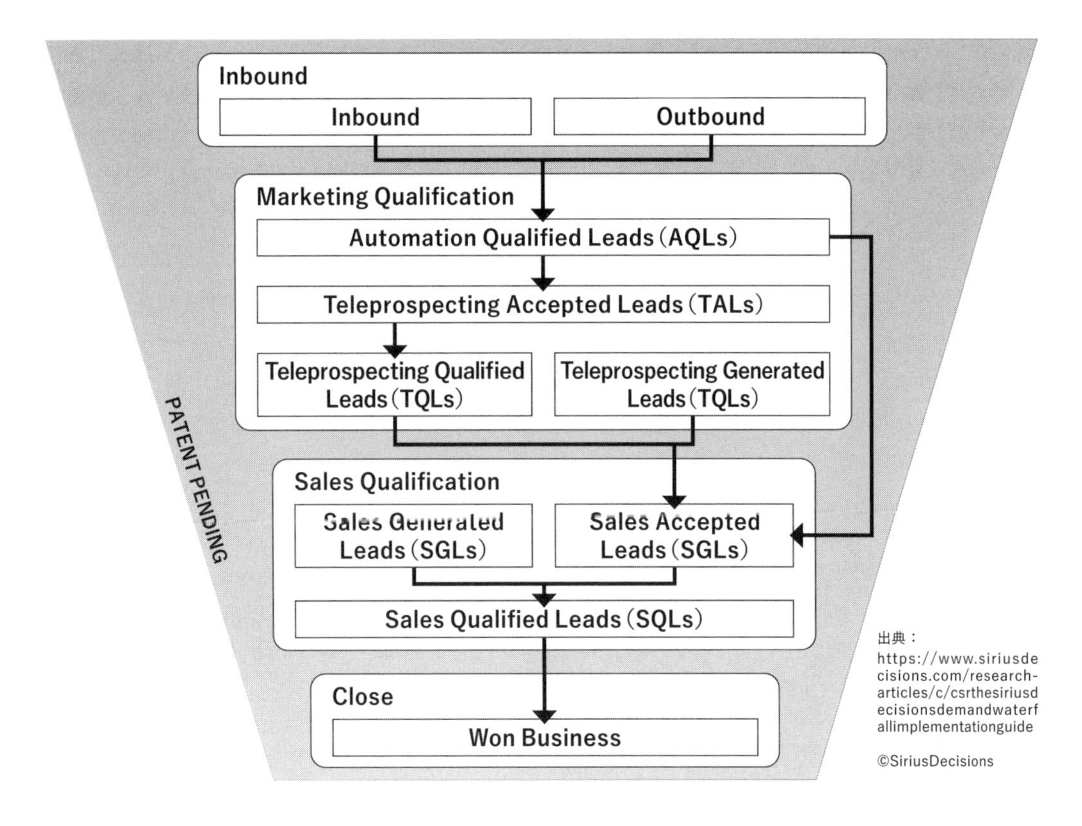

出典：
https://www.siriusdecisions.com/research-articles/c/csrthesiriusdecisionsdemandwaterfallimplementationguide

仮にこの流れに沿ってマーケティングオートメーション（MA）を運用する場合、その区切りを明確にする必要があります。それを行うのがリード（見込み客）の定義となるリードライフサイクルの策定や、どのデータを付与するかを定義したデータマネージメントです。

マーケティング関係者の間では、まだこの重要性があまり理解されていないように感じます。しかし、営業部門がセールスサイクルのステージを定義してセールスパイプラインを管理するように、マーケティング部門もリードライフサイクルのステージを定義し、マーケティングのパイプラインを管理しなくてはいけません。

マーケティングオートメーション（MA）に利用されるデータはさまざまです。見込み客がセミナーやウェビナーに参加したり、オウンドメディアで資料をダウンロードしたりした際のオンライン経由の見込み客データ、展示会や他業種イベントで獲得した名刺情報からくるオフラインの見込み客データなどが存在します。それらのデータには、すでに自社の製品・サービスへ関心を寄せている見込み客も含まれれば、これから興味をもってくれるであろう見込み客も含まれます。その状態から見込み客育成（リードナーチャリング）や見込み客選定（クオリフィケーション）を行い、最終的には営業部門に有望見込み客（製品・サービス購入意欲の高い見込み客）を引き渡す必要があります。

しかし、その引き渡しを行う見込み客のデータの定義や位付けができていなければ、正確な引き渡しのリスト作りが難しく、また、その前段階での施策の対象リストを作ることもできません。そのため多くの企業では、代表的なマーケティングオートメーション（MA）でのメール配信において、送り先を明確に絞り込むことができずにいます。こうしてナーチャリングという名のメール一括送信を行ってしまうのです。

また、リードスコアリングをするにしても、まずは戦略に基づいたリードライフサイクルを定めることが必要です。リードライフサイクルとは、見込み客がマーケティングファネルやセールスファネルのどこにいるかを定義する考えで、大枠で見込み客がどの位置にいるのかを判別するために用います。

リードライフサイクルの図

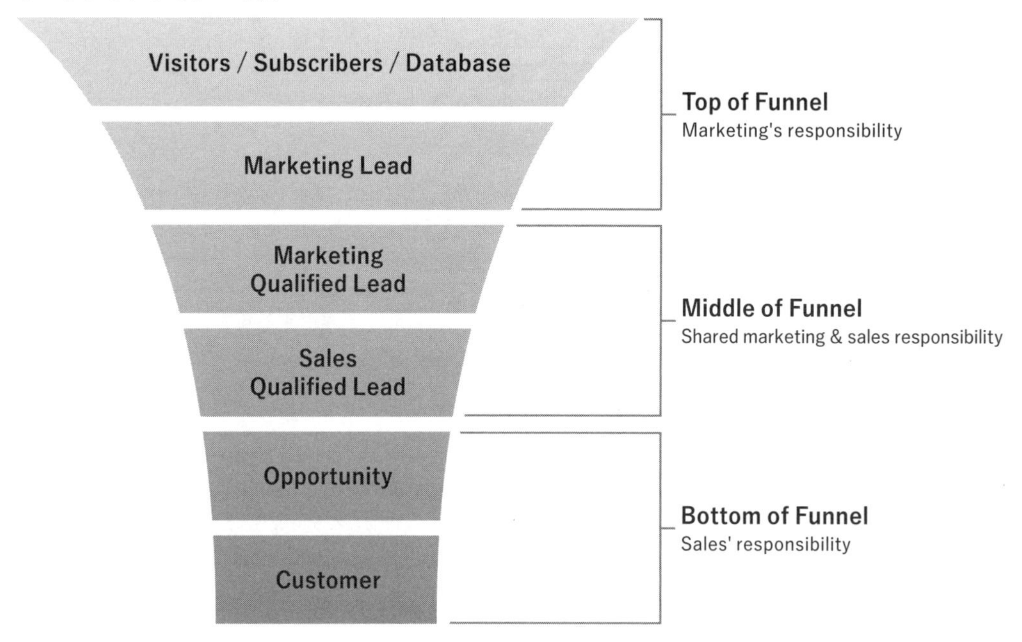

出典：HubSpot　https://blog.hubspot.com/customers/how-to-make-hubspots-default-lifecycle-stages-work-for-your-company

リードスコアリングはこの考えを補完する考えであり、特定のリードライフサイクルにいる見込み客の中から優先順位をつけるために用いられるのが本来の活用の仕方です。一塊のハウスリストから特定の基準の人たちを見つけ出すために用いるためのものではないことを理解しましょう。では、実際にマーケティングオートメーション（MA）を利用するにはどのような体制作りをするべきなのかを次項で見ていきましょう。

3-10-5 マーケティングオートメーション(MA)の運用体制の作り方

皆さんの所属するマーケティングチームの大きさはどれくらいでしょうか。他業務を兼任しているメンバーで構成されたマーケティングチームに所属している方、2～4人のマーケティングチームに所属している方など、さまざまだと思います。筆者の経験上、未上場の中堅企業が抱えるマーケティングチームは5人前後が多いと感じています。ITやSaaS企業の急成長企業であれば10人近くになることもありますが、そのような場合でも、事業関係者総数に対して7～8%ほどマーケティング担当者が存在すれば、かなり大きなマーケティングチームであると言えるでしょう。

複数人のマーケターがいるチームには、広告担当者、セミナー・展示会担当者、PR担当者がかなり高い確率で在籍しています。マーケティングオートメーション(MA)を担当するマーケターは、安定的な見込み客創出や獲得の準備がある程度でき上がってから力を発揮しやすくなります。また、コンテンツマーケティングのチームが見込み客を惹きつけるための施策を安定的に行うことで、担当者はさらに力を発揮しやすくなります。

一般的に、王道とされるマーケティングチームの作り方は、潜在見込み客獲得や見込み客獲得を行うチームを先に組織立て、その後、より効率的に営業部門に見込み客を引き渡すための見込み客育成に携わる組織を作るという方法です。

ただし、事業がすでに立ち上がっているなら、今すぐにでも見込み客を営業部門に送客しなくてはならないでしょう。そのような場合は、可能な限り営業部門とマーケティング部門の接続面に近い箇所の施策を強化し、いち早く営業部門を助けることが大切です。

そのような施策としては、セミナーやウェビナー案内、事例案内などが一般的です。そのオペレーションをマーケティングオートメーション（MA）で可能な限り補完し、担当者はコンテンツの準備や効果分析に力を入れることをおすすめします。

もし、接続面に近い施策を強化し尽くしている企業なら、見込み客獲得施策を避けることは、もはや不可能です。その場合は、前述のような見込み客獲得にも強みをもつマーケティングオートメーション（MA）が必要になるため、マーケティング組織に見込み客獲得能力の高いマーケターを採用する必要があります。

見込み客獲得にはさまざまな種類の施策があるため、一例を挙げます。

- **オーガニック施策**
- **ペイド（広告）施策**
- **SNS施策**
- **自社オフライン施策（ウェビナー系施策含む）**
- **外部オフライン施策（展示会や共催イベント系施策）**

マーケティング業務の分断化

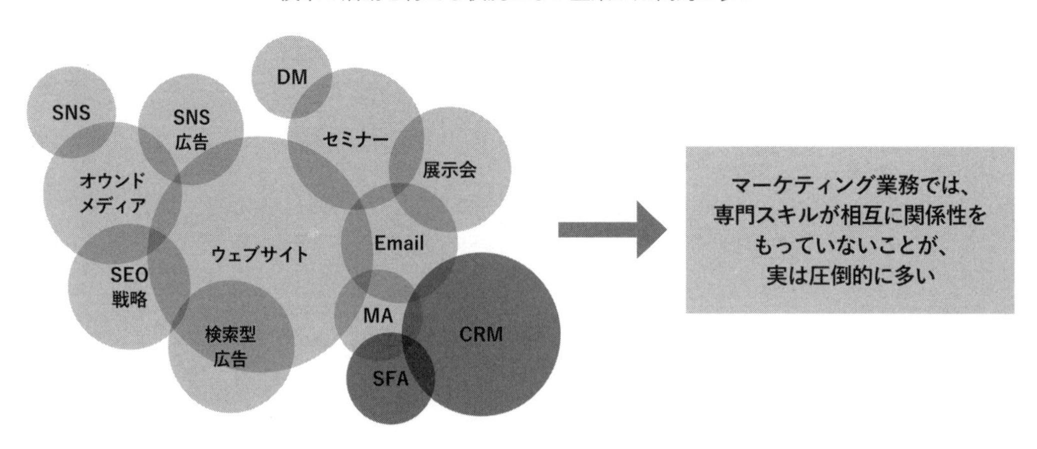

このような施策を遂行する能力を持つマーケターをチームに取り入れることによって、マーケティングオートメーション（MA）が力を発揮することにつながります。マーケティングオートメーション（MA）の導入が、ただのツール導入では済まないことは、想像に難くないのではないでしょうか。

異なるスキルセットのマーケティング担当者をどの順番で採用していくか、教育していくかは、経営戦略やマーケティング戦略に直接つながることであり、企業によって異なります。しかし、デジタル人材が不足する中、比較的新しいツールであるマーケティングオートメーション（MA）を理解し、マーケティング戦略にリンクさせることができる人材は、ほとんど存在しません。

図は、筆者がこれまで体感してきたマーケティング業務におけるスキルセットの分断状況を表現しています。マーケティング担当者ならすでに気づいていることではありますが、担当者レベルだけでなく、営業部門長も、スキルセットの違いについて理解しておくことが極めて大切です。

営業部門に近しい領域でマーケティング活動を積極的に行っている企業は、次のような施策を行っていることが多くあります。

- **展示会運営とオペレーション**
- **PR活動及び業界との関係づくり**
- **コーポレートサイト運営**
- **セミナー運営とオペレーション**
- **メール配信及び顧客情報管理... など**
- **DMやFAXなど**
- **オウンドメディア運営とSEO対策**
- **事例取材と作成**
- **広告出稿及び管理**

相関性があるように思えるマーケティング業務ですが、実は各々の職務で求められるスキルは専門職のようにバラバラです。ペイド（広告）担当者がオウンドメディアを運用することはほぼ不可能に近く、またメール配信やセミナー運営をする能力とも異なります。このように、別分野の専門性を持つマーケターをマーケティングオートメーション（MA）担当にアサインし、ツールを活用することは、極めて難易度が高いのです。

ここまでお伝えしたように、マーケティングオートメーション（MA）を活用するには、見込み客獲得施策とデータマネージメントの二つが揃っていることが必須条件です。メール配信担当者をマーケティングオートメーション（MA）担当にアサインすることがよく見受けられますが、これはあまり適切ではありません。

仮にメール配信担当者をアサインする場合は、上長であるマーケティング責任者、もしくは営業責任者が、メール配信活動よりも上位概念であるリードライフサイクルやデータマネージメントを整備する必要があります。

「なぜマーケティングオートメーション（MA）を使いこなせないのか。」と、現場担当者やツールが原因であるかのような言い方をするマーケティング責任者もいます。しかし、本当の原因は、上位概念を作り出すこと自体がそもそも欠落している点にあることが大半なのです。

仮に、これからデータマネージメントやリードライフサイクルを導入する場合は、セールスサイクルやセールスパイプラインを利用し、見込み客を段階的に分類する概念が定着している企業の営業部門長などに話を聞いてみることを強くおすすめします。

マーケティング部門が考えるべきリードライフサイクルやデータマネージメントの概念は、マーケティング部門の獲得リード数や獲得MQL数が営業売上目標から逆算されます。それと同様に、セールスパイプラインも逆算して考えることが一般的です。これは、パイプライン管理を行っている営業責任者であれば、リードライフサイクルやデータマネージメントの理解が早いと考えられるためです。

マーケティングと営業部門で対になるべき一般的な概念

	マーケティング部門	営業部門
¥	獲得コスト	受注額
数	リード数（※MQLの場合もある）	受注数
部門内活動領域	リードライフサイクル	セールスプロセス
活動内容の定義	マーケティングアクティビティ	セールスパイプライン

※より高度なマーケティングチームの¥はマーケティングが創出した受注額

また、そのようなパイプライン管理を行っている営業部門には、CRMなどの顧客データを営業プロセスに落とし込むための業務を専門にしている人たちがいます。今風にお伝えするとセールスオペレーションと呼ばれるタイプの人たちです。

営業部門責任者とセールスオペレーションの担当者をマーケティング部門に巻き込み、データとリードライフサイクルに関連性をもたせ、マーケティング部門のすべての担当者に浸透させることが重要です。

さらに、発展的にデータマネージメントをしながらマーケティングオートメーション（MA）を活用したいのであれば、データ管理やオペレーションを職責にもつマーケティングオペレーション担当者を採用もしくは育成しましょう。マーケティングオペレーション担当者がデータマネージメントに目を光らせることで、まとまりのないデータにメールを一括配信してしまう、といったよくある事態を避けることが可能になります。

3-10-6 マーケティングオートメーション(MA)の活用を下支えする人材の不足

マーケティングテクノロジーの爆発的進化により、マーケティング業務や考え方が「日本の10年先を行っている」と言われる米国の大手企業では、マーケティングオペレーションの採用が進んでおり、約60%以上の企業がすでにマーケティングオペレーションの専門担当者を抱えています。

マーケティングオペレーションとは、広義では人材、プロセス、テクノロジー、データなどすべての面を管轄し、各部門の効率的な運営とマーケティングスタッフの生産性を最大化していく役割を指します。狭義の解釈では、マーケティングチームを効率的に運営するためのテクノロジーとプロセスを担当する役割を指します。

いずれの解釈であれ、マーケティングオペレーションは、データをもとにしたベストプラクティスの追跡、全体的な成果と投資収益率の測定・改善など、主にデータマーケティング活動を中心に取り組みます。そして、デマンドジェネレーションと収益成長のためのインサイトを、マーケティング担当者に提供します。マーケティングオペレーションを担う人材には、各マーケティング領域の専門知識や自業界の知識だけでなく、最新のマーケティングテクノロジーを理解できるスキルやデータ分析スキルなど、広範囲な能力が求められます。

これまでお伝えしてきたとおり、マーケティングのオペレーションは、複雑かつ高度になる一方で、現代のマーケティングはどのような施策であれ、データ、テクノロジーと切り離して考えることが難しくなってきています。たとえば、マーケティング部門は、日常業務としてWebサイト、コンテンツ管理システム、A/Bテスト、ソーシャルメディア、ABMなど、多種類の手法をマーケティングオートメーション(MA)などによって統括しています。

ただし、10年マーケティングが進んでいると言われる米国でも60%ほどの大手企業しかマーケティングオペレーションの人材を採用できていないと見ることもでき、日本の人材市場に適任者が存在しているとは到底考えられません。

そのため、前述したように、まずはマーケティングオペレーションを担う人材を育てることが重要です。そのためにも、CRMのデータを管理しているセールスオペレーション、または、それに準ずる職責を持つ人の助けを借り、マーケティングオートメーション(MA)の利用の根幹であるデータマネージメントやリードライフサイクルの考えをマーケティング部門に浸透させることです。こうして、次第にマーケティングオートメーション(MA)の活用は進んでいくことでしょう。

▶ 著者：日比谷 尚武

3-11 広報

マーケティングと広報（PR）は、互いに近くて遠い存在です。うまく協働することができれば相乗効果を発揮しますが、失敗するとお互いの関係に亀裂が入ったり、その成果を打ち消しあったりしてしまうこともあります。また、BtoBビジネスにおける広報（メディア露出）は難しいと思われがちですが、多様な成功事例や手法が存在します。本項では、これまであまり知られていなかったポイントにも触れつつ、その要点を解説していきます。

3-11-1 広報とは

ここでは、最低限知っておくべきことについて、要点を絞ってお伝えします。

広報の仕事は「メディア露出」だけではない

広報の定義は幅広く、業界や世代などによってもさまざまです。業界やシチュエーションが異なれば、アプローチの仕方も変わります。また、時代の流れとともにメディアの状況や価値観も変わっていくため、求められる役割や大事にすべきことも変化します。ここでは、一般的な広報の定義についてご紹介します。

まず、狭義の意味での広報は、メディアに情報を提供して取材を獲得し、自社に関する発信をすることです。どのようなメディアを相手にするのか、何を扱うのか（事業・経営・採用...）など、狭義の意味においても「広報」が示す領域は幅広くなっています。

対象、目的はフェーズによって変わる 伝え方は対象に応じて使い分ける

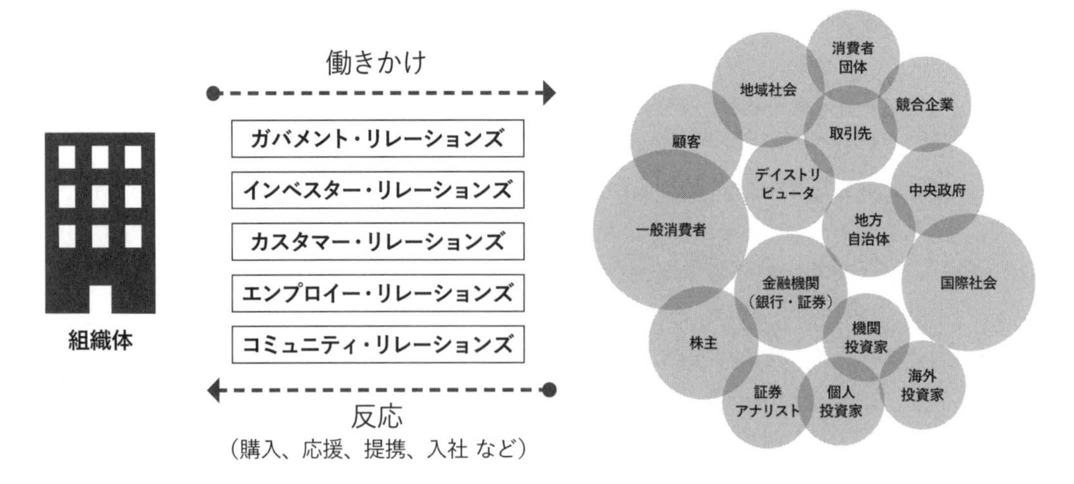

次に、広義の意味での広報とは、いわゆる「**ステークホルダーマネージメント**」「**リレーションマネージメント**」**について総合的にカバーすること**です。見込み顧客や社員・株主・業界・金融機関・地域社会など、あらゆる方面をターゲットにします。事業を推進するために必要なステークホルダーを洗い出し、良好な関係を築いたり、何らかの方向に態度変容を促したりするなどして、ターゲットとの関わりを深めていきます。

近年では、広報の立ち位置や手法が進化し、多様化しています。ただメディアに露出させるだけでなく、他部門の施策と組み合わせて広報を行うケースも多く見られるようになりました。例えばSNSの活用や、オウンドメディアによる発信も、広報の仕事に含まれることがあります。マーケティングの業務と重なる部分では、イベント運営やセミナーの企画、ラウンドテーブルなどが広報の仕事に含まれる場合もあります。

このように、マーケティングと広報でお互いに協力できる領域も存在します。ステークホルダーの態度変容を促すために、あの手この手でコミュニケーションをはかるという意味では、広報とマーケティングは同じだと考えることもできるでしょう。

広報は万能ではない〜広報にまつわるよくある誤解〜

切っても切れない関係にある広報とマーケティング。広報活動がうまく回ると、事業活動やマーケティング施策を加速することにつながります。手当たり次第に活動したところで、良い効果は見込めません。広報は守備範囲が広いものの、どんな成果でも出せるわけではありません。広報とマーケティングがお互いの力や特性をよく知り、適材適所で協力するというのが望ましい関係性です。ここでは、広報に対するありがちな誤解について四つ紹介します。

誤解１：創業時から広報部門を作るべき

昨今、「スタートアップにも広報は大事」とか、「事業を始めるときから広報担当をアサインするべき」といった声を耳にするようになりました。しかし、経営の観点から見ると、広報はそこまで緊急度や優先度が高いものではありません。事業のコアとなる製品の製造ラインや、営業機能、体制を作るための人事部門、ファイナンス機能などと比べれば、広報の優先度は低くなります。

製品の種類やターゲット市場によっては、商品開発や顧客開発のタイミングで、あえて未確定の企画や製品開発プロセスを発信することで世の中の反応を見るという手法もあるでしょう。また、一か八かで話題性を高め、スタートダッシュを狙うという方法も存在します。しかし、これらは大きなリスクも伴います。

創業時や事業立ち上げ時から広報施策を打ったからといって、必ずしも事業が加速するとは限りません。とくにスタートアップにおいては、製品開発を進めて事業やサービスの仕組みを確立させることや、ファイナンスのために資本政策を立てることなど、広報よりも優先度の高い業務がたくさんあります。事業の基盤が盤石となり、一気に加速させていく段階に入って、はじめてマーケティングなどの機能とともに広報体制が必要となるのです。広報の機能は重要ですし、創業時からその大切さを意識するのは良いことですが、よく「広報を入れたら人を雇えるし、製品も売れるようになる」と誤解されている方もいるので敢えて挙げておきます。

誤解2：成功したスタートアップは広報をうまく行っている

最近、ベンチャーの経営者が、「広報が大事だ」という発信をしているのをよく見かけます。また、スタートアップの広報担当者や手掛けた施策を紹介するコンテンツも、以前より格段に増えました。

しかし、成功した側面だけ見ていると勘違いしてしまいます。広報がうまくいくと、サービスローンチ直後からバズが起こってロケットスタートできたり、従来の手法で取り組むよりもショートカットできたりすることがあるのは確かです。一方で、炎上してしまい、その後なかなか方針を変更できないなど、取り返しがつかなくなる失敗ケースも存在します。

BtoB事業や特定のセグメントに対するサービスのような幅広いマス向けの発信が不要な事業では、メディア露出がなくても顧客を掴み､成長している企業も見られます。自社の事業に広報活動（メディア露出）が本当に必要なのか、リスクとリターンを含めて総合的に検討することが重要です。

誤解3：他社の成功施策を真似すればよい

近年、プレスリリースサービスが一般的になり、また、ネットメディアやオウンドメディアが増えていることなどから、他社の広報活動を目にする機会が増えました。広報担当にとっては、お手本となる事例を見つけやすくなり、活動しやすくなったと言えるでしょう。

一方で、発信の背景にある戦略や具体的な方法を知らずに表面的な手段だけを真似て、失敗してしまう残念な例も多々あります。他社のプレスリリースの流用や、「あの会社がやっているカンファレンスを、自社でも真似したい」「ライバルが調査リリースを出したから、うちもやろう」など、派手な内容のプレスリリースやメディア露出だけを見て同じことをしても、うまくはいかないでしょう。

アプローチすべきターゲット、届けたいメッセージ、進行している事業計画を踏まえたうえで「いま何を発信すべきか」を見極め、適切な方策を講じなくてはなりません。

誤解4：広報コンサルタントに頼めばなんとかなる

スタートアップ市場の盛り上がりも影響し、大手代理店やPRコンサルタントがスタートアップに営業をかけることも増えてきました。また、スタートアップ専門でコンサルティングを行う会社や、スタートアップの広報担当者が独立し、副業で他社の広報を支援するケースも増えています。広報に対する意識や必要性が広まり、市場は拡大しつつあります。

しかし残念なことに、普遍的な広報手法をそのままスタートアップに持ち込もうとして失敗するケースも、同時に増えています。スタートアップの経営は変化の連続です。また広報を取り巻くメディア環境やスタートアップ関連媒体も、日々進化し、移り変わっています。スタートアップには、スタートアップに最適化した広報、スタートアップを理解した広報の手法が求められます。広報を取り巻く環境を適切に捉え、変化の中で戦わねばならないスタートアップの経営を理解したうえで、広報の専門知識を活かしてコンサルティングできる。そのような人材は、まだ限られています。理解のないコンサルタントに「広報とはこういうものです。だから…」とミスリードされないよう、注意が必要です。

3-11-2 「広報」はフェーズによって役割が変わる

経営や事業における広報の役割:フェーズによる変遷

では、スタートアップにおいて、広報とはどのような役割を果たすでしょうか。実は、それを明確に提示することは非常に難しく、「状況に応じて変わってくる」ものだと理解してください。

企業ステージ別に求められる広報活動

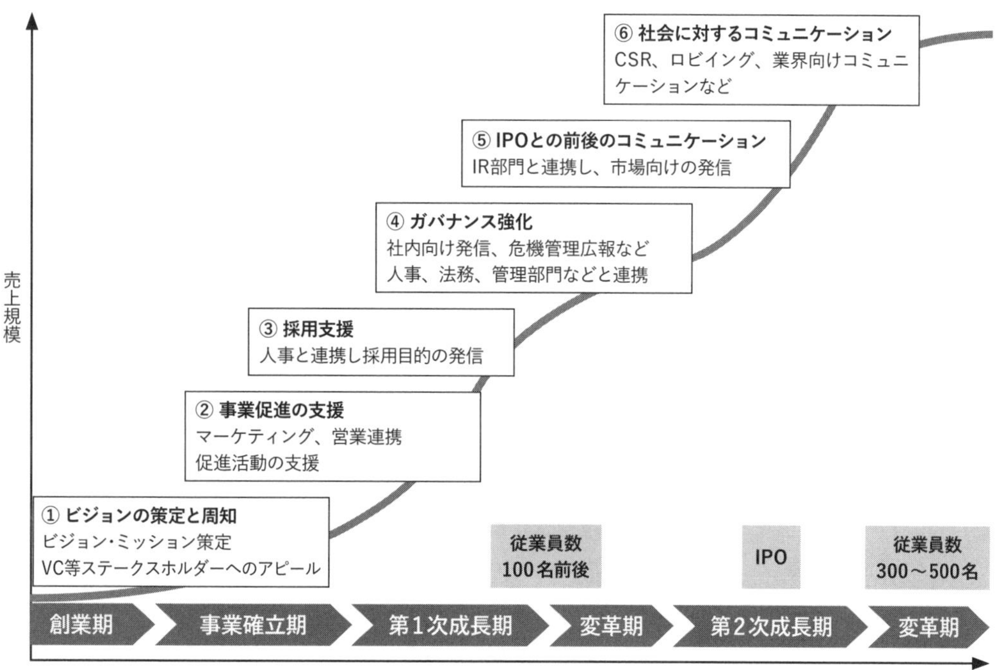

一般的なスタートアップにおける広報の役割は、事業の成長とともに変遷し、守備範囲が広がっていきます。スタートアップで求められる広報の役割について六つ紹介します。

1. ビジョンの策定と周知

事業・サービスのビジョンや価値を言語化し、身近なステークホルダーに伝えるフェーズです。

2. 事業促進の支援

製品やサービスが確立し、営業やマーケティングを推進するにあたって、その支援を行います。「事業広報」と呼ばれることもあります。製品の情報を発信してメディアの取材を取りつける、見込み顧客の獲得、商談の支援を行うなど、その役割はさまざまです。マーケティング部門と協調するのはこの機能です。

3. 採用支援

組織や事業拡大にともなって採用を強化するにあたり、人事部門を支援します。会社のビジョン、労働環境、社員、経営者の人柄など、採用活動を促進するための発信を行います。

4. ガバナンス強化

社内広報や、外部情報の社内へのインプットなどを行います。事業内容によっては危機管理が含まれることもあります。会社の規模が大きくなり、社会に対する影響が増える中で、世の中とのすり合わせの機能を果たす部分です。一方で、社員を統率する意味で、社内への情報提供や傾聴が役目となることもあります。

5. IPOとの前後のコミュニケーション

CFOなどとともに、IR観点での発信を支えます。「4. ガバナンス強化」にも通じるところがありますが、リスクに対するコミュニケーション方針の策定、市場に対するメッセージの発出準備なども含まれます。

6. 社会に対するコミュニケーション

パブリックな存在になったとき、社会全体や、業界に対するコミュニケーションは欠かせません。事業やフェーズにもよりますが、CSR的な観点を意識したり、業界団体や監督官庁に対する働きかけを行うこともあります。コミュニケーションの範囲が広がるため、メッセージのバランスやポジションについて、より高い視点から考える必要があります。

これらの六つの機能は必ずしもこの順番で発生するとは限りません。事業内容によっては、必要のないものもあれば、広報ではなく他部門が担当するものもあります。しかし多くのスタートアップにおいて、これらのコミュニケーション機能が必要となるときは必ず訪れます。そのときは誰かがその役割を担わなければなりません。広報部門の設置を検討する際は、これらの機能のニーズや重要度がどのような状況にあるかを理解する必要があります。

3-11-3 広報はどうマーケティングに役立つのか？（マーケティングとの分担）

そもそも広報、メディアを使うとは

前章では、広報が幅広い事業フェーズを通じて、常に役割を変えながら機能することを説明しました。では、とくにマーケティング活動における広報の立ち位置について考えてみましょう。

メディアによる情報発信の構造

広報の役割は、その手法を問わずターゲットに情報を届け、態度変容を促すものだと先述しました。しかし主流となるメディアを通じた情報発信については、未経験者からするとそのプロセスや構造がブラックボックス化しているように見えがちです。ここでは、広報職以外の社員が知る機会の少ない「メディアによる情報発信の構造」について、マーケティングの視点から解説します。

メディアアプローチの考え方

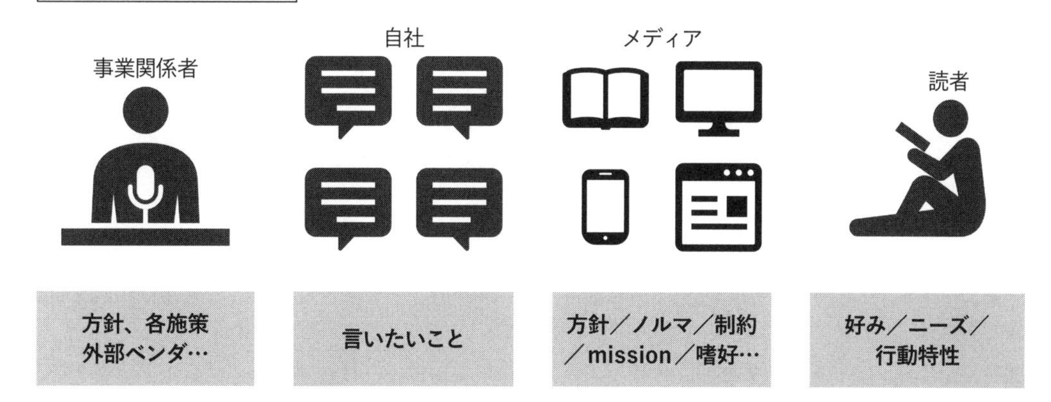

考慮すべきは「四つの視点」です。メディアは、自社が言いたいことをそのまま掲載してくれるわけではありません。「四つの視点」から見て、どの視点からも理解されて整合性のある発信をすることが、メディアにとりあげられ、成果につながる発信となります。

1. 事業関係者の視点

既存顧客、パートナー、場合によっては協会団体や規制、ガイドラインなど、事業関係者の視点を忘れてはいけません。何かを発信したいと思ったときには、各ステークホルダーに対する配慮が必要です。

2. 自社の視点

発信したいこと、発信できるファクトとデータを明確にしましょう。最終的に何を伝え、どのような作用を生みたいのかが定まっていなければ、途中で軸がブレてしまいます。場合によっては、社内の各部門や経営陣とのすり合わせも必要です。必ずしも自分たちの伝えたいことをそのまま発信できるわけではありませんが、ファクトとデータを基準にすべきです。

3. メディアの視点

メディアと一口に言っても、その制作には運営企業、媒体、編集長、コーナー担当者、記者などのさまざまな立場の人たちが関わります。また、メディアも多種多様に存在するため、当然ながらそれぞれに方針や制約、好みなどがあり、これらが最終的に発信されるコンテンツや記事に反映されます。自分たちが言いたいことはこれらのフィルターにかけられ、意向が加えられるなどの過程を経てから、最終的なコンテンツになるのです。伝えたいことがそのまま伝わることは、まずありません。

また、メディアによって届けられる対象も異なります。読者の属性、規模はさまざまで、どのような対象に情報が届けられるのかを意識することが肝要です。一般的に、メディアは読者がどのようなことを求めるのか、今何を伝えるべきか、どうやったら読まれるか（≒売れるか、PVを取れるか）を複合的に判断し、掲載するコンテンツを組み立てる傾向があります。

補足：メディアの視点を理解しよう

「メディアの視点」の理解は、マーケティング担当者が誤りがちなポイントなので、補足して説明します。

まず、メディアと顧客の求めていることは違うことを意識しましょう。求めているものが違えば、当然視点も異なります。同じ内容でも、伝える相手に応じてメッセージを変える必要があるのです。顧客に伝えたいことを吟味すれば、メディア目線、ひいては世の中目線で広報が翻訳してくれます。メディアという第三者による「世の中目線」のメッセージに説得力があるため、相互で補完しあうことができるのです。顧客・メディアそれぞれの視点に立って自らの発信を見直してみると、メッセージが変わり、受け取られ方も変わってきます。

4. 読者の視点

メディアの読者は、最終的にメッセージを届けたい相手です。その発信を通じて誰に届けたいのかは「2. 自社の視点」をもとに策定すべきですが、対象が曖昧なまま「発信すること」が目的化してしまうことも多々あります（資金調達したので、とにかくメディアに露出しよう！的なケースはよくあります）。

望ましいのは「2. 自社の視点」を考える段階で誰にその発信を伝えたいのかを考えておく必要があります。これは、伝える相手によってはメッセージやアプローチすべきメディアが変わるためです。例えば、BtoBのサービスを販促したいのに主婦向けのワイドショーにCMが配信されたり、エンジニアの採用を促進したいのに経済誌に取り上げられたりしたのでは、当然ながら発信の効果が薄れてしまいます。

最終的には、1. ～4. のすべてが一気通貫で設計され、整合性が取れていることが求められます。

発信に慣れていないスタートアップにおいては、この整合性が取れてないために損をするケースが見られます。ありがちな失敗としては、資金調達発表時に独りよがりな視点で発信してしまうことで、せっかくの露出機会を逃してしまうことが挙げられます。「どこからいくら調達した」という事実を発信するだけでなく、「調達した事実をフックに、誰に何を伝えるべきなのか」を基点に、「なぜ調達できたのか（市場性、成長性などの評価ポイントの主張）」「調達した資金を何に使うのか（将来性、計画性の主張）」「派生して伝えたいこと」などを盛り込むことが重要です。

その際「メディアや読者の視点」を鑑み、市場性や自社のポジショニング、成長性を客観的に語ることが求められます。この視点を忘れて、自社のことだけを記載したり、客観性の欠けた内容になってしまったりすると、「独りよがり」「視野が狭い」「意図的に情報操作しようとしている」といった印象を与えかねません。そして、その発表による成果を得られないのはもちろん、その後の取材機会も得にくくなってしまうことがあるため、注意が必要です。

プレスリリース例

〔タイトル〕
広報業務をDXでカイゼンするkipples、xxファンド他数社から10億円の資金調達を実施
〜エンジニア採用強化とパートナー開拓で、年内100社導入を目指す〜

〔本文〕
広報業務をDXでカイゼンする株式会社kipples(*)は、xxxx年xx月xx日、xxファンド他数社から10億円の資金調達を実施したことを発表いたします。調達した資金により、エンジニア採用強化とパートナー開拓を中心に事業を推進し、年内に100社の導入を目指します。
(*)東京都渋谷区、代表：日比谷尚武。以下、kipples

kipplesおよび提供するソリューション「広報DXくん」について
kipplesは「広報の未来をソウゾウする」をコンセプトに、広報業務のアップデートから、企業価値向上を支援する会社です。

xxxx（コンセプト、機能説明など。略）

サービス提供開始から半年で、50社の企業に導入いただいております。また。PRエージェンシーを中心とした複数の事業パートナーと提携し、販売および導入支援を委託しております。

資金調達について
このたび、xxファンド、xxVentures、エンジェル投資家数名（非公開）から、合計10億円の資金調達を実施しました。

調達した資金の使い道について
調達した資金により、エンジニア採用強化とパートナープログラムの企画推進を中心に、さらなる事業展開を目指します。

エンジニア採用について
広報業務のDXにおいては、ネット情報のクローリング、収集したビッグデータの解析、ビジュアライズ、レコメンデーションといった、Webサービスにおける主要技術が求められるだけでなく、昨今では動画の解析なども対象となり、高度な情報解析技術が求められます。当社は当該技術についてxxx研究所と共同研究を進めており、これらの研究成果をもとにサービス開発を実施するデータ解析およびフロントエンドエンジニアを募集いたします。

パートナープログラムについて
弊社の提供する「広報DXくん」は、事業会社の広報部門だけでなく、PRエージェンシーのコンサルティング業務でご利用いただくケースが増えております。それを受けて、「サービスの販売代理および導入支援」を中心としたパートナープログラムを用意し、積極的に活用いただけるよう、サービス開発を行います。

投資家からのコメント
xxファンド代表〇〇氏：
「この数年、広報業界におけるDXソリューションは、海外では広がりを見せ、日本に進出するサービスも増えていますが、日本独自の慣習にマッチしたものにはなっていません。kipplesは、日本発サービスとして業界トップをめざし、日本の広報業界のアップデートを担えるものと期待しております。」

参考情報
弊社社員や働く環境、制度については、自社ブログをご覧ください。
http://xxx.xxx.xxx/

プレスリリース例のポイント

・調達した事実をフックに、誰に何を伝えるべきなのか

→エンジニア：採用対象として。海外での事例をもとにテクノロジーが活きる領域であることをアピール

→PR会社：販売パートナーとしてサービスを販売代理してもらうために、製品の良さ（実績）、先行パートナーの存在を発信

・なぜ調達できたのか

→「海外事例を引き合いに市場の成長性」「導入実績をアピール」

→それらを投資家のコメントとして盛り込む

・調達した資金を何に使うのか

→採用およびパートナープログラムに充てることを説明

→本文だけでなくサブタイトルで明示

・派生して伝えたいこと

→製品ページ、自社ブログなどへの導線も記載

3-11-4 広告と広報の違い

マーケティング担当者が勘違いしやすく、結果的に広報担当者との連携で失敗しやすいものが広告と広報の違いです。

	広告	広報
コンテンツの発信者	企業	メディア・生活者
発信者の特性	主観 （企業が伝えたいメッセージ）	客観的
情報をコントロール	できる	できない
受けての情報信頼度	広報とくらべて低い	第三者経由のため高い
伝える場所	企業が購入した広告枠 例）TVCM、新聞広告、バナー広告など	例）TV番組、Webメディア、インフルエンサーのクチコミ、専門家による記事

ターゲットにメッセージが伝わり態度変容が発生すれば、コミュニケーションの手法はどのようなものでも構いません。広報関係者は広告的手法を避けがち、広告関係者は広報を過小評価しがちですが、両方の特性を生かして使い分けることが大切です。広告と広報の主な違いについて紹介します。

1. 主語と客観性

広告は出稿者が主語であり、自分たちの言いたい内容を発信することができます。一方、広報が仕掛け、取材によって報じられるコンテンツは、メディア（媒体、記者）が主語になります。結果として、前者は直接的で力強いメッセージとなり、後者は客観性をもつメッセージになります。

2. 受け手の信頼度

広告の場合は出稿主が、取材記事の場合はメディアが、そのコンテンツやメッセージの信頼度に直結します。出稿主が信頼度の高い存在の場合、広告であってもそのコンテンツの信頼度は担保されます。しかし、出稿主の知名度が低い場合には、たとえ露出度が高く信頼性の高い媒体に掲載されたとしても、信頼度が担保されるとは限りません。

知名度が低く社会的信頼性も高くないスタートアップの場合、信頼度の高いメディアに取材記事として報じられることで、メッセージの信頼性が担保されます。そして、結果的に自分たちの実力以上の評価を受けるチャンスが巡ってくるのです。

3. コントロール性

広告は発信のタイミング、掲載内容、届ける相手（媒体や掲載箇所）などをコントロールすることができます。一方で取材記事の場合、それらの調整も多少はできるものの、必ずしも自分たちの意図どおりになるとは限らないことを覚悟しておく必要があります。頻繁な露出が必要でない場合には、広報活動でも充分カバーできることもあるでしょう。定期的に露出を行うことでリード獲得をしたい場合などは、広告の方が確実です。

4. 再現性

「3．コントロール性」にも通じる部分ですが、広告は予算の許す範囲内において再現性があります。例えば、効率的にリード獲得できた広告をリピートすることも容易です。一方、取材記事では、うまくいった掲載をもう一度再現したいと思っても限界があります。効果の出た取材記事があるなら、同じような内容で記事広告を掲載するほうが効果的でしょう。

5. コスト

広告は掲載費用が発生しますが、広報の場合は取材および記事化に対する費用は発生しません。ただし、広報掲載に至るまでの道のりは単純ではなく、広報活動開始当初や未経験者が担当する場合には、それなりの準備工数が発生します（経験者であっても、取材獲得や取材の調整にはそれなりの工数が発生します！）。「広報活動（それによるメディア露出）は無料の広告」という考えは誤解です。

以上、概括的ではありますが、広告と広報にありがちな誤解や押さえておきたい違いについて説明しました。広告との比較だけでなく、イベントやオウンドメディアなど、ほかのコミュニケーション施策の特性も理解して、状況によって使い分けられると良いでしょう。

3-11-5 ファネルに応じた広報の活用

例：ファネルと体制

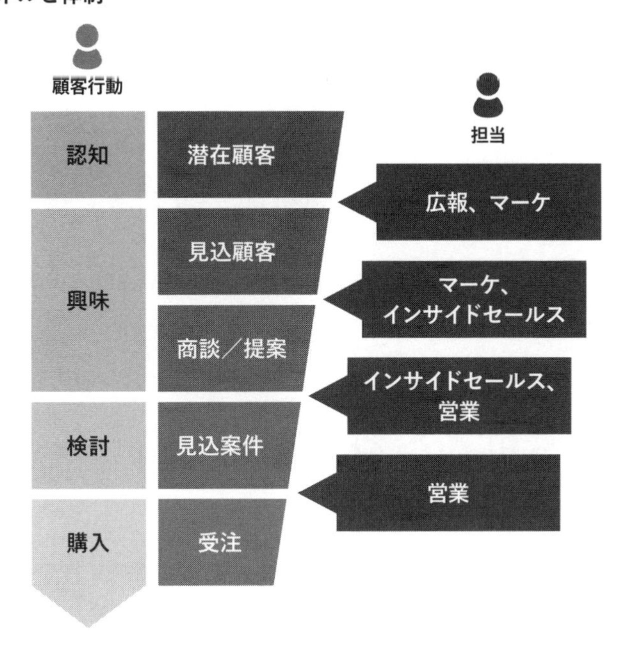

広報はマーケティングのあらゆる局面に貢献します。ここでは、マーケティング活動において広報が活躍する場面を、ファネルのフェーズごとに分けて説明していきます。

マーケティングと広報の役割には、さまざまな定義の仕方が存在します。個人的には、職種で担当する業務内容を規定するのは、理論先行型で中身が伴っていないと考えています。会社としては、**事業を推進するのに必要な機能**が揃っていれば良いわけです。例えば、「潜在顧客へのアプローチ」を担当する人を「マーケター」と呼ぼうが「広報」と呼ぼうがどちらでも良く、組織としてその機能を担当する役割が存在していれば良いので、呼び方は本質的な問題ではないというのが私見です。

ここでは、ファネルを設計＆推進するうえで「広報」的なスキルやノウハウの活かし方を、フェーズごとに説明していきます。

1. 認知獲得フェーズ

潜在層に対する認知獲得を狙うフェーズです。ここは広報の得意分野だと言えるでしょう。訴求したいテーマやサービス、自社のことをまだ知らない顧客候補を想定し、どのような媒体やチャネルを使うとリーチできるのかを検討します。具体的には、**広告出稿**、**展示会出展**、**業界誌やビジネス誌での記事掲載**などの手法が考えられます。これらを広報が担当することもあれば、マーケティング部門と分担することもあります。

展示会で使うコンテンツの提供や、広告で使う事例記事の制作を広報が担うなど、広報とマーケティングが協働する機会は多くあります。また、事例や機能紹介など事業内容をネタに取材を誘致するだけでなく、独自のコンテンツを作って武器にすることも可能です。例えば、調査リリースや業界動向レポートを広報が客観的な観点で企画制作し、メディアに提供して記事中での利用を促す。あるいは、講演資料に混ぜ込むといったように、各種マーケティング活動に応用することもできるでしょう。

いずれにせよ、ターゲットや訴求コンテンツ、試作結果を共有し、PDCAを回していく必要があります（これはこの先のフェーズでも同様です）。

2. 興味喚起フェーズ

テーマや自社を認知している相手に対して、自分ごととして「これは自社に関係あるかも？」と興味をもってもらうことを狙うのが、興味喚起フェーズです。

例えば、業界誌に成果事例を掲載する。マーケティング部門がリード獲得施策を行う中で必要となるコンテンツを提供する。オウンドメディアやSNSによる発信から、セミナーやウェブサイトへの誘導を支援するなどがこれに該当します。

また、自社の経営者やスポークスパーソンを擁立し、業界誌に寄稿したり講演機会をブッキングしたりすることで、特定のテーマにおける専門家としての立場を確立（ソートリーダシップ戦略）させて知名度を上げたり信頼感を醸成し、問い合わせを誘発することも可能です。

このフェーズにおいても、マーケティングだけでは発想しえない手法や実装方法を広報が提供できるケースが多いので、企画段階から広報観点を取り入れることをおすすめします。

3. 検討材料の提供フェーズ

具体的な検討段階の見込み客に対するアプローチ、および、検討材料の提供を支援するフェーズです。

先述の**調査リリースやスポークスパーソンの擁立**、**事例記事の掲載**は、このフェーズにおいても有効です。また、メディアが**市場動向を説明**する記事の中に自社を登場させることで、検討候補の一つとしての立場を確立させることもできます。さらに、スペックや価格、導入プロセス、定量効果など、具体的な情報を**ホワイトペーパー**としてまとめ、専門誌や業界誌、比較サイトなどに掲載を狙うことも可能です。

4. 商談の支援フェーズ

営業やインサイドセールスが商談を行う際に、側面支援をするフェーズです。商談の支援はなかなか難しいところですが、広報は縁の下で支える役割を担います。

大企業に対する提案や決裁プロセスが複雑化している場合には、製品のスペックや導入効果だけでなく、会社の信頼性が求められることもあります。そのようなケースでは、**信頼を担保する材料**として、権威あるコンテストでの受賞実績や、サービス以外のコンテンツ（経営者、働き方、CSR活動など）、メディア露出実績が武器となります。決裁者が「この会社の記事、読んだことあるな」とか「この会社のCM好きなんだよね」と思ってくれるだけで、商談がスムーズに進むこともあるのです。これらの情報は、営業資料や提案資料に、主張しすぎない程度に盛り込んでおくのが良いでしょう。

また、**競合対策**として広報が活躍するケースもあります。競合サービスと比較されるポイントに対する説明や、優位点のアピールなどを事前に発信することで、商談における説明コストを低減させる、あるいは、そもそも比較の土俵に上げさせないといったことも可能になります。

いずれも、商談における顧客の反応や競合状況などを、タイムリーに広報と共有する必要があります。

5. アップセル&クロスセルフェーズ

サービス導入後に、利用範囲の拡大や付随サービスの導入などのアップセル＆クロスセル、さらには他顧客の紹介などを働きかけます。

事例取材に登場してもらいメディア露出の機会を提供したり、**自社イベントに登壇**したりしてもらうことは、相手にとっても発信の機会としてのメリットになり、ロイヤルカスタマー化にもつながります。また、顧客の口からサービスの魅力を語ってもらうことは、見込み客へのアプローチにも有効です。顧客の社内でのサービス認知の向上にもつながり、利用率や継続率の向上にも貢献します。

一方、顧客によっては、広報部門による制約や個人的意向によって事例などへの登場が難しかったり、承諾に時間がかかったりするケースもあります。営業、CS部門とも協力し、快く登場してくれる顧客を開拓することが重要です。広報だけでなく全フェーズに影響するため、全部門で協力して**事例に登場してくれる顧客を蓄積する仕組み**を作っておくと良いでしょう。

ファネルに応じた広報施策の例

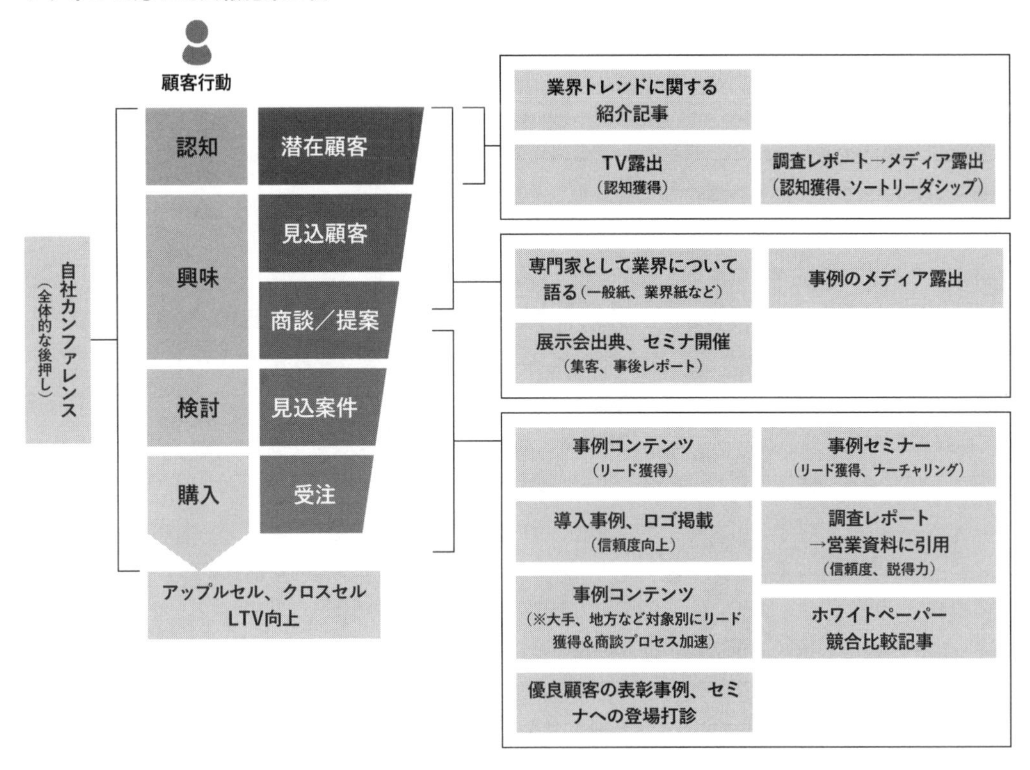

このように、広報はファネルの各フェーズにおいて、施策をリードしたりマーケティング活動や営業活動を支援したりと、幅広い活躍の場所があります。マーケティング戦略を策定する際には、広報にできることを意識して役割を分担すると、より良い結果が生まれます。あるいは、マーケティング戦略の状況を定期的に広報部門と共有することで、マーケティングに足りない部分を広報に援護してもらうこともできるでしょう。広報の活用法は無限大です。

3-11-6 「広報のブラックボックス化」を回避するマネジメント（組織作り、目標設定、コミュニケーション）

広報活動とマーケティング機能を連動させることで、マーケティング施策の成果は加速します。また、マーケティング施策でカバーできない分野を、広報が補うことができます。

そのためにも、組織作りや目標設定の段階から、広報とマーケティングが連動するように設計しておくことをおすすめします。さらには、両部門の目標や役割、どのような実務が発生しているのかをお互いに共有し、日々変化する状況を適宜キャッチアップできる仕掛けが求められます。

例えば、目標設計の段階で相互に補完しあえる部分がないか協議する。あるいは、両部門による定例会議を開くことで、お互いの進捗状況や課題などをシェアしながら具体的な施策を決めることなどが有効です。

広報とマーケティング双方の経験と見識をもち、組織マネジメントをできる人材は、まだ多くありません。両部門の担当者やマネジメントがお互いに歩み寄り、相互理解を深めていくことが大切です。

コラム

マーケティングと広報の協働において起こりがちな失敗

ここまで、広報の機能の説明や、マーケティングとの協働の可能性について解説してきました。昨今ではマーケティング活動の一環として広報に取り組もうという動きも目にするようになり、広報の重要性や事例が広まってきたと感じています。しかしその一方で、中途半端な知識でマーケティングと広報を融合させようとして失敗してしまう事例も出てきました。ここでは、残念な失敗事例をいくつか紹介します。

広報による露出も、広告同様にコントロールできると思っている

メディア露出は露出先の広さから、非常に大きな反響を得られることがあります。他社の先進的な取材記事やSNSのバズを見ると、同じようなことをしたいと考えるかもしれません。

メディア露出では内容・時期などをコントロールできないことを知らずに、広報を広告と同じだと思い込み、「お金を払うから露出させたい」と担当者を困らせる経営者が多くいます。また、せっかくメディアに取材されても、内容や掲載する場所、タイミングをコントロールできると勘違いして、メディアに注文をつけたり、掲載内容に不満の声を漏らしたりする人もいます。

一方、その思い込みを逆手にとって、「お金を払えばテレビ露出できる」「(掲載が確約されたあとに)実は取材費が必要」といったグレーな仲介商売も横行しています。露出にはお金がかかることもありますが、本来費用が発生しないプロセスに料金を請求したり、取材を装い後から料金が発生したりすることが怪しいポイントです。その他にも制作会社が小遣い稼ぎに、取材に対してコーディネート料を請求するケースもあるようです。

トンマナが違う

マーケティング担当者は、コミュニケーション設計や企画立案をする際に、ファネルにおける特定の層に対して、「強く刺さる」企画を考える指向になりがちです。

業務の中で、「興味喚起～購買直前」の層をターゲットにすることが多く、つい「直接的な効果を生み出す強いメッセージ」で「購買やリード獲得などの目に見えるアクションに誘導する」習慣がついているのではないでしょうか。

それに対して広報は幅広い層をターゲットにし、「何を考えているのか」「何を伝えたら良いか」を考えることが求められます。中でも潜在層をターゲットにする機会が多いことから、「まずは知ってもらおう」とか「具体的に(論点か細かく)なり過ぎないように」「押しつけ過ぎないように」などと配慮する傾向があるように見えます。

これはターゲットや訴求方法の違いによるもので、どちらが良いか悪いかという話ではありません。しかし、この「隠れた前提」を意識しないままにコラボレーションしようとし、アウトプットの最終系(メッセージとかトンマナ)だけをみて議論をすると「なんか噛み合わないな」ということになりやすいので要注意です。

タイム感が違う

プレスリリースを出すには、相応の準備期間が必要です。広報はコンテンツの練り込みや、メディアとのリレーションなどの仕込みが重要で、これを怠れば広報の成功はないでしょう。広報の仕事の内容がブラックボックス化しているために、必要な工数を知らないまま話が進み、スケジュール感にズレが生じることもあります。「来週製品リリースするから、それに合わせてプレスリリースやメディアの取材よろしく」と言われても、1週間では準備が間に合いません。また、「とりあえずプレスリリースを配信すれば、いくつかメディアに掲載されるんでしょ」といった勘違いに担当者が悩まされるケースも非常に多いです。

コラム

広報の勉強方法

広報は、突き詰めると、非常に奥が深い分野です。生半可な知識と行動で大きな成功が見込めるような甘い世界ではありませんが、地道に活動を続けていけば必ず成果はついてきます。また、広報担当者だけでなく、経営者や他部署も自社の広報について正しく理解し、自社の広報とうまく付き合っていくことが大切です。

筆者も「BtoB/IT広報勉強会」という、その名のとおりBtoB事業会社における広報担当者が集まる勉強会コミュニティを2013年から運営しています。メディア関係者や有識者に講演いただいたり、有志による事例共有、交流会などを開催しています。興味のある方は、SNSなどからご連絡ください。

また、広報を学ぶ方法の一つとして、PRプランナー試験という広報・PR分野の資格認定試験もあります。広報を極めたくなったら、ぜひ挑戦してみてください。

【PRプランナー試験】
公益社団法人日本パブリックリレーションズ協会（PRSJ）が、広報・PRに携わる者の意識・知識・技能の向上をはかるべく、2007年に創設した資格制度です。
試験を通じて広報・PRの基本的な知識から実践的なスキルまでを学ぶことができます。
https://prsj.or.jp/pr-planner/

索引

■は～わ行

現場のプロが教える！

BtoBマーケティングの基礎知識

2022年4月26日　初版第1刷発行
2022年6月5日　初版第2刷発行

著　者：飯髙 悠太、枌谷 力、相原 ゆうき、秋山 勝、安藤 健作、
今井 晶也、岸 穂太佳、戸栗 頌平、室谷 良平、日比谷 尚武

発行者：滝口 直樹
発行所：株式会社 マイナビ出版
〒101-0003　東京都千代田区一ツ橋2-6-3　一ツ橋ビル 2F
TEL：0480-38-6872（注文専用ダイヤル）
TEL：03-3556-2731（販売部）
TEL：03-3556-2736（編集部）
編集部問い合わせ先：pc-books@mynavi.jp
URL：https://book.mynavi.jp

ブックデザイン：深澤 充子（Concent, Inc.）
ブックライター：稲田 和絵
DTP：富 宗治
担当：畠山 龍次

印刷・製本：シナノ印刷株式会社

ISBN：978-4-8399-7436-7